现代有色金属冶金科学技术丛书

# 碱介质湿法冶金技术

赵由才　张承龙　蒋家超　编著

北　京
冶　金　工　业　出　版　社
2009

## 内 容 提 要

全书共分7章，在对碱介质湿法冶金技术概念和发展作了必要介绍的基础上，阐述了碱介质湿法冶金技术中浸取、净化及金属提取等过程的基本原理、工艺和相关技术问题，比较说明了碱介质湿法冶金技术的优势所在；然后系统地介绍了碱介质湿法冶金技术在锌、铅、铝、钨等金属冶金中的应用；最后对湿法冶金生产的工艺设计、设备选择、生产管理及生产过程中的环境保护、污染治理问题作了介绍。

本书适合有色金属行业的工程技术人员阅读参考。


**图书在版编目(CIP)数据**

碱介质湿法冶金技术/赵由才等编著．—北京：冶金工业出版社，2009.4

(现代有色金属冶金科学技术丛书)

ISBN 978-7-5024-4822-6

Ⅰ．碱…　Ⅱ．赵…　Ⅲ．湿法冶金　Ⅳ．TF111.3

中国版本图书馆CIP数据核字(2009)第029447号

出 版 人　曹胜利
地　　址　北京北河沿大街嵩祝院北巷39号，邮编100009
电　　话　(010)64027926　电子信箱　postmaster@cnmip.com.cn
责任编辑　杨盈园　美术编辑　李　心　版式设计　张　青
责任校对　王贺兰　责任印制　牛晓波
ISBN 978-7-5024-4822-6
北京百善印刷厂印刷；冶金工业出版社发行；各地新华书店经销
2009年4月第1版，2009年4月第1次印刷
787mm×1092mm　1/16；13.5印张；324千字；204页；1-3000册
**38.00元**

**冶金工业出版社发行部　电话：(010)64044283　传真：(010)64027893**
**冶金书店　地址：北京东四西大街46号(100711)　电话：(010)65289081**

# 出版者的话

近年来，通过自主创新和技术引进相结合，我国的有色金属工业一直保持持续、快速、健康的发展势头，现代化程度不断提高，开发了许多具有世界先进水平和自主知识产权的工艺技术与装备，令世界同行瞩目。我国已经成为名副其实的有色金属大国，10种常用有色金属的总产量居世界第一位，其中铅、锌、镍、锑、钨的产量均为世界第一。

随着对可持续发展认识程度的进一步加深，社会对有色金属工业的发展提出了减少资源消耗和能耗、环境更加友好的要求；全球经济一体化，也对我国有色金属工业在世界市场中的核心竞争能力提出了更高要求。因此，我国有色金属工业将面临前所未有的挑战和发展机遇。我社根据有色金属行业发展需要和广大读者的需求，组织出版《现代有色金属冶金科学技术丛书》，一方面是为了总结有色金属冶金领域的国内外最新生产与技术进展，促进科研成果向生产的转化，推动行业科技进步，适应目前有色金属行业发展的需要；另一方面，冶金工业出版社作为专业科技出版社，有责任和义务为有色金属行业的读者提供更加实用、有特色、可广泛选择的现代有色冶金工程专业书籍，并促进学术交流和科技文化的传承发展。

本套丛书将由有色金属行业各领域的知名专家学者撰写，主要读者对象是有色金属行业的工程技术、科研教学、生产管理人员。每本书内容上涵盖资源、采矿、选矿、冶炼、产品深加工、资源循环利用与环境保护等方面，重点是冶炼和产品深加工。各方面内容包括基本原理、工艺流程、主要设备、安全操作、环境卫生等。要求理论与实践相结合，科研与生产相结合，能够反映和展示该领域的国内外最新科研和生产成果。

我们将在科学发展观重要思想的指导下，切实履行好出版者的社会责任，努力做好有色金属科技图书的出版工作。热忱欢迎广大读者提出意见和建议，以便我们把丛书组织出版得更好。

# 前　言

随着我国经济规模的发展,市场对有色金属材料的需求量日益增大,进入21世纪以来,我国有色金属的年产量已居于世界第一位,仅近10年来,我国有色金属的产量和消费量就连续翻了两番。在有色金属生产和使用大发展的同时,也带来了前所未有的资源和环境问题:一方面,由于我国有色金属矿产资源的特点是大矿少、中小矿多,富矿少、贫矿多,易选矿少、复杂矿多,需求的急剧增加导致了富矿和易选矿的迅速减少,有色冶金行业逐步在出现原料供应短缺的危机。譬如,曾经是中国优势的铅锌资源,由于数十年来冶炼能力的增强和消费的快速扩大,造成其主要原料硫化矿的储备量和锌品位越来越低,从20世纪90年代中期就开始大量进口生产原料,2002年我国铅20%以上、锌15%以上的生产原料是靠进口解决的,且进口量呈逐年增长之势。同时,我国低品位氧化锌矿及二次锌资源等资源十分丰富,新疆、云南、贵州、甘肃、陕西等省、区都有,仅新疆乌恰乌拉根贫杂锌矿探明的储量就有1亿t以上(平均锌品位4%),由于技术的原因这些原料目前却得不到有效利用,资源的短缺和浪费并存。另外,随着有色金属生产和消费量的不断增加,使得有色冶金废渣的产生量也随之不断增加,包括在矿山开采过程中的尾矿及金属生产和消费中产生的废渣、废料,这些二次资源如得不到很好利用和处理,不仅浪费了资源,而且还占用大量的土地,并会造成土壤、大气和水系的污染,危害矿区及其周围的生态环境。因此,加强适于处理低品位矿、复杂矿及有色金属二次资源的研究和推广对于有色冶金行业的持续健康发展来说至关重要。

相对于火法冶金,湿法冶金技术有利于处理复杂矿、难选矿及共生矿等,便于多金属资源能得到分离和回收,并可免除大量的大气污染,从而在近年来得到迅速发展。湿法冶金就是在水溶液中进行的提取冶金过程,包括浸出、液固分离、溶液净化和从溶液中提取金属等过程。在传统的湿法冶金技术中一直是酸浸占有绝对的主导地位,但是贫杂矿及有色金属二次资源往往杂质多、成分复杂,这些成分基本都能溶解于酸,因此采用酸浸处理这些原料时存在耗酸量大,杂质分离困难,流程极其复杂等问题,从而制约了其发展。

根据锌、铅等金属在碱溶液中有很高的溶解度,而其余杂质元素不溶或微溶于碱的特点,采用碱溶液浸取方法来处理锌、铅等金属贫杂矿及二次资源具有选择性强、资源综合利用率高、设备腐蚀少、劳动条件好、有利于环保等优点,因此,碱介质湿法冶金技术正在逐步得到重视和发展。本书作者从事碱介质湿法冶金技术的研究和推广多年,对从氧化锌矿、锌浮渣、锌渣、锌泥、炼钢厂烟尘等原料中碱浸－电解生产高纯度锌粉的技术进行了深入研究和开发,取得了极大成功,并在云南、贵州、江西、浙江等地相继建成了一系列规模1500～3000t/a的碱介质湿法冶金锌粉生产线,运行良好,在国内外率先实现碱介质湿法冶金生产锌粉技术的产业化。在研究和实践过程中我们也发现目前关于碱性浸取湿法冶金的研究报道较少,为此在总结作者多年科研、生产实践成果和经验的基础上,根据所掌握的现有资料,编写了此书。

全书共分为7章,开篇对碱介质湿法冶金技术概念和应用情况作了必要的论述;继而论及碱介质湿法冶金技术中浸取、净化及金属提取等过程的基本原理、工艺和相关技术问题,突出阐述了碱介质湿法冶金技术的优势所在;继之系统地介绍了碱介质湿法冶金技术在锌、铅等金属冶金中的应用;最后对湿法冶金生产的工艺设计、设备选择、生产管理及生产过程中的环境保护、污染治理问题作了介绍。

本书便于读者对碱介质湿法冶金技术的理论和实践的认识和掌握,同时也希望能为冶金工作者研究和处理复杂低品位矿及冶金二次资源提供借鉴和开拓思路,为扩大金属冶金原料的利用范围、促进冶金行业循环经济和清洁生产发展做出贡献。

本书第1章由张承龙、赵由才编写,第2章由张承龙、郭翠香、赵由才编写,第3章由张承龙、刘清、赵由才编写,第4章由张承龙、赵由才编写,第5章由蒋家超、郭翠香、刘清、赵由才、张承龙编写,第6章由张承龙、赵由才编写,第7章由易天晟、朱清渭、刘清、赵由才编写。全书由赵由才(同济大学)、张承龙(上海第二工业大学)和蒋家超(同济大学)负责统稿。

由于编者水平所限,书中难免有不足之处,敬请广大读者批评指正。

编 者

2008年10月

# 目　录

# 1 绪 论

## 1.1 碱介质湿法冶金的概念

追溯历史，在公元前206年，也就是在西汉时期，就有了用胆矾法提取铜的记载。到19世纪湿法冶金技术得到快速发展，20世纪逐渐成为冶金学科中的一个独立分支，在有色金属、贵金属等矿产资源的保护性开发、资源的充分利用和环境保护等方面，发挥了巨大的作用，随着该技术的不断发展完善，其前景十分广阔。

湿法冶金是将矿石、经选矿富集的精矿、废旧物料或其他原料经与水溶液或其他液相接触，通过化学反应等，使原料中所含的有用金属转入液相，再对液相中各种有用金属进行分离富集，最后以金属或其他化合物的形式加以回收的方法。

湿法冶金按照使用浸出水溶液的性质可分为酸介质湿法冶金和碱介质湿法冶金。碱介质湿法冶金就是在碱性溶液（包括烧碱溶液、碳酸钠溶液、氨水等）中通过化学或物理化学作用进行的化学冶金过程。

## 1.2 碱介质湿法冶金的流程简介

在碱介质湿法冶金生产过程中，由于处理的矿石原料不同，加工目的与分离要求不同（制备工业浓缩物或获得精制产品），技术路线与操作步骤不同，以及工业基础与经济条件不同，各碱介质湿法冶金生产厂工艺过程的配置往往大相径庭，繁简有别。尽管同类型的两个碱介质湿法冶金厂在工艺、设备与操作上几乎没有完全雷同的，但是主要的工艺环节、基本的单元过程往往是共同的，都是先将一定粒度的矿石或废渣等原料经过浸出，使欲提取的金属组分由原料充分地转入水溶液，而后再从水溶液中完全地分离出来（如图1-1）。

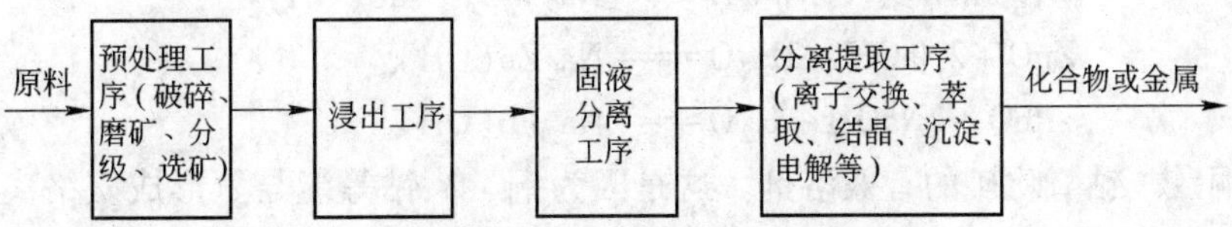


图1-1 碱介质湿法冶金过程的基本流程

碱介质湿法冶金一般包括以下主要阶段：

（1）原料的预处理：其目的主要是改变原料的物理化学性质，为后续的浸出过程创造良好的热力学和动力学条件，或预先除去某些有害杂质。预处理主要包括：

1）粉碎：经过粉碎后，原料粒度变细，具有较大的比表面积，这样可以提高浸出反应的速度。

2）预活化：利用机械活化、热活化等手段，提高待浸物料的活性，例如白钨精矿经行星式离心磨机活化 15min 后，在 $Na_2CO_3$ 溶液中的浸出反应表观活化能由 52.7kJ/mol 降为 16.7kJ/mol。

3）矿物的预分解：原料中的有价金属有时呈稳定的化合物形态，难以直接被浸出剂浸出。预分解就是通过某些化学反应破坏原料的稳定结构，而变为易浸出的形态。预分解可在高温下进行，例如某些硫化矿预先在高温下氧化焙烧为易浸出的氧化物；亦可在水溶液中进行，例如白钨矿预先用盐酸分解使 $CaWO_4$ 形态变为易溶于 $NH_4OH$ 的 $H_2WO_4$ 形态。

（2）浸出：在水溶液中，利用碱性浸出剂（烧碱、碳酸钠、氨等）与原料作用，使其中有价元素变为可溶性化合物进入水相，并与进入渣相的伴生元素初步分离。

（3）净化：该过程是按照后续工序的要求，利用化学沉淀、离子交换、萃取等方法除去溶液中有害杂质。

（4）金属提取：从溶液中析出具有一定化学成分和物理形态的化合物或金属，这些化合物或金属可以是冶金的中间产品，也可以是材料工业的半成品，如锌粉、铅粉等。

## 1.3　碱介质湿法冶金技术的应用概况

碱介质湿法冶金主要用于从锌、铅、铝、钨等金属氧化矿或冶金中间产品中浸出有色金属，分解含氧酸盐矿（如黑钨精矿、独居石）以及从精矿或冶金中间产品中除去酸性或两性物质。

苛性钠、碳酸钠、氨水、硫化钠、氰化钠是碱性浸出时常用的试剂。碱性试剂一般比酸性试剂反应能力弱，而浸出选择性比酸浸出高，浸出液中杂质少，对设备腐蚀少。

碳酸钠可用于白钨矿和铀矿的浸出，白钨矿在高温高压下与碳酸钠溶液反应生成可溶性的钨酸钠与不溶的碳酸钙，从而将矿物中的钨浸出至溶液：

$$CaWO_4(s) + Na_2CO_3(aq) \longrightarrow Na_2WO_4(aq) + CaCO_3(s)$$

6 价铀可与碳酸钠形成稳定的碳酸铀酰络合物：

$$UO_3 + 3Na_2CO_3 + H_2O \longrightarrow Na_4[UO_2(CO_3)_3] + 2NaOH$$

苛性钠是浸出铝土矿、黑钨矿、氧化锌矿及氧化铅矿等的有效溶剂：

$$Al_2O_3 \cdot 3H_2O + 2NaOH \longrightarrow Na_2O \cdot Al_2O_3 \cdot 2H_2O + H_2O$$

$$FeWO_4 + 2NaOH \longrightarrow Na_2WO_4 + Fe(OH)_2$$

$$MnWO_4 + 2NaOH \longrightarrow Na_2WO_4 + Mn(OH)_2$$

$$ZnO + 2NaOH + 2H_2O \longrightarrow Na_2Zn(OH)_4$$

$$PbO + 2NaOH + H_2O \longrightarrow Na_2Pb(OH)_4$$

氨是铜、镍、钴氧化矿的有效溶剂。这是因为铜、镍、钴等能与氨形成氨络离子，扩大了 $Cu^{2+}$、$Ni^{2+}$、$Co^{2+}$ 在浸出溶液中的稳定区域，降低了铜、镍、钴的氧化还原电位，使其较易转入溶液中。$Cu^{2+}$、$Ni^{2+}$、$Co^{2+}$ 等与氨形成 $Me(NH_3)^{2+}$ 络离子，镍、钴的配位数为 6，铜的配位数为 4。

在有氧存在时，镍与 $NH_3$ 作用生成 $Ni(NH_3)_4^{2+}$：

$$Ni + 4NH_3 + CO_2 + \frac{1}{2}O_2 \longrightarrow Ni(NH_3)_4CO_3$$

对铜和铜氧化物也可以进行氨浸出：

$$CuO + 2NH_4OH + (NH_4)_2CO_3 \longrightarrow Cu(NH_3)_4CO_3 + 3H_2O$$

$$Cu + Cu(NH_3)_4CO_3 = Cu_2(NH_3)_4CO_3$$

生成的碳酸铵亚铜可被空气中的氧氧化成碳酸氨铜：

$$Cu_2(NH_3)_4CO_3 + 2NH_4OH + (NH_4)_2CO_3 + \frac{1}{2}O_2 = 2Cu(NH_3)_4CO_3 + 3H_2O$$

氧化生成的碳酸铵铜又可重新浸出自然金属铜。

氨浸出的特点是能选择性浸出铜、镍、钴而不溶解其他杂质，对含铁高以及碳酸盐脉石为主的铜、镍矿物易采用氨浸出，且在常压下浸出时，自然铜和金属镍的浸出速度相当快。

$Na_2S$ 是砷、锑、锡、汞硫化矿的良好浸出剂。硫化锑在氢氧化钠和硫化钠的混合液中，浸出率达99%以上。因为 $Na_2S$ 可以与 $As_2S_3$、$Sb_2S_3$、HgS、$SnS_2$ 作用，生成一系列稳定的金属硫离子络合物：

$$Sb_2S_3 + 3S^{2-} \longrightarrow 2SbS_3^{3-}$$

$$Sb_2S_3 + S^{2-} \longrightarrow 2SbS_2^{-}$$

$$As_2S_3 + S^{2-} \longrightarrow 2AsS_2^{-}$$

$$As_2S_3 + 3S^{2-} \longrightarrow 2AsS_3^{3-}$$

$$HgS + S^{2-} \longrightarrow HgS_2^{2-}$$

$$SnS_2 + S^{2-} \longrightarrow SnS_3^{2-}$$

为了防止 $Na_2S$ 水解，通常在浸出液中添加氢氧化钠：

$$Na_2S + H_2O \longrightarrow NaHS + NaOH$$

$$NaHS + H_2O \longrightarrow H_2S + NaOH$$

氰化钠浸出是提取金、银最古老的方法，其是根据金、银等电极电位高的金属与 $CN^-$ 生成络合物，降低了金、银的氧化-还原电位，从而使金、银较易转入到溶液中。

$$4Au + 8NaCN + O_2 + 2H_2O \longrightarrow 4NaAu(CN)_2 + 4NaOH$$

# 2 碱性浸出过程

## 2.1 概述

浸出是湿法冶金中最重要的单元过程。浸出的目的是选择适当的溶剂使矿石、精矿、冶炼中间产品或废渣中的有价成分或有害杂质选择性溶解，使其转入溶液中，达到有价成分与有害杂质或与脉石分离的目的。

矿石、精矿及废渣通常都是由一系列的矿物组成，成分十分复杂，有价矿物常呈氧化物、硫化物、碳酸盐、硫酸盐、砷化物、磷酸盐等化合物存在。必须根据原料的特点选用适当的溶剂和浸出方法。

## 2.2 碱性浸出过程的热力学基础

原料中各种物质在浸出过程中，什么组分优先溶解、各组分的稳定范围、反应的平衡条件以及条件变化时平衡移动的方向和限度，属热力学范畴，是浸出过程需要研究的问题。

### 2.2.1 浸出反应的吉布斯自由能变化

浸出反应的吉布斯自由能变化是判断在标准状态下它能否自动进行的标志。化学反应的标准吉布斯自由能变化 $\Delta_r G_m^{\ominus}$ 是反应产物与反应物都处于标准态下化学势之差。化学反应的吉布斯自由能变化 $\Delta_r G_m$ 是反应产物和反应物皆处于任意状态下化学势之差。

根据吉布斯－亥姆霍兹(Gibbs－Helmholtz)方程可得：

$$\Delta_r G_m = \Delta_r H_m - T\Delta_r S_m \tag{2-1}$$

若反应在标准状态下进行，则：

$$\Delta_r G_m^{\ominus} = \Delta_r H_m^{\ominus} - T\Delta_r S_m^{\ominus} \tag{2-2}$$

式 2-1、式 2-2 表明，等温定压下化学反应方向和限度的判据——摩尔吉布斯自由能变 $\Delta_r G_m$ 是由两项因素构成的，一项是摩尔焓变 $\Delta_r H_m$，一项是与摩尔熵变有关的 $T\Delta_r S_m$。摩尔焓变和摩尔熵变对化学反应的方向和限度都有影响，只是在不同条件下产生的影响大小不同而已。综合分析将有下列四种情况(见表 2-1)。

表 2-1　等温定压下反应自发性的几种类型

| 反　应 | $\Delta_r H_m$ | $\Delta_r S_m$ | $\Delta_r G_m$ | 自发性及反应特征 |
|---|---|---|---|---|
| 1 | － | ＋ | 任意温度下 － | 任何温度下反应均自发 |
| 2 | ＋ | － | 任意温度下 ＋ | 任何温度下反应均非自发 |
| 3 | － | － | $T < T_{(转)}$ ＋<br>$T > T_{(转)}$ － | 低温时反应为自发<br>高温时反应为非自发 |
| 4 | ＋ | ＋ | $T < T_{(转)}$ －<br>$T > T_{(转)}$ ＋ | 低温时反应为非自发<br>高温时反应为自发 |

用 $\Delta_r G_m$ 可以判别反应的方向，而 $\Delta_r G_m^{\ominus}$ 只能反映反应限度。在一般情况下，不能用 $\Delta_r G_m^{\ominus}$ 作为判别反应方向的依据。因为 $\Delta_r G_m^{\ominus}$ 所指的是反应物和产物都处于标准状态时的吉布斯自由能变化值。它只能判定在这个特定条件下的变化方向，而在实际情况下，反应物和生成物都未必是处于标准状态。但是根据等温式：

$$\Delta_r G_m(T) = \Delta_r G_m^{\ominus}(T) + RT\ln\Pi(C_i/C^{\ominus})^{vi}$$

如果 $\Delta_r G_m^{\ominus}$ 的绝对值很大，则 $\Delta_r G_m^{\ominus}$ 的正负号基本上就决定了 $\Delta_r G_m$ 的符号。例如若 $\Delta_r G_m^{\ominus}$ 有很大的负值，则在一般情况下，$\Delta_r G_m$ 大致也是负值，要使 $\Delta_r G_m$ 改变正负号，就必须使 $(C_i/C^{\ominus})^{vi}$ 变得很大才行，这在实际上有时是办不到的。

同理如果 $\Delta_r G_m^{\ominus}$ 的正值很大，它基本上也决定了 $\Delta_r G_m$ 的符号，很难通过改变 $(C_i/C^{\ominus})^{vi}$ 的数值使 $\Delta_r G_m$ 改变符号。因此反应在给定的条件下是不能进行的。究竟 $\Delta_r G_m^{\ominus}$ 的数值要正到多大反应才不能进行，这没有一定的标准。一般说来(1)当 $\Delta_r G_m^{\ominus} > 41.84$kJ/mol，可以认为反应是不能进行的；(2)当 $\Delta_r G_m^{\ominus}$ 在 41.84 ~0kJ/mol 之间，存在着改变外界条件使平衡向更有利于生成产物的方向转化的可能性，须具体情况具体分析；(3)当 $\Delta_r G_m^{\ominus} = 0$ 时，反应的可能性是存在的；(4)当 $\Delta_r G_m^{\ominus} < 0$，反应有可能进行，平衡位置对产物的生成有利。

### 2.2.2 浸出反应的平衡常数 $K$ 和表观平衡常数 $K_C$

浸出反应的平衡常数指浸出反应到达平衡后，生成物与反应物的活度商，例如对反应：

$$a\mathrm{A(s)} + b\mathrm{B(aq)} = c\mathrm{C(aq)} + d\mathrm{D(aq)}$$

$$K = \frac{a_C^c a_D^d}{a_B^b}$$

式中　$a_B, a_C, a_D$——分别为反应平衡后 B、C、D 的活度。

根据热力学原理得知 $K$ 与温度有关，与系统中物质的浓度无关。$K$ 值的大小反映着反应进行的可能性的大小及限度，$K$ 值愈大，则反应进行的可能性愈大，愈能进行彻底。

但在浸出实践中，由于体系的复杂性，难以求出有关组分的活度系数和活度，因此难以用平衡常数 $K$ 直接定量地分析系统的热力学，而实践中最容易获得、最有现实意义的是物质的浓度。因此可近似地直接用浓度表示平衡状态，即测得给定条件(温度、浓度)下，反应平衡后生成物和反应物的浓度商 $K_C$(也称为表观平衡常数)，用 $K_C$ 判断给定条件下反应进行的可能性和限度，对于上述反应而言：

$$K_C = [C]^c[D]^d/[B]^b$$

式中　[C]，[B]，[D]——分别为平衡后 C、B、D 的浓度。

对于非电解质而言，$K$ 与 $K_C$ 的关系为：

$$K = a_C^c a_D^d/a_B^b = r_C^c[C]^c \cdot r_D^d[D]^d/(r_B^b[B]^b) = K_C \cdot r_C^c \cdot r_D^d/r_B^b$$

式中　$r_C, r_D, r_B$——分别为系统中 C、D、B 的活度系数。

对于电解质溶液而言，亦可求出 $K$、$k_{\pm}$、$K_C$ 的类似关系式。

李洪桂等人研究了在150℃时白钨矿在 NaOH 溶液中浸出反应(见式 2-3)的 $K_C$ 值，见表 2-2。

$$CaWO_4(s) + 2NaOH(aq) = Ca(OH)_2(s) + Na_2WO_4(aq) \tag{2-3}$$

**表 2-2　反应式 2-3 的 $K_C$ 与 NaOH 浓度的关系(150℃)**

| NaOH 浓度/$mol \cdot kg^{-1}$ | 2.0 | 2.56 | 3.19 | 4.06 |
|---|---|---|---|---|
| $K_C \times 10^3/kg \cdot mol^{-1}$ | 11.0 | 13.9 | 16.2 | 20.5 |

$K_C$ 值除可以用来判断反应进行的可能性和限度外,也可用以计算浸出反应进行到底所需浸出剂的最小过量系数,如对于氧化锌的碱浸出过程(式 2-4)而言:

$$ZnO + H_2O + 2OH^- \rightleftharpoons Zn(OH)_4^{2-} \tag{2-4}$$

氧化锌的碱性浸出需要在浸出剂 NaOH 溶液大量过量的条件下进行,浸出剂 NaOH 的加入量为下列两者之和:

(1)反应的 NaOH 消耗量:

$$m_{NaOH(耗)} = 2m_{ZnO} = 2m_{Zn(OH)_4^{2-}} \tag{2-5}$$

式中　$m_{ZnO}$,$m_{Zn(OH)_4^{2-}}$——分别为待浸出 ZnO 和生成物 $Zn(OH)_4^{2-}$ 的摩尔数。

(2)与溶液中 $Zn(OH)_4^{2-}$ 保持平衡所需的 NaOH 量:$m_{NaOH(剩)}$:

故最小过量系数 $\beta = m_{NaOH(剩)}/m_{NaOH(耗)} = m_{NaOH(剩)}/2m_{Zn(OH)_4^{2-}}$

已知溶液中物质浓度之比等于其摩尔数之比,同时已知平衡时有:

$$[OH^-] = ([Zn(OH)_4^{2-}]/K_C)^{1/2}$$

故

$$\beta = m_{NaOH(剩)}/2m_{Zn(OH)_4^{2-}} = \frac{1}{2([Zn(OH)_4^{2-}]K_C)^{1/2}} \tag{2-6}$$

作者研究了常温下氧化锌碱浸反应的 $K_C$ 和浸出剂最小过量系数,见表 2-3。

**表 2-3　碱性浸出锌时 NaOH 的最小过量系数(25℃)**

| NaOH 浓度/$mol \cdot L^{-1}$ | 3.152 | 3.921 | 4.152 | 4.690 | 5.382 | 5.920 |
|---|---|---|---|---|---|---|
| Zn 浓度/$mol \cdot L^{-1}$ | 0.348 | 0.552 | 0.708 | 0.895 | 1.147 | 1.351 |
| $K_C/L \cdot mol^{-1}$ | 0.0350 | 0.0359 | 0.0411 | 0.0407 | 0.0396 | 0.0386 |
| $\beta$ | 4.532 | 3.554 | 2.934 | 2.619 | 2.345 | 2.191 |

从式 2-6 可看出,$\beta$ 不仅随 $K_C$ 的增大而减小,同时随 NaOH 浓度的增大而减小,即适当减小浸出的液固比,相应地增大体系的 NaOH 浓度,有利于减少 NaOH 的用量。

### 2.2.3　电位 - pH 值图在浸出热力学研究中的应用

浸出反应的吉布斯自由能变化及平衡常数 $K$ 都是在已知浸出的反应的情况下,研究该反应的热力学条件。对于浸出体系,由于其复杂性,系统中金属的稳定形态可能因条件的不同分别为金属阳离子、氧化物、含氧阴离子或其他络合离子,也可能发生氧化还原反应成为高价低价化合物。因此,研究浸出过程的热力学,首先是查明在一定条件下可能进行什么反应,进而才研究该反应进行的热力学条件。电位 - pH 值图可描述浸出水溶液中的平衡关系,通过图上的有关线段和区间,可以直观表明体系中各种形态化合物(或离子)相互平衡的情况及一定条件下其稳定存在的形态。

#### 2.2.3.1 浸出过程的电位 - pH 值图绘制

在浸出过程中,浸出液中反应物和生成物的浓度变化与溶液的酸度及氧化 - 还原电位有函数关系,这种关系可以用能斯特(Nernst)方程式表示,得到给定浸出体系的电位 - pH 值方程式,并绘制电位 - pH 值图。

在水溶液中的化学反应体系可以分为三类:

(1)化学平衡体系。该体系只有氢离子参与反应,反应过程没有电子迁移,即反应过程没有价态变化。

(2)电化学平衡体系。该体系反应过程有电子迁移,即发生价态变化,但是没有氢离子参与反应。

(3)化学 - 电化学平衡体系。该体系反应过程既有电子迁移,又有氢离子参与反应。

A 化学平衡体系

化学平衡体系的反应式为:

$$aA + mH^+ \rightleftharpoons bB + cH_2O \tag{2-7}$$

当反应达到平衡时,其自由能变化 $\Delta G = 0$,因此

$$\Delta G = \Delta G^\ominus + RT\ln\frac{a_B^b \cdot a_{H_2O}^c}{a_A^a \cdot a_{H^+}^m} = 0 \tag{2-8}$$

式中 $\Delta G^\ominus$——标准自由能变化;

$R$——气体常数,$R = 8.31441 J/(K \cdot mol)$;

$T$——绝对温度,K;

$a_{H_2O}, a_A, a_{H^+}, a_B$——分别为各物质的活度,mol/L。

因为 $a_{H_2O} = 1$, $-\lg a_{H^+} = pH$,在 25℃时,根据式 2-8 计算可得:

$$pH = -\frac{\Delta G^\ominus}{2.303RT} - \frac{b}{m}\lg a_B + \frac{a}{m}\lg a_A \tag{2-9}$$

由式 2-9 可见,当 $a_A$ 和 $a_B$ 为指定数值时,pH 值为一个常数,与电位无关。在电位 - pH 值图上,是一条垂直于 pH 值轴的直线。

B 电化学平衡体系

电化学平衡体系的反应式为:

$$aA + ne = bB \tag{2-10}$$

此还原反应的电位 $E$ 可以由能斯特方程式表示:

$$E = E^\ominus - \frac{RT}{nF}\ln\frac{a_B^b}{a_A^a} \tag{2-11}$$

式中 $F$——法拉第常数,$F = 9.648456 C/mol$;

$n$——电子迁移数;

$E^\ominus$——标准电极电位,其值可查表。

在 25℃时,按式 5 - 11 可得:

$$E = E^\ominus - \frac{0.0591}{n}\lg\frac{a_B^b}{a_A^a} \tag{2-12}$$

由式 2-12 可见，当 $a_A$ 和 $a_B$ 为指定数值时，电位 $E$ 是一个常数，与溶液的 pH 值无关。在电位－pH 值图上，是一条斜率为零，平行于 pH 值轴的直线。

C　化学－电化学平衡体系

化学－电化学平衡体系的反应式为：

$$aA + mH^+ + ne = bB + cH_2O \tag{2-13}$$

此还原反应的电位 $E$ 可以由能斯特（Nernst）方程式表示：

$$E = -E^{\ominus} - \frac{RT}{nF}\ln\frac{a_B^b}{a_A^a \cdot a_{H^+}^m} \tag{2-14}$$

在 25℃时，按式 2-14 可得：

$$E = E^{\ominus} - \frac{0.0591}{n}\lg\frac{a_B^b}{a_A^a} - 0.0591\frac{m}{n}\mathrm{pH} \tag{2-15}$$

由上式可见，当 $a_A$ 和 $a_B$ 为指定数值时，式 2-15 的第二项是常数。因此，溶液的电位 $E$ 与溶液的 pH 值呈线性关系，直线的斜率是 $-0.0591m/n$，截距为式 2-15 中第一项和第二项之和。

**2.2.3.2　碱性浸出过程的电位－pH 值图应用实例**

A　Zn（Ⅱ）－$H_2O$ 体系的 $E$－pH 值图

氧化锌（ZnO）在碱溶液中的浸出可通过 Zn（Ⅱ）－$H_2O$ 体系的 $E$－pH 值进行分析。根据相关热力学数据，Zn（Ⅱ）－$H_2O$ 体系所包括的各个重要反应及其电势 $E$ 和 pH 值的计算如下：

（1）平衡体系中有 $H^+$ 参加但无电子转移的反应，这类平衡与 pH 值有关而与 $E$ 无有关。

$$ZnO(s) + 2H^+ = Zn^{2+} + H_2O \qquad \Delta_r G_m^{\ominus} = -62.740\mathrm{kJ/mol} \tag{2-16}$$

$$\mathrm{pH} = 5.5 - \frac{1}{2}\lg a_{Zn^{2+}}$$

$$Zn(OH)_4^{2-} + 2H^+ = ZnO + 3H_2O \qquad \mathrm{pH} = 14.84 + \frac{1}{2}\lg a_{Zn(OH)_4^{2-}} \tag{2-17}$$

$$\Delta_r G_m^{\ominus} = -169.394\mathrm{kJ/mol}$$

（2）平衡体系中有电子转移，但无 $H^+$ 参加的反应，此平衡与 $E$ 有关而与 pH 值无关。

$$Zn^{2+} + 2e = Zn \qquad \Delta_r G_m^{\ominus} = 147.773\mathrm{kJ/mol} \tag{2-18}$$

$$E = -0.76 + \frac{0.0591}{2}\lg a_{Zn^{2+}}$$

（3）平衡体系中有 $H^+$ 参加，同时又有电子转移的反应，此平衡与 pH 值及 $E$ 均有关。

$$ZnO(s) + 2H^+ + 2e = Zn + H_2O \qquad \Delta_r G_m^{\ominus} = 85.033\mathrm{kJ/mol} \tag{2-19}$$

$$E = -0.44 - 0.0591\mathrm{pH}$$

$$Zn(OH)_4^{2-} + 4H^+ + 2e = Zn + 4H_2O \qquad \Delta_r G_m^{\ominus} = -84.361\mathrm{kJ/mol} \tag{2-20}$$

$$E = 0.44 + \frac{0.0591}{2}\lg a_{Zn(OH)_4^{2-}} - 0.11821\mathrm{pH}$$

根据以上计算结果作图，可得 Zn（Ⅱ）－$H_2O$ 体系的 $E$－pH 值图（见图 2-1）。

图中 $a$、$b$ 线为以下反应的平衡线：

a：　$2H^+ + 2e = H_2$

$E = -0.0591pH$

b：$O_2 + 4H^+ + 4e = 2H_2O$

$E = 1.23 - 0.0591pH$

即水溶液中当电势低于 $a$ 线，水将分解析出 $H_2$，高于 $b$ 线则析出 $O_2$，只有在 $a$、$b$ 线之间 $H_2O$ 才是稳定的。

由 Zn(Ⅱ) $- H_2O$ 系 $E-pH$ 值图可以看出：ZnO 可溶解于酸性溶液中，生成 $Zn^{2+}$，也可溶于强碱溶液中，形成 $Zn(OH)_4^{2-}$，因此在热力学上看，用 NaOH 溶液浸出含 ZnO 的危险废物是可行的。而在较低的电位条件下，溶液中的 $Zn(OH)_4^{2-}$ 可以 Zn 的形式从溶液中析出，因此可采用电解的方法从强碱浸出液中阴极沉积出金属锌。

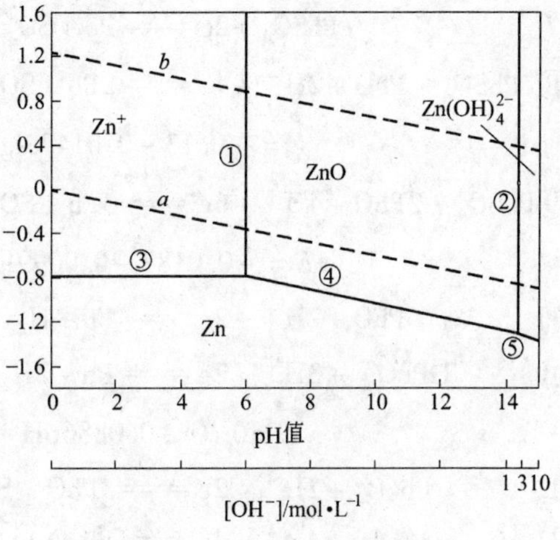


图 2-1　Zn(Ⅱ) $- H_2O$ 体系的 $E-pH$ 值图（25℃，锌离子活度为 0.1）

B　$Pb - SO_4^{2-} - H_2O$ 系 $E-pH$ 值图

在蓄电池报废时排放的固体废物中主要含有硫酸铅，根据相关热力学数据分析了 $Pb - SO_4^{2-} - H_2O$ 系 $E-pH$ 值图。该体系中的反应式和平衡方程式见式 2-21～式 2-36，25℃下的 $Pb - SO_4^{2-} - H_2O$ 系 $E-pH$ 值图，见图 2-2。增加溶液的 pH 值，$PbSO_4$ 将向碱式硫酸铅转化，当 pH 值大于 13.72 时，将转化生成 PbO，当 pH 值进一步增加时，PbO 会溶于碱液中生成 $HPbO_2^-$。因此在热力学上，用 NaOH 溶液浸出含 $PbSO_4$ 形态的废物是可行的。

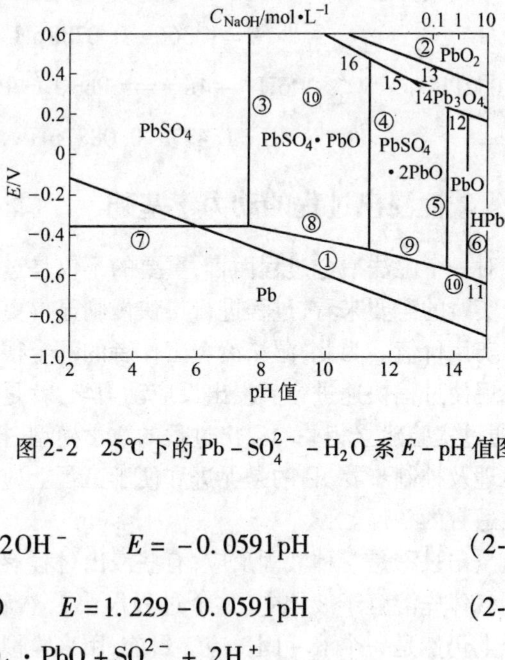


图 2-2　25℃下的 $Pb - SO_4^{2-} - H_2O$ 系 $E-pH$ 值图

① $$2H_2O + 2e = H_2 + 2OH^- \qquad E = -0.0591pH \tag{2-21}$$

② $$O_2 + 4H^+ + 4e = 2H_2O \qquad E = 1.229 - 0.0591pH \tag{2-22}$$

③ $$2PbSO_4 + H_2O = PbSO_4 \cdot PbO + SO_4^{2-} + 2H^+$$

$$pH = 7.59 + 0.5\lg[SO_4^{2-}] \tag{2-23}$$

④ $$3PbSO_4 \cdot PbO + H_2O = 2PbSO_4 \cdot 2PbO + SO_4^{2-} + 2H^+$$

$$pH = 11.31 + 0.5\lg[SO_4^{2-}] \tag{2-24}$$

⑤ $$PbSO_4 \cdot 2PbO + H_2O = 3PbO + SO_4^{2-} + 2H^+$$

$$pH = 13.72 + 0.5\lg[SO_4^{2-}] \tag{2-25}$$

⑥ $$PbO + H_2O = HPbO_2^- + H^+ \qquad pH = 15.33 + \lg[HPbO_2^-] \tag{2-26}$$

⑦ $$PbSO_4 + 2e = Pb + SO_4^{2-} \qquad E = -0.355 - 0.0296\lg[SO_4^{2-}] \tag{2-27}$$

⑧ $$PbSO_4 \cdot PbO + 2H^+ + 4e = 2Pb + SO_4^{2-} + H_2O \tag{2-28}$$

$$E = -0.13 - 0.01478\lg[SO_4^{2-}] - 0.0296pH$$

⑨ $$PbSO_4 \cdot 2PbO + 4H^+ + 6e = 3Pb + SO_4^{2-} + 2H_2O \tag{2-29}$$

$$E = -0.0188 - 0.0099\lg[SO_4^{2-}] - 0.0394pH$$

⑩ $$PbO + 2H^+ + 2e = Pb + H_2O \qquad E = 0.25 - 0.0591pH \tag{2-30}$$

⑪ $$HPbO_2^- + 3H^+ + 2e = Pb + 2H_2O \tag{2-31}$$

$$E = 0.71 - 0.0886pH + 0.0296\lg[HPbO_2^-]$$

⑫ $$Pb_3O_4 + 2H^+ + 2e = 3PbO + H_2O \qquad E = 1.05 - 0.0591pH \tag{2-32}$$

⑬ $$3PbO_2 + 4H^+ + 4e = Pb_3O_4 + 2H_2O \qquad E = 1.12 - 0.0591pH \tag{2-33}$$

⑭ $$Pb_3O_4 + SO_4^{2-} + 4H^+ + 2e = PbSO_4 \cdot 2PbO + 2H_2O \tag{2-34}$$

$$E = 1.862 - 0.1183pH + 0.0296\lg[SO_4^{2-}]$$

⑮ $$3PbO_2 + SO_4^{2-} + 8H^+ + 6e = PbSO_4 \cdot 2PbO + 4H_2O \tag{2-35}$$

$$E = 1.366 - 0.0788pH + 0.0099\lg[SO_4^{2-}]$$

⑯ $$2PbO_2 + SO_4^{2-} + 6H^+ + 4e = PbSO_4 \cdot PbO + 3H_2O \tag{2-36}$$

$$E = 1.477 - 0.0887pH + 0.01478\lg[SO_4^{2-}]$$

## 2.3　碱性浸出过程的动力学基础

对一个湿法冶金过程而言，重要的不仅是过程进行的方向和产物的最大可能产出量，从生产实践的需要来看，过程进行得快慢则显得更为重要，因为只有进行得足够快的那些过程才有实用价值。为此，湿法冶金工作者的一个很重要的任务就是借助于对过程动力学的研究来促使过程快速进行。浸出反应动力学，就是研究有关浸出反应的速度和反应机理的科学，通过实验建立相关的浸出过程的数学模型，推导出浸出动力学方程，探讨和分析浸出反应机理及控制步骤，目的是促进和便于工程上应用、设计放大和进行自动化控制，为工程选择最适宜的条件。

浸出过程是一种液固反应，有些浸出过程有气体参加，似乎是气－液－固反应，但事实上是气体先溶解于液体中（这个过程很快），然后是溶解在溶液中的气体与固体作用，所以实质上仍然是一个液－固反应。目前，用来模拟液－固反应的模型主要有界面反应模型和容积反应模型两大类。

### 2.3.1　界面反应模型

界面反应模型的特征是反应只在相与相的界面上进行。界面反应模型的典型代表是收缩未反应芯模型。

收缩未反应芯模型简称缩芯模型，它的特征是反应表面由表及里不断向颗粒中心缩小，反应开始时流体与颗粒外表面完全反应，生成新的面体产物层，其内则是未反应芯，两者的交界面为反应面，流体通过固相产物层到达反应界面与未反应的固相反应，固相产物层不断向内扩展，未反应芯逐渐缩小，反应界面也不断由外向内移动，所以整个反应过程中，反应表面不断变小，这只有在固体反应物为无孔时或化学反应速率很快、流体扩散非常慢时才如此。

缩芯模型又有两种情况：(1)反应过程中颗粒不断缩小，即无固相产物层，产物仅为流体；(2)反应过程中颗粒大小不变，即有固相产物层存在。

#### 2.3.1.1 无固态产物层的浸出反应

无固态产物层的浸出反应是碱性浸出工艺中常见的反应，例如氧化锌和三水铝石的碱浸都属于这类反应：

$$2OH^-(aq) + ZnO(s) + H_2O = Zn(OH)_4^{2-}(aq)$$

$$2OH^-(aq) + Al_2O_3 \cdot 3H_2O(s) = 2Al(OH)_4^-(aq)$$

无固态产物层的浸出反应一般可以表示为：

$$aA(aq) + bB(s) = cC(aq)$$

如图2-3所示，无固态产物层的浸出反应由以下步骤组成：

(1)液相中的浸出剂A通过矿粒外面的液膜扩散到收缩未反应芯（半径为$r$）的界面，即反应物外扩散过程，浓度由$C_A$减小到$C_{AS}$；

(2)浸出剂与矿粒在界面上进行反应，即表面化学反应过程；

(3)生成的可溶性反应产物C由颗粒外表面通过液膜扩散到液相主体，即产物外扩散过程，浓度由$C_{CS}$减小到$C_C$。

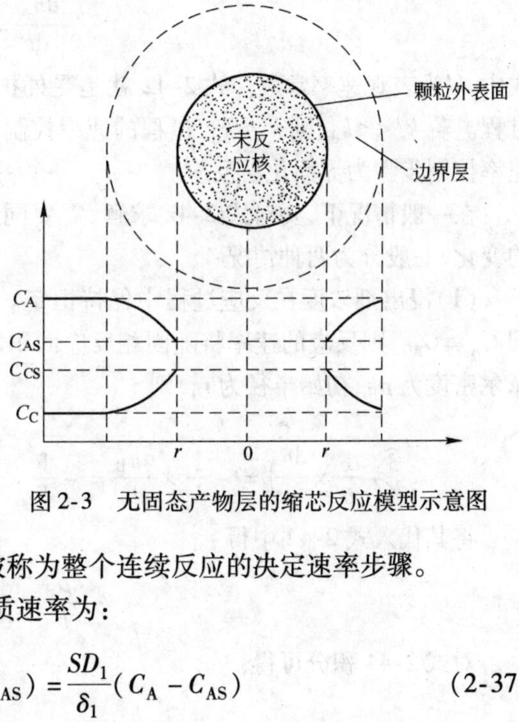

图2-3 无固态产物层的缩芯反应模型示意图

这些步骤可以看成是一个串联过程，连续反应的表观速率决定于反应速率常数最小的那一步骤——最难进行的步骤，该步骤被称为整个连续反应的决定速率步骤。

(1)液态浸出剂A通过液相边界层的传质速率为：

$$-\frac{dn_A}{dt} = k_d S(C_A - C_{AS}) = \frac{SD_1}{\delta_1}(C_A - C_{AS}) \tag{2-37}$$

式中 $n_A$——体系中反应物A的摩尔数，mol；

$k_d$——液相传质系数，m/s；

$C_A, C_{AS}$——分别为反应物A在溶液和固体B表面的摩尔浓度，mol/m$^3$；

$S$——液相和固相组分交互反应的面积，m$^2$；

$D_1$——浸出剂A通过液体边界层的有效扩散系数，m$^2$/s；

$\delta_1$——液体边界层厚度，m。

(2)假设界面化学反应为一级不可逆反应，则界面反应速率方程可以表示为：

$$-\frac{dn_A}{dt} = k_r S C_{AS} \tag{2-38}$$

式中　$k_r$——界面化学反应速率常数。

(3)假设产物C的扩散速率足够快,则总的浸出速率主要取决于A的扩散速率和界面化学反应速率。如果过程处于稳态,则由式2-37和式2-38可得:

$$C_{As}=\frac{k_d}{k_r+k_d}C_A \tag{2-39}$$

将式2-39代入式2-38,有:

$$-\frac{dn_A}{dt}=\frac{k_dk_r}{k_r+k_d}SC_A=\frac{1}{1/k_r+1/k_d}SC_A \tag{2-40}$$

令

$$\frac{1}{k'}=\frac{1}{k_r}+\frac{1}{k_d} \tag{2-41}$$

则式2-41可变为:

$$-\frac{dn_A}{dt}=k'SC_A \tag{2-42}$$

式中,$k'$为表观速率常数。式2-42就是受外扩散和化学反应混合控制时,浸出过程的速率方程。若$k_r<<k_d$,则$k'\approx k_d$,过程的速率控制步骤为外扩散;若$k_d<<k_r$,则$k'\approx k_r$,过程的速率控制步骤为界面化学反应。

在一般情况下,要对式2-42求解,需要同时考虑反应面积$S$和浸出剂浓度$C_A$随时间的变化,一般分为两种情况:

(1)浸出剂浓度在反应过程中保持恒定。如果浸出剂A浓度在反应过程中保持恒定,即$C_A\equiv C_{A0}$,则反应的速率将随固相反应面积发生变化。以球形颗粒为例,设固体颗粒B的摩尔密度为$\rho_B$,初始半径为$r_0$,则

$$-\frac{1}{a}\times\frac{dn_A}{dt}=-\frac{1}{b}\times\frac{dn_B}{dt}=-\frac{1}{b}\times\frac{d(\frac{4}{3}\pi r^3\rho_B)}{dr}\times\frac{dr}{dt}=-\frac{4\pi r^2\rho_B}{b}\times\frac{dr}{dt} \tag{2-43}$$

将其代入式2-42中得

$$-\frac{a\rho_B}{b}\times\frac{dr}{dt}=k'C_{A0} \tag{2-44}$$

对式2-44积分可得:

$$r_0-r=\frac{bk'C_{A0}}{a\rho_Br_0}t \tag{2-45}$$

式中　$r_0$——固体矿粒的原始半径,m;

　　　$r$——固体矿粒在时刻$t$的半径,m。

因为矿粒的半径不便于测定,通常用反应浸出率$x$(%)来表示,则有:

$$x=\frac{\frac{4}{3}\times\pi r_0^3\rho_B-\frac{4}{3}\times\pi r^3\rho_B}{\frac{4}{3}\times\pi r_0^3\rho_B}=1-\frac{r^3}{r_0^3} \tag{2-46}$$

$$r=r_0(1-x)^{1/3} \tag{2-47}$$

将式2-47代入式2-44可得:

$$1-(1-x)^{1/3}=\frac{bk'C_{A0}}{a\rho_B r_0}t \tag{2-48}$$

该式就是当液相反应物浓度保持恒定时，球形颗粒在浸出过程中的动力学方程。在一般情况下，式 2-48 可以表示为：

$$1-(1-x)^{1/F_p}=\frac{bk'C_{A0}}{a\rho_B r_0}t \tag{2-49}$$

式中，$F_p$ 为固体颗粒的形状因子（无限大平板取 1，柱体取 2，球体或立方体取 3）。对于无固态产物层的浸出反应，无论过程是处于扩散控制还是界面化学反应控制，速率方程式 2-49 均可适用。通常以 $1-(1-x)^{1/F_p}$ 对反应时间 $t$ 作图的方法来也就这类反应的共同特征。要确定过程的速率限制性环节，可以根据搅拌强度和温度对反应速率的影响程度进行判断。当过程受界面化学反应控制时，温度对反应速率有显著影响，而搅拌强度则几乎没有影响；当过程受扩散控制时，搅拌强度对反应速率的影响十分显著，而温度的影响并不明显。

（2）浸出剂浓度在反应过程中发生变化。在大多数实际生产浸出过程中，浸出剂浓度也会发生变化，此时的情况较为复杂。设浸出体系中溶液的体积为 $V$，固态反应物 B 的初始摩尔数为 $n_{B0}$，浸出剂 A 的初始浓度为 $C_{A0}$，经过时间 $t$ 固体 B 消耗的摩尔数为 $n_B$，则当 $t=0$ 时，A 和 B 的摩尔数分别为 $C_{A0}V$ 和 $n_{B0}$；当 $t=t$ 时，A 和 B 的摩尔数分别为 $C_{A0}V-(a/b)n_B$ 和 $n_{B0}-n_B$。故在时间 $t$ 时，反应物 A 的浓度为：

$$C_A=\frac{C_{A0}-\frac{a}{b}n_B}{V}=C_{A0}-\frac{a}{b}\times\frac{n_B}{V} \tag{2-50}$$

由于反应浸出率 $x$ 可以表示为：

$$x=\frac{n_B}{n_{B0}} \tag{2-51}$$

故式 2-50 可以改写为：

$$C_A=C_{A0}\left(1-\frac{an_{B0}x}{bC_{A0}V}\right) \tag{2-52}$$

令

$$\sigma=\frac{n_{B0}}{C_{A0}V} \tag{2-53}$$

则式 2-52 可变为：

$$C_A=C_{A0}\left(1-\frac{a\sigma x}{b}\right) \tag{2-54}$$

将式 2-47 代入式 2-43 可得：

$$-\frac{dn_A}{adt}=-\frac{dn_B}{bdt}=-\frac{4\pi r^2\rho_B}{b}\times\frac{d[\pi r_0(1-x)^{1/3}]}{dx}\times\frac{dx}{dt}=-\frac{4\pi r^2 r_0\rho_B}{3b(1-x)^{2/3}}\times\frac{dx}{dt} \tag{2-55}$$

将式 2-55 和式 2-54 代入式 2-42，可得：

$$\frac{dx}{dt}=\frac{3bk'C_{A0}}{ar_0\rho_B}\left(1-\frac{a\sigma}{b}x\right)(1-x)^{2/3} \tag{2-56}$$

当 $\frac{a\sigma}{b}\equiv 1$ 时，对上式积分可得：

$$(1-x)^{2/3}-1=\frac{2bk'C_{A0}}{a\rho_B r_0}t \tag{2-57}$$

该式适用于界面化学反应为一级反应，且$\frac{a\sigma}{b}\equiv 1$的情况。

还需指出的是，上述公式仅适用于单颗粒体系或平均半径为 $r_0$ 的单粒级颗粒体系。在实际生产中常遇到的是通过磨矿产生出的多颗粒体系，这些颗粒不可能是单粒级的，而是由具有一定粒度分布的颗粒组成。粒度的分布规律取决于矿石的性质和磨矿的方法与条件。多颗粒体系的反应动力学一般不能用分析单颗粒或单粒级颗粒体系反应动力学的方法进行分析。该体系的反应速率是一种复合速率，其形式与颗粒的粒度分布特性有关。

设多粒级颗粒体系有 $n$ 种粒级的颗粒组成，第 $i$ 种粒级的平均颗粒半径为 $r_{i0}$、质量为 $m_i$，则半径为 $r_{i0}$ 的颗粒质量占颗粒总质量的分数 $\alpha_i$ 为：

$$\alpha_i = \frac{m_i}{\sum_{i=1}^{n} m_i} \tag{2-58}$$

如果第 $i$ 种粒级的颗粒转化率为 $x_i$，则总的转化率 $x$ 为：

$$x = \sum_{i=1}^{n} \alpha_i x_i \tag{2-59}$$

因此，通过单粒级颗粒实验，测得各粒级条件下的转化率 $x_i$ 与反应时间的关系，得出反应的动力学参数，进而获得 $x_i$ 与颗粒半径 $r_{i0}$ 的函数关系，再根据粒度的分布规律即可由式2-59 计算出多粒级颗粒体系转化率。

#### 2.3.1.2　有固态产物层的浸出反应

有固态产物层生成物的浸出反应在碱性浸出中也较为常见。例如白钨矿的碱性浸出反应：

$$CaWO_4(s) + Na_2CO_3(aq) = Na_2CO_3(aq) + CaCO_3(s)$$

这类反应一般可以表示为：

$$aA(aq) + bB(s) = cC(aq) + dD(s)$$

如图 2-4 所示，有固态产物层的浸出反应由以下步骤组成：

(1)液相中的浸出剂 A 通过矿粒(半径为 $r_0$)外面的液膜扩散到颗粒外表面，即反应物外扩散过程，浓度由 $C_A$ 减小到 $C_{AS}$；

(2)浸出剂由矿粒外表面通过固相产物层或惰性残留物层扩散到收缩未反应芯(半径为 $r$)的界面，即反应物内扩散过程，浓度由 $C_{AS}$减小到 $C_{AC}$；

(3)浸出剂与矿粒在半径为 $r$ 的界面上进行反应，即表面化学反应过程；

(4)生成的可溶性反应产物通过固

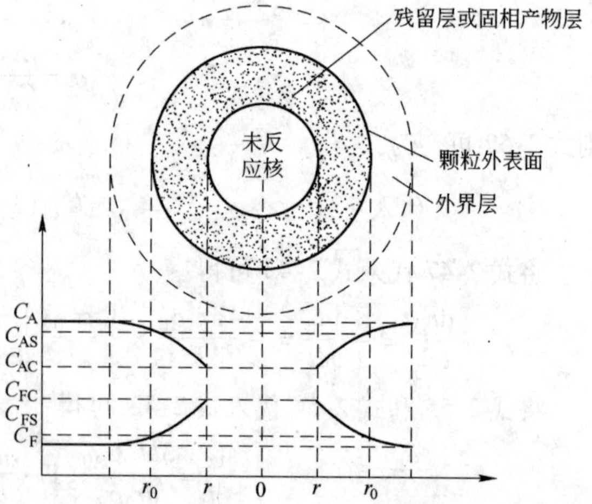


图 2-4　有固态产物层的缩芯反应模型示意图

相产物层或惰性残留物层扩散到颗粒外表面,即产物内扩散过程,浓度由 $C_{FC}$减小到 $C_{FS}$;

(5)可溶性反应产物由颗粒外表面通过液膜扩散到液相主体,即产物外扩散过程,浓度由 $C_{FS}$减小到 $C_F$;

如果在浸出时没有固相产物形成,则步骤(2)与(4)就不复存在。但当被浸出的固相反应物分散在惰性物料(如石英岩)中,即使没有新的固相产物生成,由交互反应所形成的溶解性产物还必须通过惰性物料层扩散,因此过程仍然包括了上述5个步骤。

从浸出反应过程看,相对于无固态产物层反应,有固态产物层反应增加了固态产物层扩散过程(内扩散过程),如果固体反应物为球体,浸出剂A通过固体产物层的扩散速率为:

$$-\frac{dn_A}{dt}=k_S S(C_{AS}-C_{AC})=\frac{SD_S}{\delta_2}(C_{AS}-C_{AC})=\frac{4\pi r_0 r D_S}{r_0-r}(C_{AS}-C_{AC}) \tag{2-60}$$

式中 $k_S$——浸出剂A通过固态产物层的传质系数,m/s;

$D_S$——浸出剂A通过固态产物层的有效扩散系数,$m^2/s$;

$\delta_2$——固态产物层厚度,m。

浸出剂A通过液体边界层的扩散速率为:

$$-\frac{dn_A}{dt}=k_d S(C_A-C_{AS})=\frac{SD_1}{\delta}(C_A-C_{AS})=\frac{4\pi r_0^2 D_1}{\delta}(C_A-C_{AS}) \tag{2-61}$$

界面化学反应速率为:

$$-\frac{dn_A}{dt}=k_r SC_{AC}=4\pi r^2 k_r C_{AC} \tag{2-62}$$

在准稳态情况下,浸出过程的液体边界层扩散、固态产物边界层扩散及界面化学反应这3个步骤的速率应该相等,从而根据式2-60、式2-61、式2-62可推导出有固态产物浸出反应的综合速率表达式为:

$$-\frac{dn_A}{dt}=\frac{4\pi r_0^2 D_1 C_A}{\delta+\frac{r_0(r_0-r)D_1}{rD_S}+\frac{D_1 r_0^2}{k_r r^2}} \tag{2-63}$$

根据式2-43,上式可改写为:

$$-\frac{dn_B}{dt}=-4\pi r^2\rho_B\times\frac{dr}{dt}=-\frac{b}{a}\times\frac{dn_A}{dt}=\frac{b}{a}\times\frac{4\pi r_0^2 D_1 C_A}{\delta+\frac{r_0(r_0-r)D_1}{rD_S}+\frac{D_1 r_0^2}{k_r r^2}} \tag{2-64}$$

将式2-47代入上式可得:

$$\frac{dx}{dt}=\frac{b}{a\rho_B}\times\frac{3C_A}{\frac{\delta r_0}{D_1}+\frac{r_0^2}{D_S}\times\frac{1-(1-x)^{1/3}}{(1-x)^{1/3}}+\frac{r_0}{k_r(1-x)^{2/3}}} \tag{2-65}$$

在浸出剂A的浓度保持恒定的条件下,即 $C_A\equiv C_{A0}$,对式2-65进行积分可得:

$$\frac{\delta}{3D_1}x+\frac{r_0}{2D_S}\left[1-\frac{2}{3}x-(1-x)^{2/3}\right]+\frac{1}{k_r}\left[1-(1-x)^{1/3}\right]=\frac{bC_{A0}}{a\rho_B r_0}t \tag{2-66}$$

上式为浸出过程受液体边界层扩散、固态产物边界层扩散及界面化学反应混合控制时的速率方程。在实际的浸出过程,各种控制步骤的讨论如下。

A　外扩散控制

当$\frac{\delta}{3D_1} >> \frac{r_0}{2D_S}$和$\frac{\delta}{3D_1} >> \frac{1}{k_r}$时，说明单位时间内浸出矿物的量决定于浸出剂通过液膜层的扩散速度，此时式2-66左边的第二项和第三项可以忽略不计，故速率方程可以简化为：

$$x = \frac{3D_1 bC_{A0}}{a\delta\rho_B r_0}t \tag{2-67}$$

在液体边界层控制的条件下，由于液体层厚度$\delta$与液体的流动状态有关，故反应速率受搅拌强度的影响较为显著；浸出速率与浸出剂的浓度成正比；浸出速率受温度的影响较小，反应的表观活化能一般为8～10kJ/mol。

B　内扩散控制

当$\frac{r_0}{2D_S} >> \frac{\delta}{3D_1}$和$\frac{r_0}{2D_S} >> \frac{1}{k_r}$时，表明浸出过程中固态产物层对浸出剂的扩散阻力远大于外扩散，同时化学反应速度很快，此时式2-66可简化为：

$$1 - \frac{2}{3}x - (1-x)^{2/3} = \frac{2bD_S C_{A0}}{a\rho_B r_0^2}t \tag{2-68}$$

在内扩散控制的条件下，浸出速率与搅拌强度没有明显关系；浸出速率与浸出剂浓度成正比；温度对浸出速率的影响较小，反应的表观活化能一般为8～20 kJ/mol。

C　界面化学反应控制

当$\frac{1}{k_r} >> \frac{\delta}{3D_1}$和$\frac{1}{k_r} >> \frac{r_0}{2D_S}$时，表明浸出过程中浸出剂通过液膜扩散层及固膜的扩散阻力很小，以致反应速度受化学反应控制，此时式2-66可简化为：

$$1 - (1-x)^{1/3} = \frac{bk_r C_{A0}}{a\rho_B r_0}t \tag{2-69}$$

在界面化学反应控制的条件下，浸出速率与搅拌强度无关；温度对浸出速率的影响较大，反应的表观活化能一般为40～300kJ/mol；若反应级数为$n$，则浸出速率与浸出剂浓度的$n$次方成正比。

### 2.3.2　容积反应模型

当固体反应物为多孔物质，且化学反应速率相对较慢时，液体可以扩散到固体的中心，此时界面模型就不适用了，因为反应不再是在明显的界面上进行，而是在整个颗粒内连续发生。这种模型称为容积反应模型，也称整体反应模型，目前关于容积反应模型主要为孔扩散模型。

对液－固相反应一般可以表示为：

$$A(l) + B(s) \longrightarrow C(l) + D(s)$$

对于多孔性矿粒，若将粒子视为当量球体，其半径为$R$，则对多孔性矿粒的浸出反应过程可分为以下5个步骤：

(1)浸出剂A由液相主体向颗粒表面的边界层扩散；

(2)浸出剂A通过孔的扩散；

(3)孔表面上进行化学反应；

(4)产物 C 通过孔的扩散；

(5)产物 C 由颗粒表面的边界层扩散进入液相主体。

其中，步骤(1)和(5)进行得较快，从而可能成为控制速率的步骤为(2)、(4)孔扩散或(3)化学反应速率。同时，由上述步骤可知，对于多孔的矿石颗粒，虽然浸出反应是在孔表面上发生的，但由于孔广泛分布于颗粒内部，这样，与界面反应模型相比，反应是同时在颗粒中的孔表面上发生的。

虽然矿粒的浸出过程可能改变或破坏孔结构，导致粒子中孔大小及分布的变化，但由于这种变化一般不大(约为百分之几)，所以为了数学推导的方便，设定：

(1)化学反应控制。反应物 B 的反应速率表达式为：

$$-\frac{dC_B^*}{dt}=\frac{V}{S}\times\frac{dC_B}{dt}=kC_A^m\times(C_B^*)^n \tag{2-70}$$

式中 $C_B^*$ ——单位面积上组分 B 的摩尔数，mol；

$C_B$ ——液相主体中组分 B 的浓度，mol/m$^3$；

$C_A$ ——液相主体中组分 A 的浓度，mol/m$^3$；

$V$ ——溶液的总体积，m$^3$；

$S$ ——固体颗粒的表面积，m$^2$；

$k$ ——反应速率常数；

$m,n$ ——反应级数。

当 $t=0$ 时，有：

$$C_B=C_B^0=0,C_B^*=C_B^{*0}=n_B^0/S$$

式中 $n_B^0$——固相组分 B 的初始摩尔数。

若液相主体中 $C_A$ 不变，则有：

$$\frac{dC_B}{dt}=\frac{S}{V}kC_A^m\times(C_B^*)^n=\frac{S}{V}k_1(C_B^*)^n \tag{2-71}$$

式中，$k_1=kC_A^m$。

当 $n=1$ 时，对式 2-71 积分可得：

$$\lg\left[1-\frac{C_B}{S/VC_B^{*0}}\right]=-\frac{k_1}{2.3026}t \tag{2-72}$$

当 $n\neq1$ 时，对式 2-73 积分可得：

$$(1-x)^{1-n}-1=-k_1(1-n)(C_B^{*0})^{n-1}t=k_2t \tag{2-73}$$

式中，$k_2=-k_1(1-n)(C_B^{*0})^{n-1}$。

(2)扩散控制。对于非稳态过程，由费克第二定律有：

$$\frac{\partial C_B}{\partial t}=D_B\frac{\partial^2C_B}{\partial x^2} \tag{2-74}$$

式中 $D_B$ ——扩散系数。

式 2-74 的边界条件为：$\left.\frac{\partial C_B}{\partial t}\right|_{x=0}=0,C_B|_{x=L}=0$

求解得：

$$C_B(x,t) = \sum_{n=1}^{\infty} \frac{4C_B^0(-1)^{n-1}}{(2n-1)\pi} \exp\left\{-\left[\frac{(2n-1)\pi}{2L}\right]^2 \cdot D_B \cdot t\right\} \cdot \cos\left[\frac{(2n-1)\pi}{2L} \cdot x\right] \tag{2-75}$$

对于矿石颗粒的浸出过程，矿物中组分 B 的溶解速率即为其从孔中扩散到液相主体中的速率。根据费克第一定律，可得：

$$\frac{dn_B}{dt} = -D_B \cdot A \cdot \left.\frac{\partial C_B}{\partial x}\right|_{x=L} \tag{2-76}$$

式中　$n_B$——液相主体中 B 的摩尔数；

$A$——扩散表面积，$m^2$。

$$A = 4\pi R^2 \cdot \theta \cdot N \tag{2-77}$$

式中　$N$——粒子总数；

$R$——矿粒的当量面积半径，m；

$\theta$——矿粒的孔隙率，%，$\theta = \frac{\text{开口于表面的总孔截面积}}{\text{球体总外表面积}}$。

将式 2-75 和式 2-77 代入式 2-76 并积分，求得近似值为：

$$n_B \approx \frac{32R^2\theta \cdot NC_B^0 L}{\pi}\left[1 - \exp\left(\frac{-\pi^2 D_B}{4L^2}\right)t\right] \tag{2-78}$$

当 $t = \infty$ 时，$n_B(\infty) = \frac{32R^2\theta NC_B^0 L}{\pi}$　(2-79)

$$\lg\left[1 - \frac{n_B(t)}{n_B(\infty)}\right] = -\frac{D_B}{2.3026} \cdot \frac{\pi^2}{4L^2} \cdot t = k_L t \tag{2-80}$$

即　$$\lg[1 - X] = k_L t$$

式中　$k_L = -\frac{D_B}{2.3026} \cdot \frac{\pi^2}{4L^2}$；

$n_B(t)$——浸出时间为 $t$ 时 B 组分在液相中的摩尔数；

$n_B(\infty)$——浸出时间为∞时 B 组分在液相中的摩尔数。

### 2.3.3　碱性浸出动力学研究实例

作者对氧化铅矿的碱浸动力学进行了研究，氧化铅矿强碱浸出过程中主要发生的化学反应为：

$$PbSiO_3(s) + 3NaOH(aq) = NaPb(OH)_3(aq) + Na_2SiO_3(aq)$$

$$PbSO_4(s) + 3NaOH(aq) = NaPb(OH)_3(aq) + Na_2SO_4(aq)$$

$$PbO(s) + NaOH(aq) + H_2O(aq) = NaPb(OH)_3(aq)$$

#### 2.3.3.1　温度对反应速率的影响

根据浸出温度对氧化铅矿中的铅在 NaOH 溶液中浸出率影响的实验结果(图 2-5)，对实验数据用缩芯模型进行处理，分别用 $1 - 2/3x_B - (1 - x_B)^{2/3}$ 和 $1 - (1 - x_B)^{1/3}$ 对时间 $t$ 作图，结果如图 2-6 和图 2-7 所示。

由图 2-6 和图 2-7 可以看出：当温度小于 50℃时，$1 - 2/3x_B - (1 - x_B)^{2/3}$ 和时间 $t$ 呈较好的直线关系，说明铅的浸出过程符合固膜扩散控制规律，此时铅的浸出率较低，NaOH 在惰性残留物层中的扩散是浸出反应的控制步骤。

当温度为70℃时，$1-(1-x_B)^{1/3}$和时间$t$呈较好的直线关系，说明铅的浸出过程符合表面反应控制规律，此时铅的浸出率较高，由于氧化铅矿中可溶于NaOH溶液的物质含量较高，因此在惰性残留物层中形成较大孔径的通道，内扩散过程不再影响浸出反应的速率，浸出过程受含铅物相和NaOH溶液的表面反应控制。当温度为90℃时，5min时铅的浸出率可达到80%以上，说明此时，铅的浸出反应速率也较大。

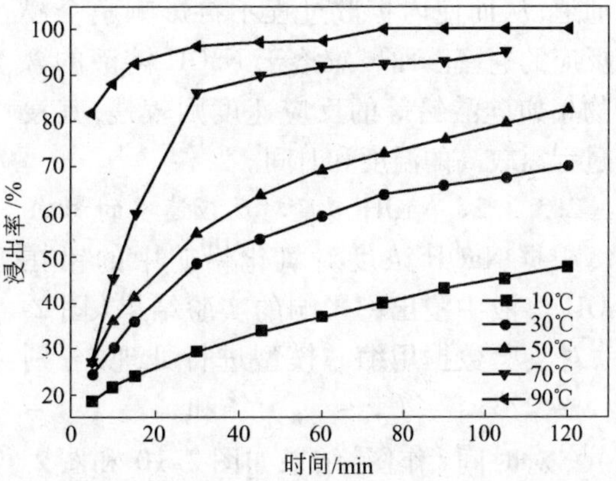


图2-5 浸出温度对氧化铅矿中的铅在NaOH溶液中浸出率的影响

对于不可逆浸出反应，在两个不同温度下的浸出速率之比可表示为：

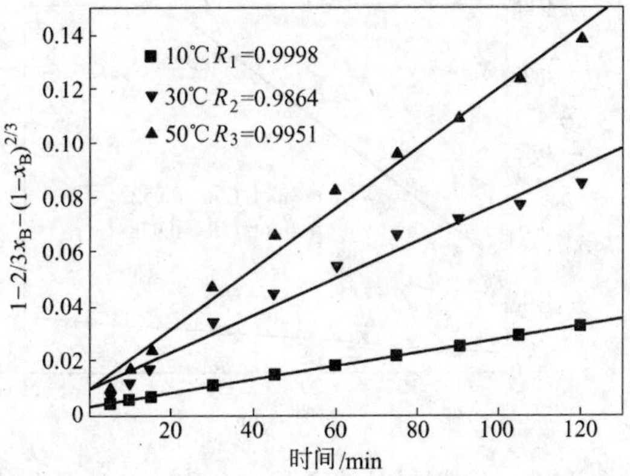


图2-6 不同温度下$1-2/3x_B-(1-x_B)^{2/3}$与时间$t$的关系

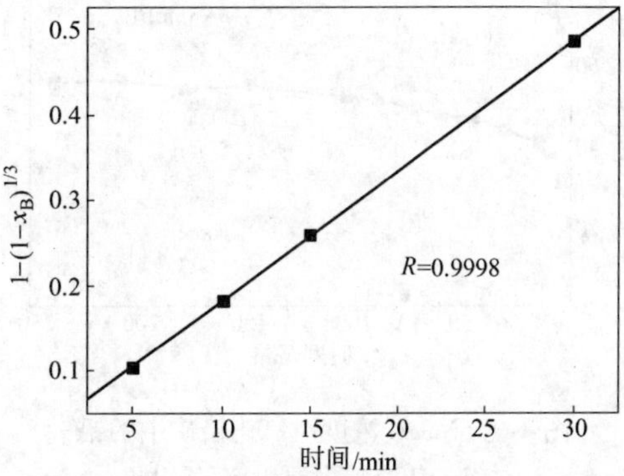


图2-7 70℃时$1-(1-x_B)^{1/3}$与时间$t$的关系

$$\left(\frac{dx}{dt}\right)_{T_1}/\left(\frac{dx}{dt}\right)_{T_2}=k_{T_1}/k_{T_2} \tag{2-81}$$

根据Arrhenius方程：

$$k=A\exp[-E_a/(RT)] \tag{2-82}$$

式中，$A$为频率因子，$s^{-1}$；$E_a$为活化能，J/mol；$R$为理想气体常数，J/(mol·K)；$T$为绝对温度，K。

用$\ln\frac{dx}{dt}$对$1/T$作图，可得到一条直线，见图2-8，直线的斜率即为$-E_a/R$，从该直线方程中求出其表观活化能$E_a$为18.22kJ/mol，活化能较低，进一步证实在温度低于50℃时氧化铅矿中铅的浸出过程为固膜扩散控制过程。

用同样的方法计算出当温度大于70℃时，铅浸出反应的表观活化能$E_a$为57.44kJ/mol，活化能较高，说明在温度大于70℃时铅的浸出过程受表面化学反应控制。此时铅的浸出率也较高，说明该氧化铅矿中的易溶于NaOH溶液的含铅物相反应速度较快，在较短的时间可完全浸出，因此氧化铅中形成较大孔径的通道，从而使内扩散过程不再影响整个浸出反应的速率。而较难溶于 NaOH 溶液的含铅物相如硅酸铅等的反应速度则较慢，其浸出过程需较高的温度和时间。

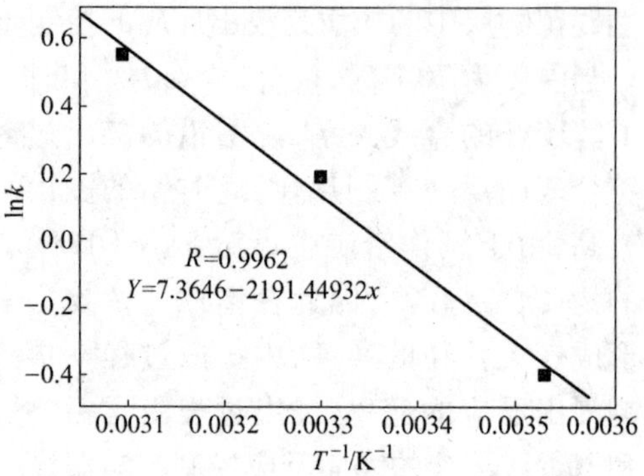


图 2-8 温度小于 50℃时 Arrhenius 图

2.3.3.2 NaOH 浓度对反应速率的影响

根据 NaOH 浓度对氧化铅矿中的铅在 NaOH 溶液中浸出率影响的实验结果(图 2-9)，对实验数据用缩芯模型进行处理，分别用 $1-2/3x_B-(1-x_B)^{2/3}$ 和 $1-(1-x_B)^{1/3}$ 对时间 $t$ 作图，结果如图 2-10 和图 2-11 所示。

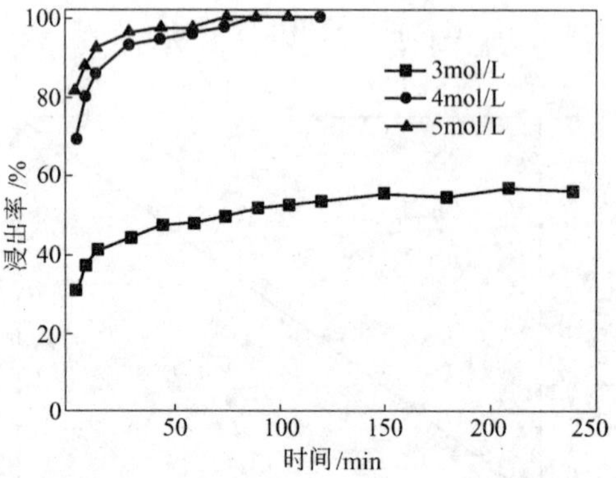


图 2-9 NaOH 浓度对氧化铅矿中的铅在 NaOH 溶液中浸出率的影响

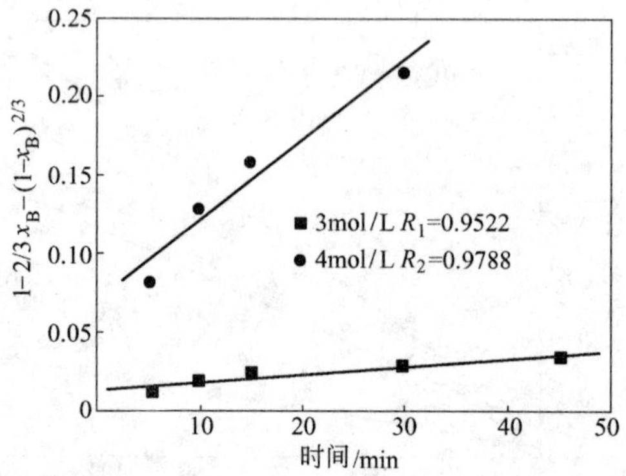


图 2-10 不同 NaOH 浓度下 $1-2/3x_B-(1-x_B)^{2/3}$ 与时间 $t$ 的关系

由图 2-10 和图 2-11 可以看出：当 NaOH 浓度为 3mol/L 时，$1-2/3x_B-(1-x_B)^{2/3}$ 对时间 $t$ 呈较好的直线关系，说明此时，铅的浸出过程受固膜扩散控制，此时铅的浸出率也较低，NaOH 在氧化铅矿中的惰性残留物层中的扩散是浸出反应的控制步骤。当 NaOH 浓度为 5mol/L 时，$1-(1-x_B)^{1/3}$ 对时间 $t$ 呈较好的直线关系，说明此时，铅的浸出过程符合表面反应控制规律，此时铅的浸出率较高，内扩散过程不再影响浸出反应的速率，浸出过程受含铅物相和 NaOH 溶液的表面反应控制。

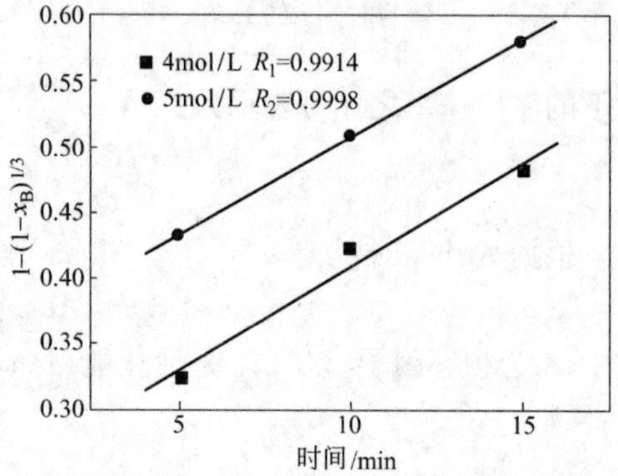


图 2-11 不同 NaOH 浓度下 $1-(1-x_B)^{1/3}$ 与时间 $t$ 的关系

因此，NaOH 浓度从低到高，铅的浸出过程的控制步骤发生了变化，从动力学扩散区向动力学区转变，说明浸出反应对 NaOH 的反应级数小于 1。

在表面反应动力学控制区，NaOH 的表观反应级数可由式 2-83 进行计算：

$$\left(\frac{dx}{dt}\right)_1 / \left(\frac{dx}{dt}\right)_2 = \left(\frac{c_{01}}{c_{02}}\right)^n = 常数 \tag{2-83}$$

用 $\ln \frac{dx}{dt} \sim \ln c_0$ 作图,可得一条直线,直线的斜率即为反应物的表观反应级数 $n$。对实验数据进行处理,可得铅浸出过程中 NaOH 的表观反应级数为 0.745。

C 粒度对反应速率的影响

根据粒度对氧化铅矿中的铅在 NaOH 溶液中浸出率影响的实验结果(图 2-12),对实验数据用缩芯模型进行处理,分别用 $1-2/3x_B-(1-x_B)^{2/3}$ 和 $1-(1-x_B)^{1/3}$ 对时间 $t$ 作图,结果如图 2-13 和图 2-14 所示。当粒径较大时,$1-2/3x_B-(1-x_B)^{2/3}$ 对时间 $t$ 呈较好的直线关系,说明此时,铅的浸出过程受固膜扩散控制,此时铅的浸出率也较低,NaOH 在氧化铅矿中的惰性残留物层中的扩散是浸出反应的控制步骤。当粒径为 0.15mm 时,$1-(1-x_B)^{1/3}$ 对时间 $t$ 呈较好的直线关系,说明此时,铅的浸出过程符合表面反应控制规律,此时铅的浸出率较高,内扩散过程不再影响浸出反应的速率,浸出过程受含铅物相和 NaOH 溶液的表面反应控制。

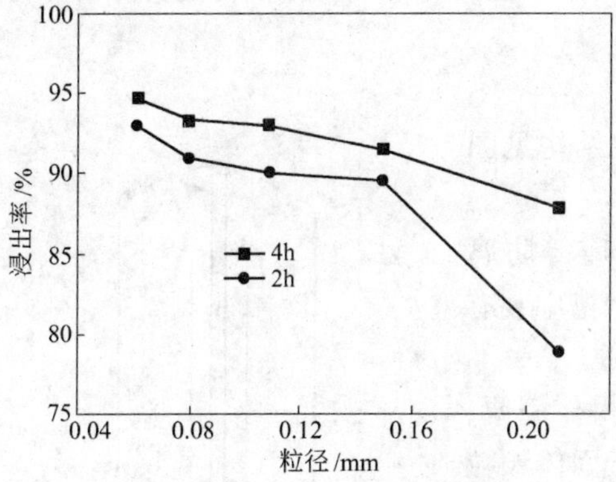


图 2-12 粒度对氧化铅矿中的铅在 NaOH 溶液中浸出率的影响

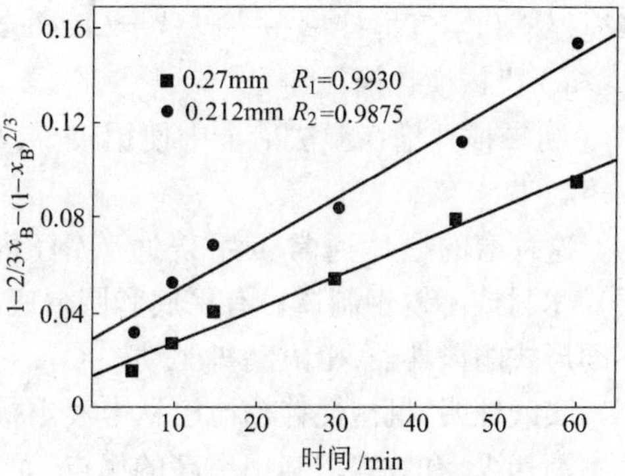


图 2-13 不同粒径下 $1-2/3x_B-(1-x_B)^{2/3}$ 与时间 $t$ 的关系

D 氧化铅矿的碱浸动力学分析

从温度、NaOH 和粒径对铅浸出过程反应速率的实验结果中可以得出以下结论:氧化铅矿中含铅物相组成较为复杂,在碱浸过程部分含铅物相反应速度较快,而部分含铅物相反应速度则较慢。反应速率与铅的浸出率呈一定的关系,当浸出率较低时,由于氧化铅矿中不溶于 NaOH 溶液中的残留物层的影响,铅的浸出反应速率受 NaOH 溶液在固相残留物层中的扩散控制。当温度和 NaOH 浓度较高,粒径较低的条件下,铅的浸出率在很短的时间内即能达到较高的值,此时,大部分的含铅物相溶解于强碱溶液,使残留物层中

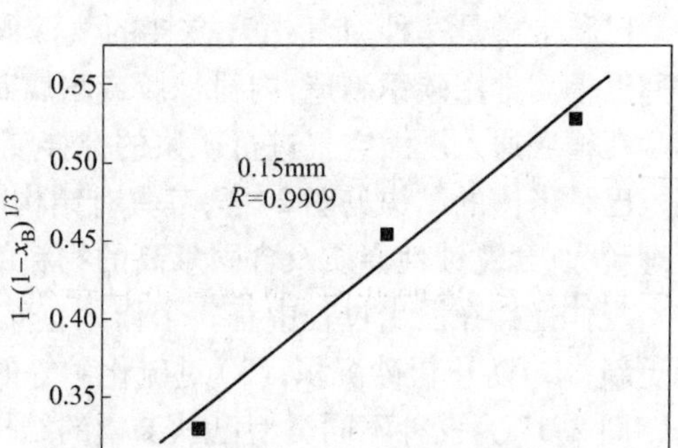


图 2-14 粒径为 0.15mm 时 $1-(1-x_B)^{1/3}$ 与时间 $t$ 的关系

的扩散过程不再能影响反应速率,且部分含铅物相和 NaOH 溶液反应的活化能也相对较高,使得铅的浸出过程受表面化学反应控制。

## 2.4 碱性浸出过程的工程技术

### 2.4.1 浸出方法和设备的选择

湿法冶金所用的浸出方法有多种,不同浸出方法所用设备也不同。按固液相接触方式可分为:搅拌浸出(包括机械搅拌和空气搅拌)、渗滤浸出和流态化浸出。

#### 2.4.1.1 搅拌浸出

由于矿浆的固液密度差较大,对物料进行搅拌使固体颗粒保持悬浮状态可减小液固传质过程对流扩散阻力,使接触面不断更新,并保持较理想的固液接触。所以,搅拌操作在矿石浸出中采用比较普遍。

搅拌可在常压和加压下进行,搅拌方式主要有机械搅拌和空气搅拌两种。

A 常压搅拌浸出

在浸出剂与矿石作用反应较为激烈时,多采用常压搅拌。常压搅拌设备主要有两种,机械搅拌槽和空气搅拌槽——巴秋卡(Pachuca)槽。

a 机械搅拌槽

机械搅拌槽在湿法冶金中使用较早,其简单结构见图 2-15。

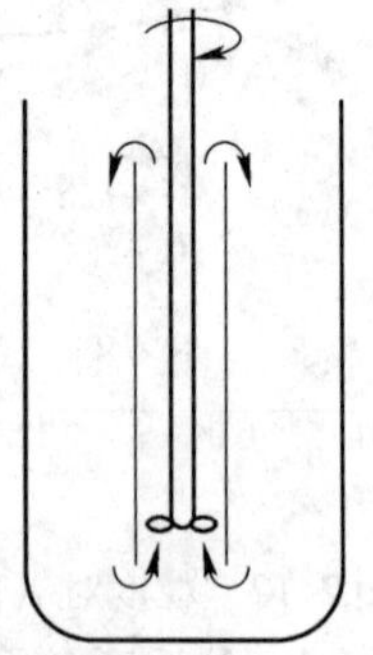

图 2-15 机械搅拌浸出槽示意图

这种槽的槽体通常可用普通碳钢(内衬橡胶等防腐层)、木材或不锈钢制造。有平底和圆台底之分。槽中装有不同形式的搅拌器,由电动机驱动。

实践证明,机械搅拌槽比巴秋卡浸出槽具有操作简便、功率消耗少、有效容积利用率高的优点,尤其适于固体颗粒较大的矿浆。但这种设备的缺点是占地面积比巴秋卡槽大,搅拌器易磨损、维修频繁。

b 巴秋卡槽

巴秋卡槽是一种空气提升搅拌的气液固三相反应器,简称巴槽。常用碳钢制造,内衬橡胶或耐腐砖等防腐层,也可用木材、不锈钢制造,底部呈锥形。在槽底通入压缩空气进行矿浆的搅拌混合。

巴秋卡槽的结构见图 2-16,其具有结构简单,无机械运动部件,易于密封等优点。适于处理量大、含腐蚀性介质及含固量高的物料的操作。

气体搅拌在浸出过程中有 3 个作用:(1)使浸出物料中固液相均匀混合并使相界面不断更新;(2)防止粗砂沉积;(3)对硫化矿等的浸出来说,空气还起氧化剂的作用。

图 2-17 为三种不同类型巴秋卡槽的结构示意图。

图 2-17(*a*)为无中心循环管巴槽,这种设备工作时,除了有整体的环流外,还有局部的涡流作用,可使矿浆混合良好,充气均匀,而且设备结构最简单,较易维修。但是,粗砂易沉积槽底。为了不使粗砂沉积,需增加空气消耗。从这一角度考虑,该类巴槽较适用于固体物料颗粒较细的矿浆的浸出。有的厂考虑到粗砂对设备构件磨损严重,不利于装设循环管,故也使用无中心循环管的巴槽来处理粗颗粒物料。

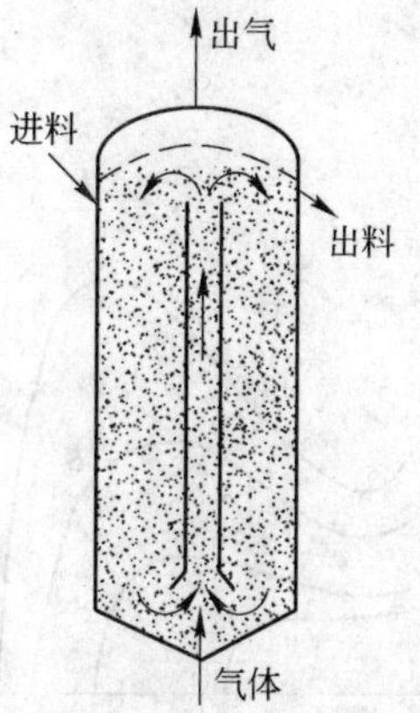


图 2-16 巴秋卡槽结构示意图

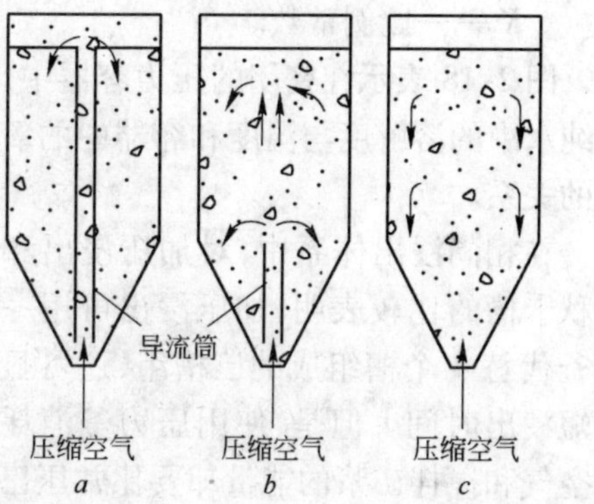


图 2-17 三种不同类型巴秋卡槽的结构示意图

图 2-17(*b*)为中心循环管低于矿浆液面的巴槽。由于循环管的作用,空气在管内的流速较高,对矿浆起到一定的提升作用,由此造成上部矿浆向下流动,底部矿浆向上流动,使矿浆沉积底部的现象基本得到克服,并改善厂矿浆短路的情况。矿浆搅拌混合良好。设备结构的复杂性,空气消耗量的大小和矿浆充气情况均居中等,该类设备适用性较大。

图 2-17(*c*)为中心循环管高于矿浆液面的巴槽。其在克服粗砂沉积槽底和避免物料短路的情况方面比前两者都好。但其空气耗量大、且结构较复杂、维修工作量大。

实践表明,中心循环管低于矿浆液面的巴秋卡浸出槽是三种浸出槽中较为理想的一种,它兼有其他两种巴槽的优点,只是在结构的复杂程度和矿浆充气方面稍次于无中心循环管的巴槽。对此,还可以根据粗砂沉积的具体情况将中心循环管尽量缩短,只需能克服粗砂沉积即可,其高度有的仅需达槽锥底的上沿即可。从而使其结构的复杂件和矿浆充气情况更接近无中心循环管的巴秋卡浸出槽。

B 加压搅拌浸出

在碱性搅拌浸出系统中,因反应过程较缓和,设备腐蚀问题易解决,为强化浸出,可采用加压搅拌。

加压浸出的重要特点是,可以在高于水溶液沸点的温度下进行浸出操作,且加压条件下可提高氧分压,从而增加溶液中氧浓度,强化浸出过程。

由于分子或离子的扩散活化能比化学反应活化能小,虽然分子或离子的扩散和化学反应都受温度的影响,但是影响的程度不同。温度每升高 1℃,分子或离子的扩散速率可以增加 1% ~3%;而化学反应速率可以增加 10%。因此,压热浸出对于受化学反应速率控制的浸出过程是十分有效的。

大部分压热浸出过程都有气体参加,例如:起氧化作用的空气或氧气,在实际过程中它们还能起到搅拌矿浆的作用。

在室温和标准大气压条件下,氧气在水中的溶解度只有 7mg/L,当水沸腾时氧的溶解度几乎为零。但是,在密闭容器中加压条件下,氧气在水中溶解的质量 $w$ 与在密闭容器中氧气的分压 $p$ 成正比:

$$w = Kp \tag{2-84}$$

式中 $w$——指定温度下溶解在水中的氧气质量,mg;

$p$ ——氧气的分压,MPa;

$K$ ——比例常数。

图 2-18 表示在密闭的压力容器中,氧气在纯水中的溶解度与温度和容器中的氧气分压的关系。

在相同浸出体系中,对加压浸出和常压巴秋卡槽的比较表明:加压浸出可用一台压力釜代替 4 个槽组成的巴槽组,还可显著地缩短浸出时间。但是,使用压力釜消耗于压缩空气和搅拌矿浆的能量却要比常压巴秋卡槽组多。

加压浸出设备通常是由一组依次串联的压力釜组成。矿浆在设备中的流动取决于第一个高压釜的进口与最后一个压力釜出口间的压差。

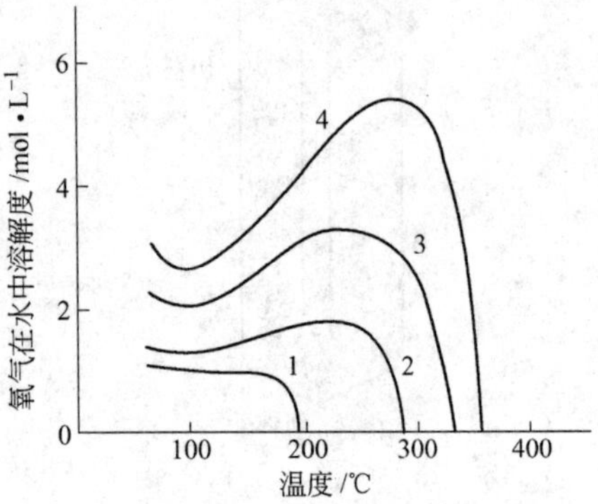


图 2-18　氧气在水中的溶解度与温度和压力的关系

1—氧气分压 = 3.3MPa;2—氧气分压 = 6.7MPa;

3—氧气分压 = 10.1MPa;4—氧气分压 = 13.4MPa

压力釜的设计必须考虑高强度的要求。对碱浸出来说,设备及内部构件用碳钢制造即可。如系强腐蚀性介质,设备结构材料则要作特殊考虑。

压力釜有卧式和立式两种。卧式压力釜属机械搅拌压力釜,结构如图 2-19 所示。在生产实践中,卧式压力釜为装有螺旋桨或涡轮搅拌器且内部以隔板隔开的三隔室结构。位于两端的隔室由于搅拌作用使矿浆处于悬浮状态。在中隔室,由于空气在矿浆中的分布作用,可使得矿浆充气。这种设备的问题是机械传动部件和轴等部位的密封困难。

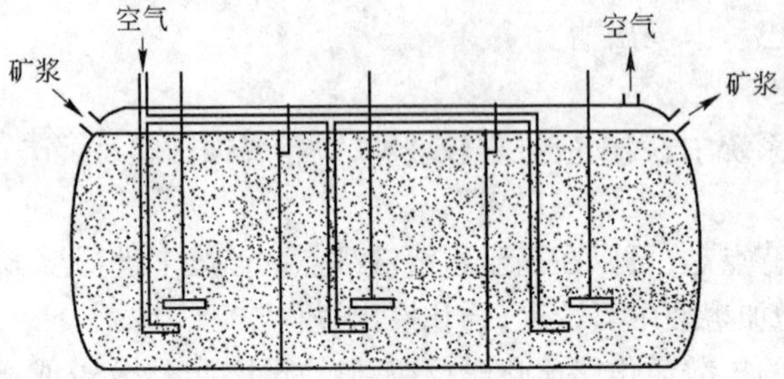


图 2-19　卧式压力釜设备示意图

立式压力釜是一类空气搅拌压力釜,它可克服卧式釜的缺点,没有运动部件和轴封,因而使用和维修均较为容易。缺点是空气耗量大。其结构如图 2-20 所示。空气搅拌压力釜是底部为球面并装有空气升液器的立式设备。生产用的设备一般高达 3m,操作压力为 1 ~ 2MPa 之间。

任何压力釜的加热都可采用表面热交换器或直接蒸汽加热。采用蒸汽可同时实现搅拌和加热,但须注意加热蒸汽的冷凝水对釜中物料的稀释。

**2.4.1.2　流态化浸出**

利用上升的浸出剂将悬浮于其中的下沉颗粒物料内的可溶物浸出来,称为流态化浸出;

浸完后的颗粒,仍可在悬浮、下沉的流态化状态下,用上升的洗水将颗粒夹带的浸出液洗净,称为流态化洗涤。

流态化浸出设备的一般结构见图2-21。固体颗粒由顶部加入,渣料由底部排出,浸出剂及洗水底部向上供给,上清液由澄清区溢流排出,反应器横切面沿高度变化,流化床层中发生激烈的搅拌和液流对颗粒的环流,使得外扩散阻力急剧下降,因而显著提高浸出设备的单位产能。

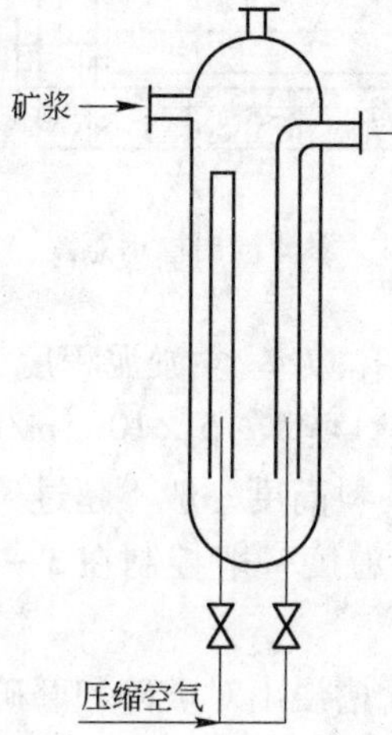


图2-20 立式空气搅拌压力釜示意图

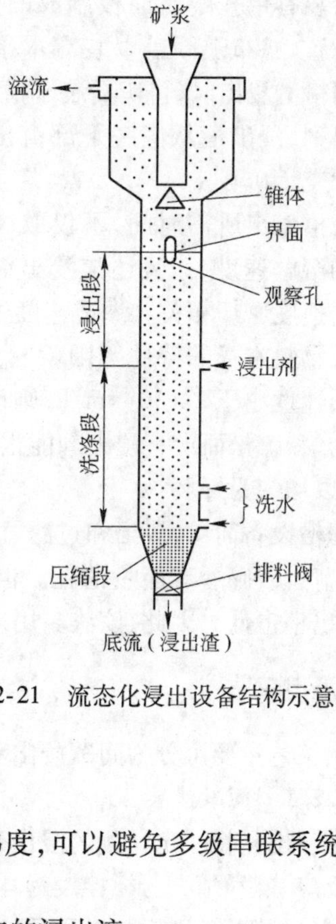


图2-21 流态化浸出设备结构示意图

流态化浸出与常规浸出相比较,具有以下特点:

(1)全部水力操作,不用机械搅拌;

(2)连续、逆向运转,能够在单个设备中建立浓度梯度,可以避免多级串联系统中级与级之间的液-固增稠、分离、输送等问题;

(3)适用于很低的液固比,处理贫矿时可以提取较浓的浸出液;

(4)设备体积较小,占地较少,适合于自动控制。

但流态化浸洗设备难处理极细物料,因为这种物料在塔内停留时间长,使设备处理能力大大降低,而且由于处理这种物料时,即使较小的不均匀速度分布,也会引起难以处理的返混,妨碍塔内建立必要的浓度梯度。絮凝虽可加速沉降,但聚团内部溶液不易洗净,且过分絮凝会引起操作上的事故(如堵塔现象),对粗细颗粒兼有的物料,最好分粒级处理,这样才能发挥流态化浸洗的优越性。不分颗粒粗细,一起处理,是流态化洗涤溢流"跑混"的根源。

### 2.4.1.3 渗滤浸出

渗滤浸出包括(原)地浸(出)、堆(置)浸(出)和渗滤槽浸出,均系间歇浸出过程。

原地浸出的第一种情况是指在适当的矿体按一定布局钻孔,将浸出剂通过孔道渗过矿体,并进行循环,在适当位置收集浸出液。这种方法也叫"化学采矿"或"溶液采矿"。

原地浸出的第二种情况是地下堆浸,矿体在原地经爆破或水力破碎后,破碎的矿石留在原地按一定方法堆置，再将浸出剂喷淋于矿石堆上，浸出液从矿石堆底排出汇集回收。

地表堆浸是最古老的浸取方法之一，不需细破碎的矿石按一定方式构筑成矿石堆，矿石堆可用浸出剂喷淋，也可浸没，从矿石堆底部收集浸出液。

渗滤槽浸出使用如图 2-22 所示的设备。它是一种带有周边式溜槽的平底圆柱形或长方形设备，用木衬、水泥或衬有耐腐层的金属板制造。槽内装有带孔耐腐蚀板制成的假底，假底上铺以滤布，滤布上面盖以装有木条或耐腐金属条的栅格。浸出时，将矿石装于槽中，槽上方加入浸出剂，浸出液从假底下部流出。假底用于过滤和支承矿石。

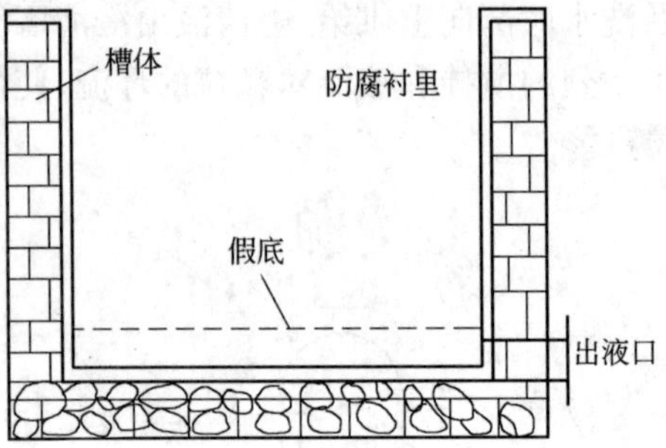


图 2-22　渗滤浸出槽示意图

渗滤槽浸出所需时间，不仅取决于浸出剂对矿物的溶解速度，而且还与浸出剂在物料层中的渗透速度密切相关。渗透速度主要取决于装料高度、物料孔隙率、含淤泥程度、浸出剂黏度以及物料本身的特性等因素。实际操作中，一般的渗透速度都在 $5\times10^{-2}$m/h 以上。如果渗透速度小于 $2\times10^{-2}$m/h，则认为不适于渗滤槽浸出。装料高度一般不超过 3m，且装料要求均匀、疏松而没有浸出剂能很快穿透的沟状孔隙。矿块粒度一般控制在 3～6mm 之间，粒度以均匀为好。

渗滤槽设备简单，浸出和过滤可一次完成制得澄清液，渗滤槽浸出对破碎和磨矿工作要求低，可节省破碎磨矿能量消耗。但过程难以连续操作。装料出渣劳动强度大，工作环境差，且浸出率也低。因此，该法多用来处理低品位矿和多孔砂质矿石。

### 2.4.2　浸出工艺

浸出工艺主要可分为间歇浸出和连续浸出两类。

#### 2.4.2.1　间歇浸出

间歇浸出是将一定比例的浸出剂和矿料加入到反应器中，在指定的温度和浸出剂浓度条件下反应一段时间，若搅拌较为均匀时，反应器中各部分的组成、温度、压力及反应速度等大致相同。但随着反应的进行，反应物的组成不断改变，反应速度也不断变化，到反应结束时，物料即从反应器中全部卸出，再重新加料，重复上述操作。这就是间歇浸出。其优点是操作过程简单，缺点是每批矿料的加料和卸料操作及升温阶段都需时间，故周期较长，设备利用率低，从而能耗较高。

#### 2.4.2.2　连续浸出

依浸出剂与被浸废料的相对运动方式，连续浸出可分三种：连续顺流浸出、连续逆流浸出和连续错流浸出。

A　连续顺流浸出

连续顺流浸出的工艺流程见图 2-23。连续顺流浸出是将浸出剂和矿料连续加入到反应器中，并连续卸料，浸出剂与被浸废料的流动方向相同。一般是在几个串联的反应器中进行，而很少采用单级反应器。这是因为在单级反应器中进行连续顺流浸出时，因矿料中各粒径矿粒的反应时间会不同，部分粒径较细的矿粒在反应器内停留时间较短，从进料口直接通过溢流口卸出,未反应完全;而部分粒径较大的矿粒较重,在反应器内的停留时间较长,直到反应器停止工作或需要清理时才被卸出。因此,矿粒的反应时间(即矿粒在反应器中的停留时间)是分布在0→∞的范围内,而采用多级反应器串联连续浸出则能克服此缺点,且串联的反应器愈多,则矿粒的停留时间接近平均停留时间的数量愈多。

连续顺流浸出的浸出液中目的组分的含量较高,浸出剂的消耗量较小,但浸出速度较小,浸出时间较长。

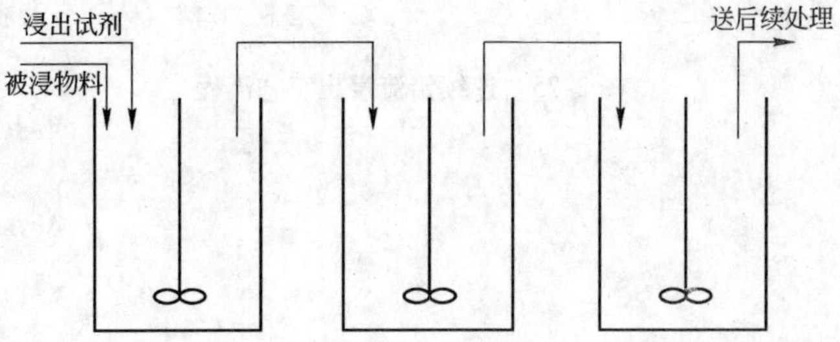


图2-23 连续顺流浸出工艺流程

B 连续逆流浸出

连续逆流浸出是在浸出时,浸出剂与被浸废料运动方向相反(图2-24),即经几次浸出而贫化后的废物与新鲜浸出剂接触,而原始被浸废物则与浸出液接触 ,可较充分地利用浸出液中的剩余浸出剂,浸出液中目的组分含量高,浸出剂消耗量较小,但浸出速度较低,浸出时间较长,需较多的浸出段数。

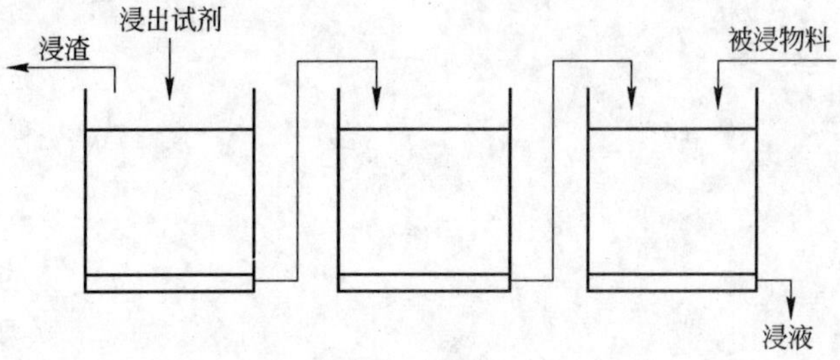


图2-24 连续逆流浸出工艺流程

连续逆流浸出较为适宜于高品位的矿料浸出,因高品位矿料需消耗大量的浸出剂,而在顺流浸出过程中随反应的进行,浸出液中浸出剂浓度逐渐降低,目的组分的浓度又逐渐增加,使浸出速度显著降低。当采用逆流浸出时,已与浸出剂接触过的矿料,再次与新浸出剂反应,得到进一步反应;同时已与矿料接触过的浸出剂,再与新矿接触反应,使其中的剩余浸出剂得到充分利用。使得浸出液中目的组分浓度高,而残渣中的有效组分浓度降到最低。

C 连续错流浸出

连续错流浸出是:在浸出时,浸出剂与被浸废料的流动方向相错(图2-25),每次浸出后的浸渣均与新浸出剂接触,浸出速度高,浸出率高,但浸出液体积大,浸出液中目的组分的含量低,浸出剂消耗量大。

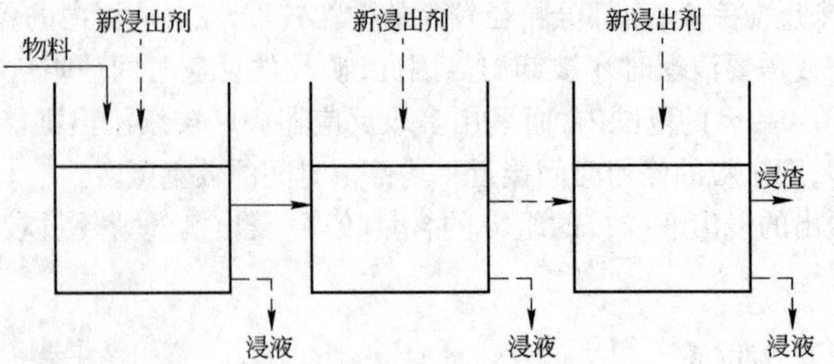


图 2-25　连续错流浸出工艺流程

# 3 碱性浸出液的净化过程

矿物在浸出过程中，当欲提取的有价金属从原料中溶浸出来时，原料中的某些杂质也伴随进入溶液。为了便于沉积欲提取有价主体金属，在沉积前必须将某些杂质除去，以获得尽可能纯净的溶液。在这种水溶液中，主体金属与杂质元素分离的过程叫做水溶液的净化。在很多情况下，净化分离出来的杂质金属往往又是作为有价半产品加以回收的重要原料。

工业上经常使用的主要净化方法有沉淀结晶法、还原法、溶剂萃取法、离子交换法等。

## 3.1 沉淀结晶法

所谓离子沉淀法，就是溶液中某种离子在沉淀剂的作用下，形成难溶化合物形态而沉淀的过程。为了达到使主体有价金属和杂质彼此分离的目的，工业生产中有两种不同的做法：

一是使杂质呈难溶化合物形态沉淀，而有价金属留在溶液中，这就是所谓的溶液净化沉淀法；二是相反地使有价金属呈难溶化合物沉淀，而杂质留在溶液中，这个过程称为制备纯化合物的沉淀法。

在湿法冶金过程中经常遇到的难溶化合物有氢氧化物、硫化物、碳酸盐、黄酸盐和草酸盐等，但是在碱介质湿法冶金过程中，具有普遍意义的是形成难溶氢氧化物的水解法和呈硫化物沉淀的选择分离法。下面将分别讨论这两种方法的基本原理和应用。

### 3.1.1 水解沉淀法

#### 3.1.1.1 氢氧化物沉淀

除了少数的碱金属氢氧化物以外，大多数的金属氢氧化物都属于难溶化合物。在生产实践中，使溶液中金属离子呈氢氧化物形态沉淀，包含两个不同方面的目的：一是使主要金属从溶液中呈氢氧化物沉淀，如生产氧化铝时，铝呈氢氧化铝从铝酸钠溶液中沉淀析出；二是使杂质从浸出液中呈氢氧化物或氧化物沉淀。

从物理化学的观点来看，上述两种生成难溶氢氧化物的反应都属于水解过程。金属离子水解反应可以用下列通式表示：

$$Me^{z+} + zOH^- = Me(OH)_z(s) \tag{3-1}$$

反应的标准吉布斯自由能变化为：

$$\Delta G^{\ominus}_{(1)} = \Delta G^{\ominus}_{Me(OH)_2} - \Delta G^{\ominus}_{Me^{z+}} - z\Delta G^{\ominus}_{OH^-} \tag{3-2}$$

及

$$\lg K_{sp} = \frac{\Delta G^{\ominus}_{(1)}}{2.303RT} \tag{3-3}$$

式 3-3 中的 $K_{sp}$ 为离子溶度积，当 $G^{\ominus}$ 已知时，就可以算出反应的 $K_{sp}$：

$$\lg K_{sp}=\lg(\alpha_{Me^{z+}}\cdot\alpha_{OH^-}^{z})=\lg\alpha_{Me^{z+}}+z\lg\alpha_{OH^-}=\lg\alpha_{Me}^{2+}+zc\lg K_w-\lg\alpha_{H^+}$$

式中　$K_w$——水的离子积,整理后得:

$$pH_{(1)}=\frac{1}{z}\lg K_{sp}-\lg K_w-\frac{1}{z}\lg\alpha_{Me^{z+}} \tag{3-4}$$

式3-4即为$Me^{z+}$水解沉淀时平衡pH值的计算式。由式可见,形成氢氧化物沉淀的pH值与氢氧化物的溶度积和溶液中金属离子的活度有关。

表3-1所列数值为298K及$\alpha_{Me^{z+}}=1$时生成$Me(OH)_z$的平衡pH值,也即开始出现氢氧化物沉淀的pH值。

**表3-1　298K及$\alpha_{Me^{z+}}=1$时若干氢氧化物沉淀的pH值**

| 氢氧化物生成反应 | 溶度积$K_{sp}$ | 溶解度/$mol\cdot L^{-1}$ | 生成$Me(OH)_z$的pH值$_{(1)}$ |
|---|---|---|---|
| $Ti^{3+}+3OH^-=Ti(OH)_3$ | $1.5\times10^{-44}$ | $4.8\times10^{-12}$ | -0.5 |
| $Sn^{4+}+4OH^-=Sn(OH)_4$ | $1.0\times10^{-56}$ | $2.1\times10^{-12}$ | 0.1 |
| $Co^{3+}+3OH^-=Co(OH)_3$ | $3.0\times10^{-41}$ | $5.7\times10^{-11}$ | 1.0 |
| $Sb^{3+}+3OH^-=Sb(OH)_3$ | $4.2\times10^{-42}$ | $1.1\times10^{-11}$ | 1.2 |
| $Sn^{2+}+2OH^-=Sn(OH)_2$ | $5.0\times10^{-26}$ | $2.3\times10^{-9}$ | 1.4 |
| $Fe^{3+}+3OH^-=Fe(OH)_3$ | $4.0\times10^{-38}$ | $2.0\times10^{-10}$ | 1.6 |
| $Al^{3+}+3OH^-=Al(OH)_3$ | $1.9\times10^{-33}$ | $2.9\times10^{-9}$ | 3.1 |
| $Bi^{3+}+3OH^-=Bi(OH)_3$ | $4.3\times10^{-33}$ | $6.3\times10^{-9}$ | 3.9 |
| $Cu^{2+}+2OH^-=Cu(OH)_2$ | $5.6\times10^{-20}$ | $2.4\times10^{-7}$ | 4.5 |
| $Zn^{2+}+2OH^-=Zn(OH)_2$ | $4.5\times10^{-17}$ | $2.2\times10^{-6}$ | 5.9 |
| $Co^{2+}+2OH^-=Co(OH)_2$ | $2.0\times10^{-16}$ | $3.6\times10^{-6}$ | 6.4 |
| $Fe^{2+}+2OH^-=Fe(OH)_2$ | $1.6\times10^{-15}$ | $0.7\times10^{-5}$ | 6.7 |
| $Cd^{2+}+2OH^-=Cd(OH)_2$ | $1.2\times10^{-14}$ | $1.2\times10^{-5}$ | 7.0 |
| $Ni^{2+}+2OH^-=Ni(OH)_2$ | $1.0\times10^{-15}$ | $1.4\times10^{-5}$ | 7.1 |
| $Mg^{2+}+2OH^-=Mg(OH)_2$ | $5.5\times10^{-12}$ | $1.1\times10^{-4}$ | 8.4 |
| $Ti^{+}OH^-=Ti(OH)$ | $7.2\times10^{-1}$ | $9\times10^{-1}$ | 13.8 |

表3-1可用来比较各种金属离子形成氢氧化物的顺序。当氢氧化物从含有几种阳离子价相同的多元盐溶液中沉淀时,首先开始析出的是其形成pH值最低,即其溶解度最小的氢氧化物。在金属相同但其离子价不同的体系中,高价阳离子总是比低价阳离子在pH值更小的溶液中形成氢氧化物,这是由于高价氢氧化物比低价氢氧化物的溶解度更小的缘故。

### 3.1.1.2　碱式盐的沉淀

实践表明,纯净的氢氧化物,只能从稀溶液中生成,而在一般溶液中常常是形成碱式盐而沉淀析出。

设有碱式盐$\alpha MeA_{z/y}\cdot\beta Me(OH)_z$,其形成反应可用下式表示:

$$(\alpha+\beta)Me^{z+}+\frac{z}{y}\alpha A^{y-}+z\beta OH^-=\alpha MeA_{z/y}\cdot\beta Me(OH)_z$$

式中　$\alpha,\beta$——系数;

$z$——阳离子$Me^{z+}$的价数;

$y$——阴离子$\alpha^{y-}$的价数。

设$\Delta G^{\ominus}_{(2)}$为上述反应的标准吉布斯自由能变化,则可类似地推导出下式:

$$pH_{(2)}=\frac{\Delta G^{\ominus}_{(2)}}{2.303z\beta RT}-\lg K_w-\frac{\alpha+\beta}{z\beta}\lg\alpha_{Me^{z+}}-\frac{\alpha}{y\beta}\lg\alpha_{A^{y-}} \tag{3-5}$$

从式3-5可以看出,形成碱式盐的平衡pH值与$Me^{z+}$的活度($\alpha_{Me^{z+}}$)和价数($z$)、碱式盐的成分(α和β)、阴离子$A^{y-}$的活度($\alpha_{A^{y-}}$)和价数($y$)有关。

表 3-2 所列为 298K 及 $\alpha_{Me^{z+}}=\alpha_{A^{y-}}=1$ 时形成金属碱式盐的平衡 pH 值以及有关数据。

**表 3-2 298K 及 $\alpha_{Me^{z+}}=\alpha_{A^{y-}}=1$ 时形成金属碱式盐的平衡 pH 值以及有关数据**

| 碱式盐的化学式 | 碱式盐的标准生成自由焓 $\Delta G^{\ominus}_{(2)}$/kJ · mol$^{-1}$ | 形成碱式盐的 pH 值$_{(2)}$ |
|---|---|---|
| $5Fe_2(SO_4)_3 \cdot 2Fe(OH)_3$ | -820.06 | <0 |
| $Fe_2(SO_4)_3 \cdot Fe(OH)_3$ | -305.43 | <0 |
| $CuSO_4 \cdot Cu(OH)_2$ | -253.13 | 3.1 |
| $2CdSO_4 \cdot Cd(OH)_2$ | -123.43 | 3.9 |
| $ZnSO_4 \cdot Zn(OH)_2$ | -116.73 | 3.8 |
| $ZnCl_2 \cdot 2Zn(OH)_2$ | -206.27 | 5.1 |
| $3NiSO_4 \cdot 4Ni(OH)_2$ | -401.66 | 5.2 |
| $FeSO_4 \cdot 2Fe(OH)_2$ | -197.48 | 5.3 |
| $CdSO_4 \cdot 2Cd(OH)_2$ | -190.79 | 5.8 |

当溶液的 pH 值增加时,先沉淀析出的是金属碱式盐,也就是说对相同的金属离子来说,其碱式盐析出的 pH 值低于氢氧化物析出的 pH 值。从表 3-2 还可以看出,和表 3-1 氢氧化物的情况一样,3 价金属的碱式盐与 2 价同一金属碱式盐相比较,可以在较低的 pH 值下沉淀析出。因此,为了使金属呈难溶化合物形态沉淀,在沉淀之先或沉淀的同时,将低价金属离子氧化成更高价态的金属离子是合理的。在这方面,铁的氧化沉淀对许多金属的湿法冶金来说具有普遍意义。

### 3.1.2 硫化物沉淀法

硫化物沉淀分离金属,是基于各种硫化物的溶度积不同,凡溶度积愈小的硫化物愈易形成硫化物而沉淀析出,经实践证明是一个既经济且效率又很高的方法。这个方法实际用于两种目的不同的场合。一种场合是使有价金属从稀溶液中沉淀,得到品位很高的硫化物富集产品,以备进一步回收处理;另一种场合则是进行金属的选择分离和净化,即在主要金属仍然保留在溶液中的同时使伴同金属成硫化物形态沉淀。

硫化物在水溶液中的稳定性通常用溶度积来表示:

$$Me_2S_z = 2Me^{z+} + zS^{2-}$$

$$K_{sp(Me_2S_z)} = [Me^{z+}]^2 \cdot [S^{2-}]^z \tag{3-6}$$

当用 $H_2S$ 气体作为沉淀剂时,298K 条件下,溶液中的硫离子浓度$[S^{2-}]$是由 $H_2S$ 按下列两段离解而产生:

$$H_2S = H^+ + HS^- \quad K_1 = 10^{-7.6}$$

$$HS = H^+ + S^{2-} \quad K_2 = 10^{-14.4}$$

总反应为: $H_2S \longrightarrow H^+ + S^{2-} \quad K = K_1 \cdot K_2 = 10^{-22} = \dfrac{[H^+]^2 \cdot [S^{2-}]}{[H_2S]}$

因为在 298K 时溶液中 $H_2S$ 的饱和浓度为 0.1mol/L,故得:

$$[H^+]^2 \cdot [S^{2-}] = 10^{-23} \tag{3-7}$$

由式 3-6 和式 3-7 可导出一价金属硫化物($Me_2S$)沉淀的平衡 pH 值的计算式为:

$$pH = 11.5 + \frac{1}{2}\lg K_{sp(Me_2S)} - \lg\alpha_{Me^{2+}} \tag{3-8}$$

2 价金属硫化物(MeS)沉淀的平衡 pH 值的计算式为:

$$pH = 11.5 + \frac{1}{2}\lg K_{sp(Me_2S)} - \frac{1}{2}\lg \alpha_{Me^{2+}} \tag{3-9}$$

3 价金属硫化物($Me_2S_3$)沉淀的平衡 pH 值的计算式为:

$$pH = 11.5 + \frac{1}{6}\lg K_{sp(Me_2S)} - \frac{1}{3}\lg \alpha_{Me^{2+}} \tag{3-10}$$

由上列三式可见,生成硫化物的 pH 值,不仅与硫化物的溶度积有关,而且还与金属离子的活度和离子价数有关。

某些金属硫化物在 298K 时的溶度积列于表 3-3。如果已知金属离子的活度和离子价数,将各种金属硫化物的溶度积分别代入式 3-8、式 3-9、式 3-10,就可以求出各种金属硫化物的平衡 pH 值。

**表 3-3　某些金属硫化物在 298K 下的溶度积**

| 硫 化 物 | $K_{sp}$ | $\lg K_{sp}$ |
|---|---|---|
| FeS | $1.32\times10^{-17}$ | -16.88 |
| NiS | $2.82\times10^{-20}$ | -19.55 |
| CoS | $1.80\times10^{-22}$ | -21.64 |
| ZnS | $2.34\times10^{-24}$ | -23.63 |
| CdS | $2.14\times10^{-26}$ | -25.67 |
| PbS | $2.29\times10^{-27}$ | -26.64 |
| CuS | $2.40\times10^{-35}$ | -34.62 |

在常温常压条件下,$H_2S$ 在水溶液中的溶解度仅为 0.1mol/L,只有提高 $H_2S$ 的分压,才能提高溶液中 $H_2S$ 的浓度。所以,在现代湿法冶金中已发展到采用高温高压硫化沉淀过程。温度升高,硫化物的溶度积增加,不利于硫化沉淀,但 $H_2S$ 离解度增大,又有利于硫化沉淀,且从动力学方面考虑,提高温度可以加快反应速度。$H_2S$ 在水溶液中的溶解度随温度的提高而下降,但提高 $H_2S$ 的压力,$H_2S$ 的溶解度又能提高。

如 $Na_2S$ 做净化剂,硫化钠溶解于水溶液中,发生水解反应:

$$S^{2-} + H_2O \longrightarrow HS^- + OH^-$$

$$HS^- + H_2O \longrightarrow H_2S + OH^-$$

水溶液中硫的总浓度$[S]_T$为$[S^{2-}]$、$[HS^-]$、$[H_2S]$之和,每种硫形态的分布系数及其与碱浓度 $[OH^-]$和 pH 值的关系式如下:

$$\delta_{[S^{2-}]} = \frac{[S^{2-}]}{[S]_T} = \frac{[S^{2-}]}{[S^{2-}]+[HS^-]+[H_2S]} = \frac{1}{1+\dfrac{K_{b_1}}{[OH^-]}+\dfrac{K_{b_1}\cdot K_{b_2}}{[OH^-]^2}} \tag{3-11}$$

$$= \frac{1}{1+K_{b_1}\cdot 10^{14-pH}+K_{b_1}K_{b_2}\cdot 10^{28-2pH}}$$

$$\delta_{[HS^-]} = \frac{[HS^-]}{[S]_T} = \frac{[HS^-]}{[S^{2-}]+[HS^-]+[H_2S]} = \frac{1}{\dfrac{1}{K_{b_1}\cdot 10^{14-pH}}+1+K_{b_2}\cdot 10^{14-pH}} \tag{3-12}$$

$$\delta_{[H_2S]} = \frac{[H_2S]}{[S]_T} = \frac{[H_2S]}{[S^{2-}]+[HS^-]+[H_2S]}$$

$$= \frac{1}{\dfrac{1}{K_{b_1}\cdot K_{b_2}\cdot 10^{28-2pH}}+\dfrac{1}{K_{b_2}\cdot 10^{14-pH}}+1} \tag{3-13}$$

由式3-11、式3-12及式3-13得到在不同pH值及碱浓度条件下硫的形态分布图(图3-1和图3-2)。

由以上的计算可知,在碱溶液中,硫主要以$S^{2-}$和$HS^-$形态存在,这样的环境更有利于金属硫化物沉淀的生成,并且加入硫化钠不会产生$H_2S$气体。

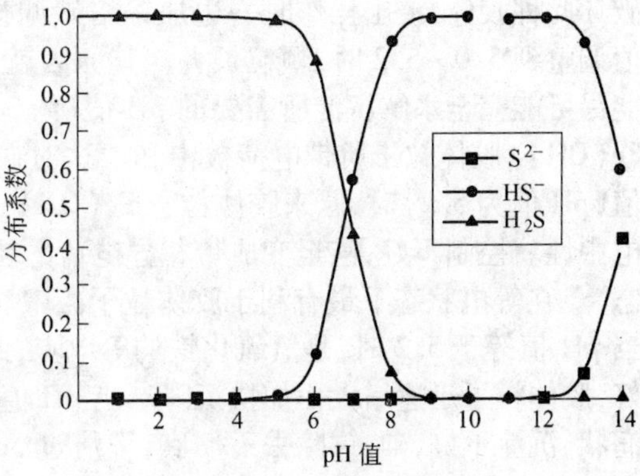


图3-1 硫在不同pH值条件下的分布曲线

### 3.1.3 共沉淀法净化

#### 3.1.3.1 分散体系的概念

在湿法冶金过程中,物质在溶液中分散成胶体的现象是经常遇到的,这种利用胶体吸附特性除去溶液中的其他杂质的过程叫做共沉淀法净化。

一种物质分散成微粒分布在另一种物质中称为分散体系,被分散的物质叫做分散质,分散质周围的介质叫做分散剂。例如,锌焙砂中性浸出过程中产生的极细微粒氢氧化铁和电解质溶液所组成的体系,就是一种分散体系。溶液也是一种分散体系。

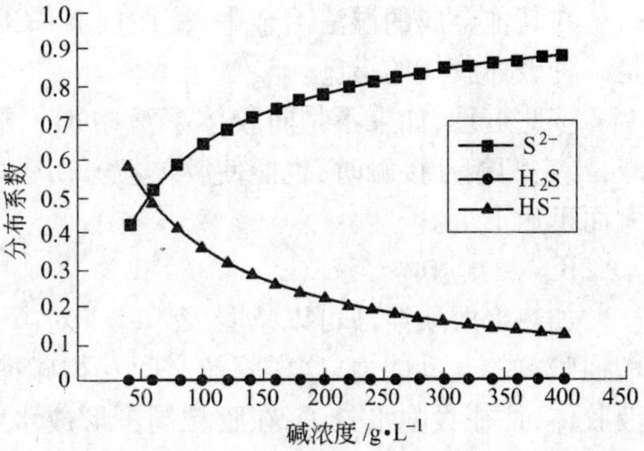


图3-2 硫在不同碱浓度条件下的分布曲线

根据分散体系中分散质粒子大小的不同,把分散体系分为下列几类:

(1)溶液:分散质被分散成单个的分子或离子,其粒子直径在$1\times10^{-7}$cm以下。

(2)溶胶:又称胶体溶液,它的分散质是由许多分子聚集而成的颗粒,粒子直径在$10^{-7}\sim10^{-5}$cm之间。

(3)悬浊液:分散质也是由许多分子聚集而成的颗粒,粒子直径在$10^{-5}\sim10^{-3}$cm之间。

溶液是溶质以分子或离子状态分散在溶剂中形成的均相体系,溶质和溶剂没有物理相界面,它是稳定的体系。溶胶与悬浊液都属于胶体范围。在胶体中分散的粒子是许多分子的聚合体,分散质与分散剂之间有物理相界面,它是不稳定的多相体系。

胶体的分散质与分散剂可以是固体、液体或气体。在湿法冶金中常遇到的是固体分散质分散在水溶液中所形成的水溶胶。

在湿法冶金中,时常产生胶体溶液,这对下一步液固分离,如沉降、过滤带来许多困难。因此,必须想办法使胶体溶液中的微小胶粒互相碰撞,进一步聚结成大粒,这样就会从溶液中迅速沉降,或易于过滤。这种作用叫做胶体的凝聚,或者叫破坏胶体。破坏胶体常用的方法有以下几种。

A 加电解质

由于胶体粒子带有相同符号的电荷,它们互相排斥,而不能结成大颗粒沉降。如果向胶体溶液中加入一种电解质,这样就增加了溶液内离子的浓度,给带电的胶体粒子创造了吸引带相反电荷离子的条件。当它接触或吸引到相反电荷的离子时,胶体粒子所带电荷会部分或全部被中和,因而失去了胶体保持稳定性的条件。这样,胶体粒子在自由运动过程中,由于互相碰撞便会结合形成较大的粒子,造成凝聚而迅速下降。例如,在锌的湿法冶金浸出过程中,形成的 $Fe(OH)_3$ 胶体(为除铁、砷、锑所必需),这对以后的液固分离造成困难。为了破坏此种胶体,浸出操作时一边加锌焙砂调整 pH 值,一边看生成的沉淀颗粒大小。当 pH 值调整到 5.0~5.2 时,颗粒长大。其原因就在于用锌焙砂调整 pH 值时,除保证使 3 价铁能尽可能完全水解沉淀所需要的 pH 值(约 3.5)外,继续加的锌焙砂所产生的电解质,会使 $Fe(OH)_3$ 胶体粒子所带电荷被中和。这时矿浆的 pH 值也将继续升高,当 pH 值达到一定值(pH 值为 5.2)时,原来胶体粒子 $Fe(OH)_3$ 所带电荷几乎全部被中和,胶体粒子几乎变为电中性。控制不好,甚至变成带相异电荷的粒子。胶体粒子呈电中性的状态,称为“等电状态”。在等电状态下最有利于胶体粒子凝聚。胶体粒子呈等电状态时的 pH 值称为等电点。当 pH 值等于 5.2 时,是氢氧化铁的等电点,此时胶体粒子不带电,吸水程度最低,凝结性最好,胶体粒子迅速增大而加快沉降。当 pH 值小于 5.2 时,氢氧化铁带正电,吸水性强,呈膨润状,沉淀不好,砷、锑除去不彻底,澄清过滤困难;当 pH 值大于 5.2 时,氢氧化铁带负电,同样吸水多,呈膨大的氢氧化铁,凝聚也不好,砷、锑虽除去较彻底,但却影响澄清与过滤。这就是在锌焙砂中性浸出时,要严格控制 pH 值的原因。

在其他金属的湿法冶金中,往往加 $Na_2CO_3$、$Ca(OH)_2$ 等电解质进行中和除铁,同样,也是一种破坏胶体的措施。

按此道理,如果不是向胶体溶液中加入电解质,而是加入另一种带相反电荷的胶体溶液,当它们相互接触时,也能使胶体粒子所带电荷被中和掉,也会促使胶体粒子互相凝聚、长大而迅速下沉。

B　加热胶体溶液

加热电解质溶液可以减弱胶体粒子对离子的吸附能力,从而减少所带电荷数;同时可以增强胶粒的运动能力,这样胶粒之间互相碰撞的机会增多,从而发生凝聚下沉。此外,水溶液胶体,往往吸附水分子;在胶粒周围形成水膜,此水膜也阻碍胶粒的凝聚。当加温时,可以破坏此水膜,也能促进胶粒的凝聚。因此,生产上常常采取加热的办法破坏胶体,促使胶粒凝聚长大,而使澄清与过滤较易进行。

C　加凝聚剂

将某些有机物加入胶体溶液中,能使很小的胶体粒子很快就凝聚成大颗粒,这样达到迅速沉降的目的。这种能使胶粒凝聚的物质叫做凝聚剂(又叫凝结剂或凝集剂)。目前,在湿法冶金中常用的凝聚剂是聚丙烯联胺(即 3 号凝聚剂)和各种动物胶。

在选择凝聚剂时,除了考虑它能加速沉降效果外,还必须考虑对整个湿法冶金特别是对电解过程有没有危害。

由于胶体有很大的吸附性,胶粒除了吸附荷电离子而使其本身带电,促使其稳定,难以凝聚成大粒沉降下来外,还能选择性地吸附电解质溶液中的一些有害杂质。这种吸附作用可以被用在生产上净化除去溶液中的杂质。例如,锌焙砂中性浸出时,当 $Fe(OH)_3$ 胶粒在浸出矿浆中形成时,可以优先吸附溶解在溶液中的砷和锑离子,中和到 pH 值为 5.2 时,加入 3 号凝聚剂,当 $Fe(OH)_3$ 胶粒凝聚沉降时,便把原先吸附的砷、锑凝聚在一起共同沉降,达到净化除去砷、锑的目的。这种净化方法叫做吸附共沉淀法。它是各种湿法冶金中净化除去溶液中砷和锑常用的方法之一。

砷、锑与铁共沉淀法以除砷、锑的生产实践表明,砷、锑除去的完全程度,主要决定于溶液中的铁含量。铁含量愈高,溶液中的砷、锑除去得愈完全。一般要求溶液中的铁含量约为砷、锑含量的 10~20 倍。

D 陈化过程

陈化过程是在沉淀物形成后，其粒度及结构进一步自动向热力学更稳定的方向变化过程。陈化过程包括 Ostwald 熟化和亚稳相的转化两部分。

Ostwald 熟化是指沉淀颗粒自动长大、而小颗粒消失的过程。粒度愈小的颗粒溶解度愈大。当溶液中同时存在颗粒大小不同的晶体时，由于小颗粒的溶解度大，而将自动溶解，进而在大颗粒上结晶，其总的趋势是颗粒的自动长大。因此，沉淀后陈化一段时间，往往有利于改善沉淀的过滤性能。

亚稳相的转化是指在沉淀过程中由于动力学上的原因往往出现亚稳定相，因为一般界面张力小的物质溶解度大。临界半径与界面张力成正比，在其他条件相同的情况下，界面张力小的物质的临界半径小，即容易形成核心，因此在沉淀过程中，有时界面张力小而溶解度大的相反而优先析出，而在沉淀后，在一定的条件下这种溶解度大的相将自动转化成溶解度小的稳定相。例如，在氧化锌矿或含锌废渣的碱性浸出液中，采用硫化物去除铅时，陈化一段时间后的净化液电解得到的金属锌粉质量比净化后不陈化的净化液电解得到的金属锌粉质量好。陈化过程中，一方面，铅和 $S^{2-}$ 继续结合形成沉淀，减少了净化液中 $S^{2-}$ 的含量。另一方面，硫化铅沉淀转变成更加稳定的形态，从而减少了 $S^{2-}$ 和铅及其他杂质对电解金属锌粉的影响。

在生产实践中，还有另外一种共沉现象，就是在电解质溶液中，有两种难溶的电解质共存，当它们的晶体结构相同时，它们便可以生成共晶一起沉淀下来，这种沉淀称为共晶沉淀。例如在锌电解沉积过程中，锌电解液（主要含硫酸锌和硫酸）中含有少量的铅，它会在阴极析出，从而影响电锌质量。为了降低电解液中的铅含量，特向电解液中加入碳酸锶，碳酸锶在硫酸溶液中会转变成难溶的硫酸锶。而硫酸锶与硫酸铅都是难溶硫酸盐，它们的晶体结构相同，晶格大小相似，这样，便可以形成共晶而沉淀下来。

## 3.2 还原法

湿法冶金中的还原净化法是指利用还原剂将水溶液中的金属离子（或其络离子）由高价还原成低价或金属，从而实现除杂或提纯的过程。还原剂的种类繁多，目前较为常见的还原剂是单质金属和氢气。

### 3.2.1 金属置换沉淀法净化

#### 3.2.1.1 置换沉淀过程的热力学

如果将较负电性的金属加入到较正电性金属的盐溶液中，则较负电性的金属将自溶液中取代出较正电性的金属，而本身则进入溶液。例如将铅粉加入到含有 $Cu(OH)_4^{2-}$ 的溶液中，便会有铜沉淀析出而铅则进入溶液中：

$$Cu(OH)_4^{2-} + Pb = Pb(OH)_3^- + Cu + OH^-$$

同样地，用铁可以取代溶液中的铜，用锌可以取代溶液中的铜和金：

$$Cu^{2+} + Fe = Cu + Fe^{2+}$$

$$CuSO_4 + Zn = Cu + ZnSO_4$$

$$2Au(CN)_4^{2-} + Zn = Zn(CN)_4^{2-} + 2Au$$

用较负电性的金属从溶液中取代出较正电性金属的反应叫做置换沉淀。

从热力学角度讲,任何金属均可能按其在电位序(见表3-4)中的位置被较负电性的金属从溶液中置换出来。

**表3-4 某些电极的标准电位(电位序)**

| 电 极 | 反 应 | $\varepsilon^0$/V |
|---|---|---|
| $Li^+$,Li | $Li^+ + e \longrightarrow Li$ | -3.01 |
| $Cs^+$,Cs | $Cs^+ + e \longrightarrow Cs$ | -3.02 |
| $Rb^+$,Rb | $Rb^+ + e \longrightarrow Rb$ | -2.98 |
| $K^+$,K | $K^+ + e \longrightarrow K$ | -2.92 |
| $Ca^{2+}$,Ca | $Ca^{2+} + 2e \longrightarrow Ca$ | -2.84 |
| $Na^+$,Na | $Na^+ + e \longrightarrow Na$ | -2.713 |
| $Mg^{2+}$,Mg | $Mg^{2+} + 2e \longrightarrow Mg$ | -2.38 |
| $Al^{3+}$,Al | $Al^{3+} + 3e \longrightarrow Al$ | -1.68 |
| $Zn^{2+}$,Zn | $Zn^{2+} + 2e \longrightarrow Zn$ | -0.763 |
| $Fe^{2+}$,Fe | $Fe^{2+} + 2e \longrightarrow Fe$ | -0.44 |
| $Cd^{2+}$,Cd | $Cd^{2+} + 2e \longrightarrow Cd$ | -0.402 |
| $Ti^+$,Ti | $Ti^+ + e \longrightarrow Ti$ | -0.335 |
| $Co^{2+}$,Co | $Co^{2+} + 2e \longrightarrow Co$ | -0.267 |
| $Ni^{2+}$,Ni | $Ni^{2+} + 2e \longrightarrow Ni$ | -0.241 |
| $Sn^{2+}$,Sn | $Sn^{2+} + 2e \longrightarrow Sn$ | -0.14 |
| $Pb^{2+}$,Pb | $Pb^{2+} + 2e \longrightarrow Pb$ | -0.126 |
| $H^+$,$H_2$ | $H^+ + e \longrightarrow 1/2H_2$ | 0.000 |
| $Cu^{2+}$,Cu | $Cu^{2+} + 2e \longrightarrow Cu$ | +0.337 |
| $Cu^+$,Cu | $Cu^+ + e \longrightarrow Cu$ | +0.52 |
| $I_{(s)}$,$I^-$ | $1/2I_2 + e \longrightarrow I^-$ | +0.536 |
| $Hg_2^{2+}$,Hg | $1/2Hg_2^{2+} + e \longrightarrow Hg$ | +0.798 |
| $Ag^+$,Ag | $Ag^+ + e \longrightarrow Ag$ | +0.799 |
| $Hg^{2+}$,Hg | $Hg^{2+} + e \longrightarrow Hg$ | +0.854 |
| $Br_{(l)}$,$Br^-$ | $1/2Br_2 + e \longrightarrow Br^-$ | +1.066 |
| $Cl_{2(g)}$,$Cl^-$ | $1/2Cl_2 + e \longrightarrow Cl^-$ | +1.358 |
| $Au^+$,Au | $Au^+ + e \longrightarrow Au$ | +1.50 |
| $F_{2(g)}$,$F^-$ | $1/2F_2 + e \longrightarrow F^-$ | +2.85 |
| $O_2$,$OH^-$ | $H_2O + 1/2O_2 + 2e \longrightarrow 2OH^-$ | +0.401 |
| $O_2$,$H_2O$ | $O_2 + H^+ + 2e \longrightarrow 2H_2O$ | +1.229 |

$$z_2Me_1^{z_1+} + z_1Me_2 = z_2Me_1 + z_1Me_2^{z_2+}$$

式中,$z_1$、$z_2$ 为被置换金属 $Me_1$ 和置换金属 $Me_2$ 的价数。

在有过量置换金属存在的情况下,上述反应将一直进行到平衡时为止,也就是将一直进行到两种金属的电化学可逆电位相等时为止。因此,反应平衡条件可表示如下:

$$\varepsilon_1^0 + \frac{RT}{z_1 F}\ln\alpha_1 = \varepsilon_2^0 + \frac{RT}{z_2 F}\ln\alpha_2 \tag{3-14}$$

如果两种金属的价数相同,即 $z_1 = z_2$,那么公式 3-14 可改写为:

$$\varepsilon_2^0 - \varepsilon_1^0 = \frac{RT}{zF}\ln\frac{\alpha_1}{\alpha_2} \tag{3-15}$$

从式 3-15 可见,在平衡状态下,溶液中两种金属离子活度之比可用下式表示:

$$\frac{\alpha_1}{\alpha_2} = 10 \times \frac{(\varepsilon_2^0 - \varepsilon_1^0)zF}{2.303RT} \tag{3-16}$$

根据式 3-16 对 2 价金属所作的一些计算结果,列于表 3-5 中。

**表 3-5 在平衡状态下被置换金属和置换金属离子活度的比值**

| 置换金属 | 被置换金属 | 金属的标准电极电位/V | | $\alpha_1/\alpha_2$ |
|---|---|---|---|---|
| | | 置换金属 | 被置换金属 | |
| Zn | Cu | −0.763 | +0.337 | $1.0\times10^{-38}$ |
| Fe | Cu | −0.440 | +0.337 | $1.3\times10^{-27}$ |
| Ni | Cu | −0.241 | +0.337 | $2.0\times10^{-20}$ |
| Zn | Ni | −0.763 | −0.241 | $5.0\times10^{-19}$ |
| Cu | Hg | +0.337 | +0.792 | $1.6\times10^{-16}$ |
| Zn | Cd | −0.763 | +0.401 | $3.2\times10^{-13}$ |
| Zn | Fe | −0.763 | −0.440 | $8.0\times10^{-12}$ |
| Co | Ni | −0.267 | −0.241 | $4.0\times10^{-2}$ |

从表 3-5 可以看出,在许多场合下,用置换沉淀法有可能完全除去溶液中被置换的金属离子。然而,置换过程不仅仅决定于热力学,还与一系列动力学因素有关。

### 3.2.1.2 置换沉淀过程的动力学

置换沉淀也称为内电解,其理论基本上是沿着原电池理论发展起来的。

根据电极反应动力学的现代理论,在任何与水溶液电解质相接触的金属表面上,进行着共轭的阴极和阳极的电化学反应。这些反应是在完全相同的等电位的金属表面上进行的。因此,如果把一块金属放在一种含有更正电性金属离子的溶液中,由于热力学的不稳定性,便立即在金属与溶液之间开始离子交换,并在金属上有被置换金属覆盖的表面区段形成。电子将沿着金属由置换金属流向被置换金属的阴极区段。在阳极区段,则不可避免地会发生逆过程——置换金属的离子化,其数量与被置换金属的数量相当,如图 3-3 所示。

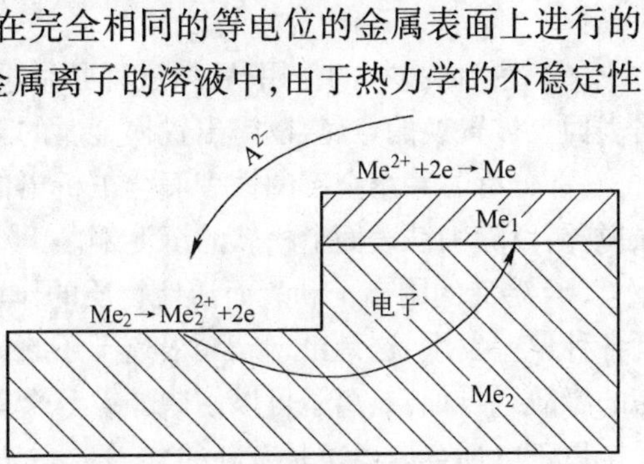


图 3-3 置换沉淀过程的示意图

在置换过程中,被置换金属和置换金属的浓度不断发生变化,这就不可避免地引起两种金属的可逆电位以及阳极极化和阴极极化发生变化。因此,过程的速度随时间发生急剧变化。

一般说来,如果在置换过程中总速度一开始就受到诸如极化和电阻等几个因素的限制,那么动力学规律便极为复杂。在最简单的情况下,动力学规律或者是可以决定于阴极过程的速度(过程的阴极限制),或者是可以决定于阳极过程的速度(过程的阳极限制),或者是决定于电解质中的欧姆电压降。

在过程为阳极限制的情况下,被置换金属表面上测得的电位随着反应的进行向正的一方移动,趋近于纯正电性金属电位,相反,在阴极限制的情况下,被置换金属的电位向更负的一方移动并趋近于原电池负电性金属的电位。已经实验确定,在用镍粉置换铜离子时,被置换的铜的电位向更正的方向移动,这说明镍置换铜离子的速度决定于阳极镍的氧化速度;在用锌粉置换铜离子时,被置换的铜的电位则向更负的方向移动,而锌阳极电位实际上保持不变,这说明锌置换铜离子的速度决定于阴极铜的还原速度。

至于置换过程的动力学方程,在大多数情况下,置换速度服从一级反应速度方程($n=1$):

$$-\frac{dC_{Me_1}}{d\tau}=kC_{Me_1}^{n} \tag{3-17}$$

式中　$C_{Me_1}$——被置换较正电性金属离子的浓度。

必须指出,还有许多其他影响置换过程及反应结果的重要因素,例如:

(1)置换金属与被置换物结合物的组成:用于置换的金属应该和被置换物结合的物质组成为可溶性化合物。例如,铁不能与氨组成可溶性的络合物,故铁不能用来置换氨液中的铜。

(2)置换温度:置换温度对置换过程的速度和程度有很大影响。随着温度的升高,被置换的金属高于向阴极区段扩散的速度增大,化学极化急剧降低,阳极区段发生去钝化作用,等等。因此,提高温度可以大大提高置换速度和程度。

(3)置换金属用量:呈固相形态加入用于置换的金属应该过量,这一点在欲除去极少量的较正电性的金属时特别重要。

(4)置换金属的比表面积:置换金属的比表面愈大,置换反应便进行得愈迅速和愈完全。因此,置换金属必须进行磨细后再加入溶液,这是因为粒度愈细,置换金属的比表面愈大。

(5)置换时搅拌的作用:置换过程必须进行搅拌,这是因为搅拌可以除去沉积在置换金属表面上被置换的金属,以露出置换金属的新鲜活性表面。例如,用铁屑从银溶液中置换铜时,一部分有时甚至全部的铁表面会被析出的铜所覆盖,而使铁表面变为惰性。因此,要加强搅拌,以除去铁表面上松软的沉淀铜。

(6)溶液的阴离子和表面活性物质的作用:例如在硝酸溶液中,置换过程对电位序规律有各种偏差发生,这是由于硝酸根离子还原为亚硝酸根离子比金属离子还原为金属更加容易的缘故。再如,氯离子可以使诸如镍等金属的表面不容易发生钝化,从而氯化物溶液对镍置换更正电性金属离子是有利的。

(7)氧的还原与氢气的析出:在电解质溶液中经常有一定数量的被溶解的氧存在。

由于氧具有较高的电位,故在阴极上易按下式反应:

$$O_2+4H^++4e \longrightarrow 2H_2O \tag{3-18}$$

在许多场合下,还必须考虑到负电性金属与电解质溶液中氢离子的相互反应。如果置换金属的电位处于氢电极在给定的条件下的可逆电位之下,那么这种金属便不能与溶液处于平衡，而将进行置换金属的自溶解并析出氢气：

$$2H^+ + 2e \longrightarrow H_2 \tag{3-19}$$

副反应式3-18和式3-19对置换过程是不利的，因为两者均会使置换金属被无益地溶解（没有相当数量的被置换金属析出），并可能在置换后期引起被置换金属的逆溶解。

反应式3-18的速度决定于氧在电解质中的溶解度，不过，氧的溶解度实际上是不大的，因此，氧的阴极还原反应的速度也是有限的。

氢离子阴极还原过程的速度决定于两个因素，溶液的pH值以及氢在被置换和置换金属上析出的超电位。电解质酸性愈强以及氢的析出超电位愈低，反应式3-19的速度便愈大。

反应式3-18和式3-19在置换原电池阴极区域的并列进行，会导致置换过程在未达到平衡很早以前便停止。同时，如果沉积物中还原金属的数量不足（其表面由于溶解而急剧减小），那么便会开始有被置换金属的逆溶解作用发生。

### 3.2.2 加压氢还原

#### 3.2.2.1 加压氢还原过程的热力学分析

用氢使金属从溶液中还原析出的反应可表示如下：

$$Me^{z+} + \frac{1}{2}zH_2 \rightleftharpoons Me + zH^+ \tag{3-20}$$

为了使反应式3-20由左向右进行，$\Delta G_{(3)}$就必须是负值。在这里，$\Delta G_{(3)}$以下式表示：

$$\Delta G_{(3)} = -zF(\varepsilon_{Me} - \varepsilon_H) \tag{3-21}$$

式中 $\varepsilon_{Me}$，$\varepsilon_H$——金属电极和氢电极的电位。

如前所述，金属电极和氢电极的电位可用能斯特公式表示如下：

$$\varepsilon_{Me} = \varepsilon_{Me}^0 + \frac{2.303RT}{zF}\lg\alpha_{Me^{z+}} \tag{3-22}$$

$$\varepsilon_H = -\frac{2.303RT}{F}pH - \frac{2.303RT}{zF}\lg p_{H_2} \tag{3-23}$$

从式3-23可以看出，如果$\varepsilon_{Me} > \varepsilon_H$，反应式3-20便可向金属还原的一方进行，直到$\varepsilon_{Me} = \varepsilon_H$时建立平衡为止。

在式3-23中，$p_{H_2}$为以大气压表示的氢的压力。从这个方程可以看出，在一定的$p_{H_2}$下，$\varepsilon_H$与pH值呈直线关系（图3-4）。

方程式3-22所示的金属电极电位与其离子浓度的关系也表示在图3-4中。

可用图3-4来简明地分析氢还原过程所需的热力学条件。很明显，只有当金属线高于氢线时，还原过程在热力学上才是可能的。从图3-4可以看出，增大反应式3-20的还原程度有两个途径。第一个途径是靠增大氢的压力和提高溶液的pH值来降低氢电极电位，而且后者比前者更为有效，因为增大$p_{H_2}$100倍对电位移动的效果只抵得pH值增加一个单位的效果。第二个途径是靠增加溶液中金属离子浓度来提高金属电极的电位。

从图3-4还可以看出，在还原过程中，随着金属离子浓度的减小，$\varepsilon_{Me}$向更负值的方向移动。因此，为了还原过程的进行，除了在溶液中保留一定的金属离子最终浓度以外，还必须在溶液中造成相应的氢电位，也就是必须在溶液中保持相应的pH值。如图3-4所示，这个条件对标准电位比氢标准电位更低的金属的还原来说具有特别重要的意义。

根据式3-22和式3-23，可以导出金属析出的完全程度与溶液最后的pH值之间的一定关系。因为反应式3-20的平衡系在$\varepsilon_{Me}=\varepsilon_H$的条件下发生的，故此关系式具有以下的形式：

$$\lg\alpha_{Me^{2+}} = -z\mathrm{pH} - \lg p_{H_2} - \frac{\varepsilon^0_{Me} zF}{2.303RT} \tag{3-24}$$

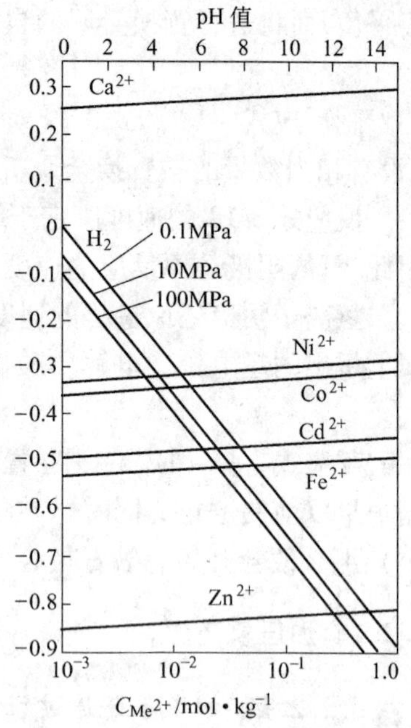


图3-4　25℃下$\varepsilon_{Me}$与$Me^{2+}$离子浓度以及$\varepsilon_H$与溶液的pH值的关系

图3-5为式3-24的图解。从图中可以看出，正电性金属的还原，无论溶液的酸度如何，实际上都可能进行。对负电性金属（镍、钴、铅、镉等）的还原来说，则必须使由反应式3-20形成的酸中和，使溶液的pH值维持在一定的范围内。可用的方法之一是使还原反应在氨溶液中进行，例如：

$$MeSO_4 + H_2 + 2NH_4OH \xlongequal{} Me + (NH_4)_2SO_4 + 2H_2O \tag{3-25}$$

$$Me(NH_3)_2SO_4 + H_2 \xlongequal{} Me + (NH_4)_2SO_4 \tag{3-26}$$

反应式3-25和式3-26表明，负电性金属（Ni、Co、Cd）在氨溶液中的析出是可能的。锌的还原则必须采用强碱溶液，而且还未必可能实现。在所有情况下，提高氢的压力都会使氢的电位向负值增大，从而使还原过程加速进行。

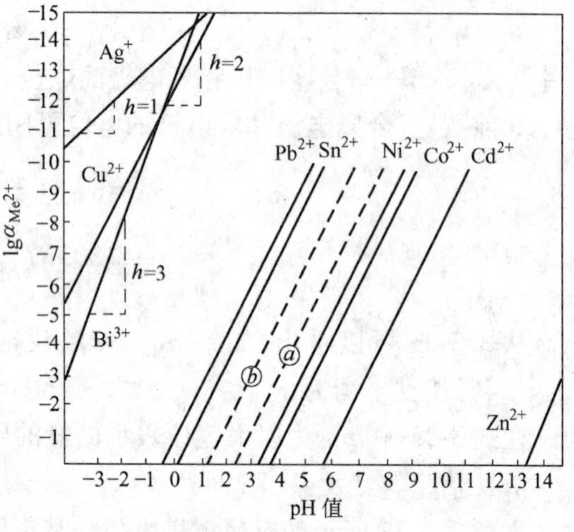


图3-5　在25℃及$p_{H_2}$=0.1MPa（对镍来说还列举了$p_{H_2}$=1MPa和10MPa大气压）的条件下用氢还原金属的可能完全程度

综合以上分析，可得出有关加压氢还原过程的理论性结论如下：

（1）用氢从溶液中还原金属的可能性，可根据标准电极电位的比较加以确定。

（2）正电性金属实际上可以在溶液的任何酸度下用氢还原；标准电极电位为负值的金属的还原，则需要保持高的pH值，采用氨溶液可以满足这个要求。

#### 3.2.2.2　加压氢还原的动力学分析

根据用氢从苏打溶液中还原钒和铀以及从氨溶液中还原铜等方面的动力学研究结果，表明在强烈搅拌溶液以充分消除扩散因素的条件下，还原反应属于零级反应，其速度可用下列通式表示：

$$-\frac{dC}{dt} = Kp_{H_2}^{1/2} S\exp\left(-\frac{W}{RT}\right) \tag{3-27}$$

式中 $\frac{dC}{dt}$——单位时间内溶液中金属离子浓度的降低，也即反应的速度(瞬间速度)；

$K$ ——与单位的选择有关的常数；

$p_{H_2}$——氢的分压；

$S$ ——催化剂表面积；

$W$ ——反应的表观活化能。

从方程式3-27可以看出，反应具有明显的多相体系的特点，并且在控制速度的阶段中，经常是原子氢参与作用。

已经确定，氢的活化照例不是在溶液中发生，而是发生在吸附溶液中分子氢的固体表面上。以此可解释金属总是首先在浸入溶液中的压煮器壁、搅拌桨及其他金属部件上析出这一事实，因为固体的表面乃是独特的催化剂。吸附氢和发生氢活化作用的固体表面愈大，还原反应也就进行愈迅速。因此，在工业条件下，往往在还原前把适当的固体(通常就是待还原的金属的粉末)加入溶液中。

从式3-27，还可以看出，随着温度和氢压力的增高，还原反应将加速进行。

## 3.3 溶剂萃取法

溶剂萃取法主要利用金属离子在水和有机试剂中分配不同，同时水溶液与有机液形成两层液体相，再用稀释剂从有机相中将金属离子分离出来。萃取广泛用于从浸出液中提取金属和从浸出液中除去有害杂质。

### 3.3.1 影响萃取平衡的因素

A 温度的影响

萃取平衡是指在恒温恒压下，金属M在两相的分配达到平衡，即M在两相的化学势相等。

$$\overline{\mu_M} = \mu_M \tag{3-28}$$

金属M在每一相中的化学势与活度 $a_M$ 间有如下关系：

$$\mu_M = \mu_M^0 + RT\ln a_M \tag{3-29}$$

$$\overline{\mu_M} = \overline{\mu_M^0} + RT\ln \overline{a_M} \tag{3-30}$$

式中，$\mu_M^0$，$\overline{\mu_M^0}$分别为金属M在水相和有机相中的标准化学势，也就是活度等于1时的化学势。当萃取达到平衡时，有：

$$\mu_M^0 + RT\ln a_M = \overline{\mu_M^0} + RT\ln \overline{a_M} - (\overline{\mu_M^0} - \mu_M^0) = RT\ln \frac{\overline{a_M}}{a_M}$$

即：

$$\frac{\overline{a_M}}{a_M} = e^{-(\overline{\mu_M^0} - \mu_M^0)1/RT} \tag{3-31}$$

根据分配系数定义：

$$K_D = \frac{\overline{a_M}}{a_M} = e^{-(\overline{\mu_M^0} - \mu_M^0)/RT} \tag{3-32}$$

式 3-32 为分配系数与温度的函数关系式。温度不同,萃取的平衡状态也不一样。

B　萃取剂浓度的影响

当金属离子浓度一定,其他条件保持不变时,萃取因数 $E$ 随萃取剂浓度增加而提高,如图 3-6 所示。

图 3-6 中萃取剂浓度(质量分数)与萃取因数的线性方程斜率可以根据以下方程式计算:

$$M^{n+} + n\,\overline{HR} \rightleftharpoons \overline{MR_n} + nH^+ \quad (3\text{-}33)$$

$$K_E = \frac{[\overline{MR_n}][H^+]^n}{[M^{n+}][\overline{HR}]^n} \quad (3\text{-}34)$$

当 pH 值恒定时,则有:

$$E = K_E[\overline{HR}]^n \quad (3\text{-}35)$$

式中,$K_E$ 为平衡常数;$E$ 为萃取因数。

对式 3-35 取对数可得:

$$\lg E = n\lg[\overline{HR}] + C \quad (3\text{-}36)$$

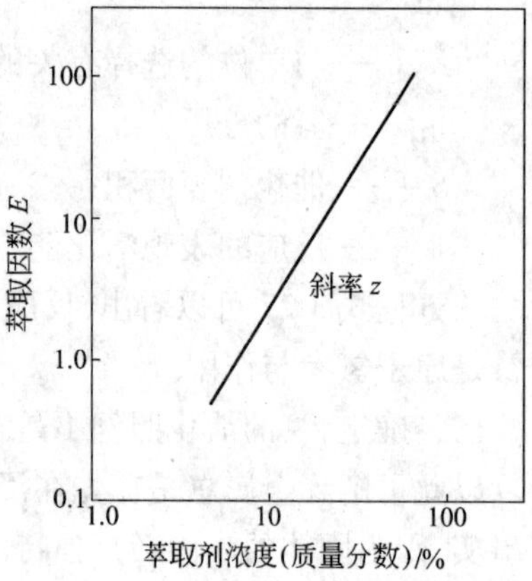


图 3-6　萃取剂浓度(质量分数)对萃取因数的影响(用 TBP 萃取铀)

上式中常数 $C$ 可由图 3-6 的截距求出。实际上斜率 $n$ 即是与被萃金属离子形成萃合物需要的萃取剂分子数。

C　pH 值的影响

螯合萃取剂或酸性萃取在萃取金属过程中都放出氢离子,根据式 3-33 可看出,萃取的金属越多,产生的氢离子越多。结果使体系的 pH 值降低,从而降低了金属的萃取效率。对式 3-34 取对数可得:

$$-\lg[H^+] = pH = \frac{1}{n}\lg E - \frac{1}{n}\lg K_E - \lg[\overline{HR}] \quad (3\text{-}37)$$

由式 3-34 看出,当固定萃取剂浓度,要想增加金属的萃取率只有提高 pH 值。一般来说,pH 值对于萃取率都有个最佳值。

D　水相组分的影响

水相的组分通常是指水相中存在的阴离子,它的类型和浓度往往会影响金属的萃取效率。

水相阴离子种类和浓度对萃取影响的一般规律是:如果水相中某种阴离子可与金属离子形成配合物,那么随阴离子浓度的增大和配合物稳定性的增强,对萃取的影响愈显著。对于中性络合物萃取体系,形成可萃取的稳定性高的中性配合物有利于分配比的提高,对于离子缔合萃取体系,则形成可萃取的稳定性高的络合阴离子有利于分配比的提高;对于酸性络合(或螯合)萃取体系,水相配合物的形成对萃取一般是不利的。

E　金属离子浓度的影响

当萃取剂浓度一定时,水相金属离子浓度对萃取平衡的分配比产生影响。萃取平衡时,游离萃取剂的浓度为:

$$(\overline{HR})_F = (\overline{HR})_T - (\overline{MR_n}) \quad (3\text{-}38)$$

式中,$(\overline{HR})_T$ 表示萃取剂的总浓度;$(\overline{HR})_F$ 表示与金属形成萃合物的萃取剂浓度。如果体系中金属离子浓度增高，在其他条件不变的情况下，就意味$(\overline{MR_n})$增多，结果$(\overline{HR})_F$减少，分配比 $D$（萃取体系达到平衡时，被萃溶质在有机相中的总浓度与水相中总浓度之比）也就相应下降，如铜浓度对铜分配比的影响见表 3-6。所以在实际操作时，就要考虑变更操作条件，如采取适当提高萃取剂浓度或提高 $O/A$ 相（$O$ 代表有机相体积，$A$ 代表水相体积）比等来消除或减弱这些影响。

**表 3-6　铜浓度对铜的萃取分配比的影响**

| 料液含铜（质量浓度）$/g \cdot L^{-1}$ | 铜的分配比 $D$ |
|---|---|
| 4.29 | 3.0 |
| 1.00 | 3.4 |
| 0.57 | 4.1 |
| 0.085 | 6.0 |

但实验表明，若水相中金属离子浓度较低（例如不大于 $1\times10^{-3}$mol/L），而有机相中萃取剂相对过量，则分配比和萃取率与金属浓度无关，如图 3-7 所示的情况。从图中曲线来看，当金属钚浓度大于 $1\times10^{-3}$mol/L时，钚的萃取率才开始下降。这种现象似乎可从两个方面来理解，一是在金属浓度很低时，可认为分配比即是热力学分配系数；二是因萃取剂相对过量，可认为有机相中自由萃取剂的浓度基本不变，故对金属的分配比无明显影响。

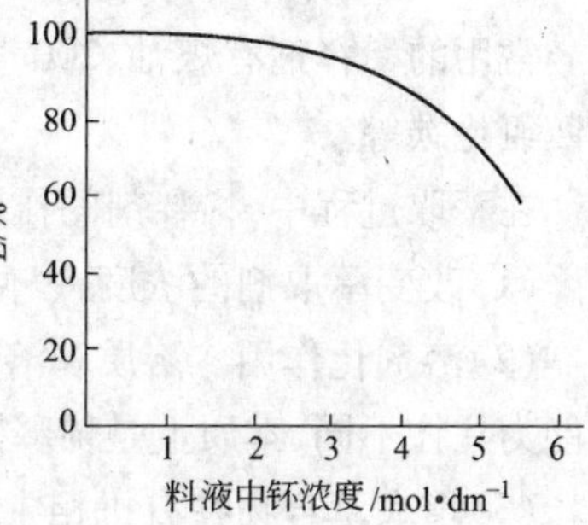


图 3-7　料液中钚浓度对苯甲酰基苯基羟胺萃取钚的影响

F　盐析剂的影响

用中性或碱性萃取剂萃取时，水相中常添加一定量的盐析剂来提高金属的分配比或增大分离系数，其效果都比较显著。

盐析剂的加入可提高分配比的主要原因是：

(1) 盐析剂离子的水化作用，生成水化离子，使水相中自由水分子数减少，从而提高了被萃取物在水相中的有效浓度；

(2) 盐析剂阴离子的同离子效应，有利于萃取平衡向生成萃合物的方向移动。

盐析效应的大小主要与盐析剂的阳离子电荷数和半径大小有关。一般说来，电荷愈多，盐析效应愈大；当电荷相同时，半径愈小，盐析效应愈大。这是由于离子的水化作用的强弱与离子的电荷和半径有关。常见的硝酸盐的盐析效应大小有下列顺序：

$$Al(NO_3)_3 > Fe(NO_3)_3 > Zn(NO_3)_2 > Cu(NO_3)_2 > Mg(NO_3)_2 >$$
$$Ca(NO_3)_2 > LiNO_3 > NaNO_3 > NH_4NO_3 > KNO_3$$

在实际应用中，选用哪种无机盐作盐析剂，首先应考虑不影响下一步的分离，并应考虑盐析剂在水中的溶解度以及价廉易得等因素。

## 3.3.2　萃取剂、稀释剂、改质剂

### 3.3.2.1　萃取剂的分类

常用工业金属萃取剂根据酸碱质子理论可分为中性萃取剂、碱性萃取剂、酸性萃取剂和

螯合萃取剂四大类。

(1)中性萃取剂:为一类中性有机化合物,如醇、醚、酮、酯、硫醚、亚砜和冠醚等。其中的酯包括羧酸酯和磷(膦)酸酯。它们在水中一般是显中性的。

(2)酸性萃取剂:为一类有机酸,如羧酸、磺酸和有机磷(膦)酸等。它们在水中一般显酸性,可电离出氢离子。

(3)碱性萃取剂:为一类有机碱,通常包括伯胺、仲胺、叔胺和季铵等。有机胺在水中能加合氢离子,其碱性一般强于无机氨。

(4)螯合萃取剂:为一类在萃取分子中同时含有两个或两个以上配位原子(或官能团)可与中央金属离子形成螯环的有机化合物。如羟肟酸类化合物(如 Lix64 等)的分子中同时含有羟基(—OH)和肟基(═NOH);再如 8—羟基喹啉及其衍生物(如 Kelex100 等)的分子中,同时含有酸性的酚羟基和碱性的氮原子。

#### 3.3.2.2　稀释剂的作用与一般要求

常用的稀释剂有煤油、200 号溶剂油、260 号溶剂油、辛烷、庚烷、苯、甲苯、二乙苯、氯仿和四氯化碳等。

在萃取过程中,稀释剂的作用主要有:

(1)改变萃取剂的浓度,以便调整与控制萃取剂的萃取和分离能力。

(2)溶剂化作用。溶质和溶剂相互作用叫做溶剂化。同一萃取剂在不同稀释剂中的萃取能力往往不同,本质上是稀释剂对萃取剂的溶剂化作用造成的。

(3)增大萃合物在有机相中的溶解度。某些萃合物分子中若含有水分子,则极性大的稀释剂通过与水分子的作用,可使萃合物在有机相中的溶解度增大。

(4)改善有机相的物理性能,如降低萃取剂的黏度增加其流动性;改变有机相的密度,扩大它与水相的密度差,有利于两相的分离澄清。

稀释剂需满足以下要求:

(1)能与萃取剂或改质剂很好地互溶,对金属萃合物有高的溶解度;

(2)在操作条件下化学稳定性好;

(3)较高的闪点和较低的挥发性;

(4)在水相中的溶解度小;

(5)表面张力低,密度和黏度小;

(6)价格便宜,来源广泛,毒性小。

#### 3.3.2.3　稀释剂对萃取剂萃取性能的影响

稀释剂的组成、介电常数等对萃取剂的最大负荷能力、操作容量、动力速度、金属离子的选择性以及相的分离都有影响。

(1) 稀释剂的极性:稀释剂的极性往往会影响到金属的萃取率,特别是对中性和碱性的影响更大。这种影响主要是在有机相中生成萃取剂 - 稀释剂络合物,从而降低"游离"萃取剂的浓度。

(2) 稀释剂介电常数:一般而论,介电常数高的稀释剂常会使金属的分配比降低。

(3) 稀释剂的组分:稀释剂中芳烃或烷烃的含量,对不同的金属萃取体系的影响十分惊人。

(4) 溶解度参数:溶解度是用以表征稀释剂与溶剂混合物的其他组分分离形成稳定的均相混合物的程度,其量度由溶解度参数 $\delta$ 表示。

#### 3.3.2.4 改质剂的影响

在用酸性或碱性如胺类和磷类萃取剂的萃取过程中,通常会出现两层有机相,介于水相和上层有机相之间的有机相称为第三相,它主要含有萃取剂与金属形成的络合物,其密度介于有机相和水相中间。形成第三相的原因很多,但归根到底是萃合物在有机相的溶解度问题。故凡是加到有机相中能消除第三相的试剂就称作改质剂。

经常用的改质剂是醇类(异癸醇,二乙基己醇,p-壬基酚)或 TBP。

改质剂的用量一般在2% ~5%(体积),但也可能会用20%左右。在萃取剂浓度高的情况下,用量会更多。

### 3.3.3 萃取方式和过程计算

工业萃取操作过程一般由以下步骤组成:

(1)混合:料液和萃取密切接触;

(2)分离:萃取相与萃余相分离;

(3)溶媒回收:萃取剂从萃取相(有时也需从萃余相)中除去,并加以回收。

因此在萃取流程中必须包括混合器、分离器与回收器。

萃取操作流程可分为批和连续,单级和多级萃取流程,后者又可分为多级错流萃取流程和多级逆液萃取流程,以及两者结合进行操作的流程。

#### 3.3.3.1 单级萃取

A 单级萃取一般流程

单级萃取是液-液萃取中最简单的操作形式,其流程见图3-8。

图3-8 单级萃取流程图

一般用于间歇操作,也可以进行连续操作。它是只用一个混合器和一个分离器的萃取操作,将料液 F 与萃取剂 S 一起加入萃取器内,并用搅拌器加以搅拌,使两种液体均匀混合,在萃取器(即混合器)内产物由一相转入另一相。经过萃取以后的溶液流入分离器,分离得到萃取相 L 和萃余相 H。最后将萃取相送入回收器,在回收器中将溶剂与产物进一步分离,经回收后溶剂仍可作为萃取剂循环使用,留下的溶液即为萃取产品(产物)。

B 单级萃取过程计算

在进行单级萃取过程的计算时,首先要建立两个关系式,即平衡关系式和溶质质量衡算关系式。

平衡关系式:

$$X = K_D Y \tag{3-39}$$

式中　$K_D$ ——分配系数；

$X$ ——溶质在萃取溶剂中的浓度；

$Y$ ——溶质在进料溶剂中的浓度。

溶质的质量平衡公式：

$$HY_F + LX_F = HY + LX \tag{3-40}$$

式中　$Y_F$ ——料液(重相)中溶质的浓度；

$X_F$ ——萃取溶剂(轻相)中溶质的浓度，一般新鲜萃取剂溶剂中不含溶质，即 $X_F = 0$；

$H,L$——分别为重相(水相)和轻相(有机相)的体积，可认为是常数。

平衡时，溶质在两相中的浓度：

$$X = K_D Y_F/(1 + E) \tag{3-41}$$

$$Y = Y_F/(1 + E) \tag{3-42}$$

式中　$E$——萃取因子。

显然，当 $K_D$ 值很大时，大部分溶质会转移到萃取溶剂中去。

单级萃取过程的收率或称萃取率由下式定义得到：

$$\eta = \frac{LX}{HY_F} = \frac{E}{1 + E} \tag{3-43}$$

未被萃取分率为：

$$\varphi = \frac{1}{1 + E} \tag{3-44}$$

### 3.3.3.2　多级错流萃取

A　多级错流萃取流程

多级错流萃取是由几个萃取器串联组成，料液经第一级萃取(每级萃取由萃取器与分离器所组成)后分离成两个相；萃余相流入下一个萃取器，再加入新鲜萃取剂继续萃取；萃取相则分别由各级排出，混合在一起，再进入回收器回收溶剂，回收得到的溶剂仍作萃取剂循环使用，见图 3-9。

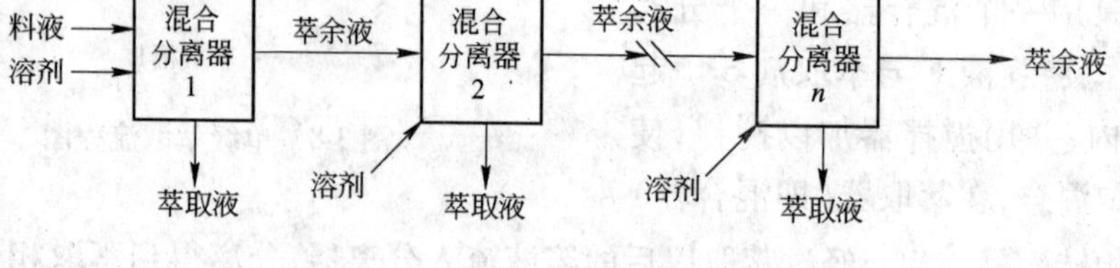


图 3-9　多级错流萃取流程图

B　多级错流萃取过程计算

首先，溶质在两相中的分配服从分配定律。设各级萃取中溶剂的用量相等，则第一级的物料衡算式为：

$$HY_F + L(0) = HY_1 + LX_1 \tag{3-45}$$

因为：

$$X_1 = K_0 Y_1$$

所以：

$$HY_F = HY_1 + LK_D Y_1$$

则：
$$Y_1 = \frac{Y_F}{1+E} \tag{3-46}$$

依此计算第二级，得：
$$Y_2 = \frac{Y_F}{(1+E)(1+E)} \tag{3-47}$$

同理，对第 $n$ 级，得：
$$Y_n = \frac{Y_F}{(1+E)\times(1+E)\times\cdots\times(1+E)} = \frac{Y_F}{(1+E)^n} \tag{3-48}$$

解方程式可求出理论级数 $n$，为：
$$n = \frac{\lg\dfrac{Y_F}{Y_n}}{\lg(1+E)} \tag{3-49}$$

过程的萃取分率或收率为：
$$\eta = \frac{(1+E)^n - 1}{(1+E)^n} \tag{3-50}$$

而未被萃取分率为：
$$\varphi = \frac{HY_n}{HY_F} = \frac{1}{(1+E)^n} \tag{3-51}$$

#### 3.3.3.3 多级逆流萃取

A 多级逆流萃取流程

在多级逆流操作中，包括若干萃取级，料液与溶剂分别从两端加入，萃取相与萃余相逆流流动，操作连续进行。其流程如图 3-10 所示。

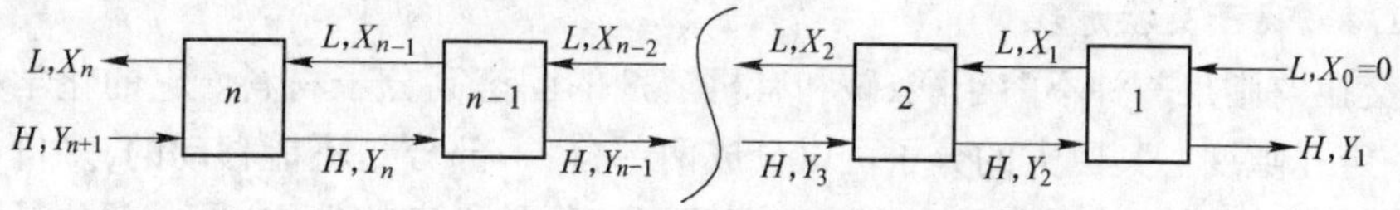


图 3-10 多级逆流萃取流程图

B 多级逆流萃取过程的计算

多级逆流萃取操作的每一级也需要用一个平衡线方程和一个线方程来描述。对于第 $i$ 级，平衡线及操作方程分别为

$$X_i = K_0 Y_i \tag{3-52}$$
$$HY_{i+1} + LX_{i-1} = HY_i + LX_i \tag{3-53}$$

对于第 1 级，由于 $X_0 = 0$，可以解得：
$$Y_2 = (1+E)Y_1 \tag{3-54}$$

对于第 2 级：
$$Y_3 = (1+E)Y_2 - EY_1 = (1+E+E_2)Y_1 \tag{3-55}$$

依此类推，对于第 $n$ 级：
$$Y_{n+1} = (1+E+E_2+\cdots+E_n)Y_1 \tag{3-56}$$

或
$$Y_{n+1} = \left(\frac{E^{n+1}-1}{E-1}\right)Y_1 \tag{3-57}$$

式 3-57 表示了加料浓度 $Y_{n+1}$ 与最终离开系统的废液中溶质浓度 $Y_1$ 之间的关系。只要知道萃取因子 $E$ 和级数 $n$；就可以进料浓度 $Y_{n+1}$ 计算出废液中溶质的浓度 $Y_1$。同样多级逆流萃取过程的萃取分率 $\eta$ 为：

$$\eta = \frac{LX_n}{HY_{n+1}} = E\left(\frac{Y_n}{Y_{n+1}}\right) = \frac{E^{n+1} - E}{E^{n+1} - 1} \tag{3-58}$$

未被萃取分率为：

$$\varphi = \frac{E - 1}{E^{n+1} - 1} \tag{3-59}$$

## 3.4　离子交换法

早在1906年，人们就知道可以用天然和合成硅酸盐进行离子交换以软化水。随着合成树脂性能（稳定性和交换容量）的改善大大扩展了离子交换技术的应用范围。在湿法冶金中最初使用离子交换的是从浸出液中提铀，随后大量研究工作用于提取其他金属。

离子交换过程通常包括两个阶段：(1)吸附：含金属离子的水溶液通过离子交换树脂柱时，金属离子就从水相转入树脂相。当金属离子被吸附到饱和时，就停止供液，转入解吸阶段；(2)解吸：向树脂柱内引入适当溶液以除去前面被吸附的金属离子。这时就得到一种浓的金属离子水溶液，可送往提取金属。同时树脂也得到再生，可返回使用。离子交换过程特别适用于从很稀溶液（10μg/L或更低）提取金属。对于高于1%的浓溶液，它是不恰当的。

### 3.4.1　离子交换原理及分类

#### 3.4.1.1　离子交换原理

离子交换树脂是一种不溶于酸、碱和有机溶剂的固态高分子材料。它的化学稳定性良好，且有一定孔隙度。其巨大的分子可以分成两部分：一部分是不能移动的，多价的高分子基团，构成树脂的骨架，使树脂具有上述的溶解度和化学稳定的性质；另一部分是可移动的离子，称为活性离子，它在树脂的骨架中进进出出，就发生离子交换现象。或者说，离子交换树脂是一类带有官能团的网状结构的高分子化合物，其结构由三部分组成：不溶性的三维空间网状骨架，连接在骨架上的官能团和官能团所带的相反电荷的可交换离子。

根据树脂所带的可交换的离子性质，离子交换树脂大体上可分为阳离子交换树脂和阴离子交换树脂。当树脂浸在水溶液中时，活性离子因热运动，可在树脂周围的一定距离内运动。树脂内部有许多空隙，由于内部和外部溶液的浓度不相等（通常是内部浓度较高），存在着渗透压，外部水分可渗入内部，这样就促使树脂体积膨胀。把树脂骨架看作是一个有弹性的物质，当树脂体积增大时，内架的弹力也随着增加，当弹力大到和渗透压达到平衡时，树脂体积就不再增大。内架上的活性离子在水溶液中发生离解，可在较大的范围内自由移动，扩散到溶液中。同时，在溶液中的同类型离子，也能从溶液中扩散到骨架的网格或孔内。当这两种离子浓度差较大时，就产生一种交换的推动力，使它们之间产生交换作用，浓度差越大，交换速度越快。利用这种浓度差的推动力使树脂上的可交换离子发生可逆交换反应。离子树脂的交换反应与溶液中的装置反应相似。

阳离子交换树脂是一类骨架上结合磺酸（$—SO_3H$）或羧酸（—COOH）等酸性官能团的聚合物。将此树脂浸于水中，交换基部分如同普通酸那样发生电离，电离程度决定了树脂的酸碱性强弱，所以分为强酸性、弱酸性阳离子交换树脂。

阴离子交换树脂是一类骨架上结合有季铵基、伯胺基、仲胺基、叔胺基的聚合物。将此类树脂浸于水时，交换基部分也可发生电离。依电离不同分为强碱性、弱碱性阴离子交换树脂,通常以 R 表示树脂的骨架部分。

#### 3.4.1.2 离子交换树脂分类

A 强酸性阳离子树脂

这类树脂含有强酸性基团,如磺酸基—$SO_3H$,能在溶液中离解 $H^+$ 而呈强酸性。反应简式为

$$R \cdot SO_3H \rightleftharpoons R \cdot SO_3^- + H^+ \tag{3-60}$$

树脂中的 $SO_3^-$ 基团能吸附溶液中的其他阳离子如

$$R \cdot SO_3^- + Na^+ \rightleftharpoons R \cdot SO_3Na \tag{3-61}$$

这两个反应,使树脂中的 $H^+$ 与溶液中的阳离子互相交换。强酸性树脂的离解能力很强,在酸性或碱性溶液中都能离解和产生离子交换作用,因此使用时的 pH 值没有限制。

以磷酸基—$PO(OH)_2$ 和次磷酸基—PHO(OH)作为活性基团的树脂具有中等强度的酸性。

树脂在使用一段时间后,要进行再生处理,即用化学药品使离子交换树脂的官能团回复原来状态再次使用。强酸性阳离子树脂是用强酸进行再生处理,此时树脂放出被吸附的阳离子,再与 $H^+$ 结合复原。

B 弱酸性阳离子树脂

这类树脂含有弱酸性基团,如羧基—COOH、酚羟基—OH,能在水中离解出 $H^+$ 而呈弱酸性,反应简式为

$$R \cdot COOH \rightleftharpoons R \cdot COO^- + H^+ \tag{3-62}$$

$R \cdot COO^-$ 能与溶液中的其他阳离子吸附结合,而产生阳离子交换作用。这类树脂由于离解性较弱,在低 pH 值下,难以离解和进行离子交换,只能在碱性、中性或微酸性溶液中发挥作用(R－COOH 应在 pH 值大于 6 的溶液中操作,R－OH 应在 pH 值大于 9 的溶液中操作)。这类树脂也是酸进行再生。

C 强碱性阴离子树脂

这类树脂含有强碱性基团,如季铵基—$NR_3OH$,能在水中离解出 $-OH^-$ 而呈碱性,反应简式为

$$R \cdot NR_3OH \rightleftharpoons R \cdot NR_3^+ + OH^- \tag{3-63}$$

树脂中的离解基团能与溶液中其他阴离子吸附结合,产生阴离子交换作用,这类树脂的离解性很强,使用的 pH 值范围没有限制,再生一般用强碱(如 NaOH)进行。

D 弱碱性阴离子树脂

这类树脂含有弱碱性基团,如伯胺基(—$NH_2$)、仲胺基(—NHR)或叔胺基(—$NR_2$),它们在水中能离解出 $OH^-$ 而呈弱碱性,反应简式为

$$R \cdot NH_2 + H_2O \rightleftharpoons R \cdot NH_3^+ + OH^- \tag{3-64}$$

树脂中的离解基团能与溶液中其他阴离子吸附结合,产生阴离子交换作用。和弱酸性阳离子树脂一样,这类树脂的离解能力较弱,只能在低 pH 值(如 pH 值为 1～9)下工作,可以用 $Na_2CO_3$、$NH_4OH$ 等进行再生。

E 两性离子交换树脂

将两种性质相反的阴、阳离子交换官能团连接在同一树脂骨架上,就构成两性树脂。这

种树脂骨架上的两种类型官能团彼此接近,在与溶液里的阴阳离子交换以后,只要通过水,稍稍改变体系的酸碱条件,即可发生相反的水解反应,恢复树脂原来的形式。还有一种叫蛇笼树脂,与两性树脂相似,它适宜于从有机物质(如甘油)水溶液吸附盐类,再生时用大量水洗,就可将吸着离子洗下来。

F　选择性离子交换树脂

这类树脂又叫螯合性离子交换树脂,它与金属离子形成螯合物基团,是一种对某些离子有特殊选择性的树脂,其选择性高于一般的强酸性和弱酸性树脂。树脂内如含有可与其中某一离子生成螯合物的有机分子基团,则在交换中可以选择性地优先与这种离子结合。利用这种选择性反应,可制备含某一金属离子的树脂来分离含有些官能团的化合物。

### 3.4.2　离子交换过程的理论基础

#### 3.4.2.1　离子交换平衡

离子交换反应是可逆反应,但是,这种可逆反应并不是在均相溶液中进行,而是在固态的树脂和水溶液接触的界面间发生的,见图3-11。

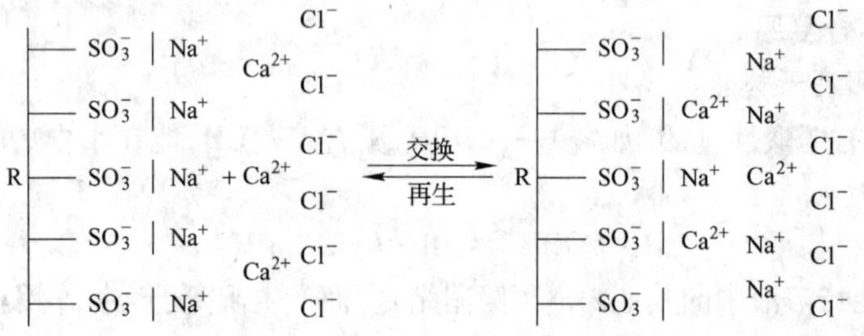


图3-11　离子交换反应的界面过程

在水溶液中,离子交换是由于树脂上的官能团 $B^+$ 与溶液中的同类型离子 $A^+$ 之间的浓度差推动着它们之间的交换,当这种交换反应进行到一定程度时,就建立了离子交换平衡状态,使树脂上和溶液中都同时含有 $A^+$ 和 $B^+$ 两种离子。

一般公式认为离子交换过程是按化学物质的量关系进行的。例如阳离子交换反应可表示为

$$A^{n+} + n(R-SO_3^-)B^+ \rightleftharpoons nB^+ + (R-SO_3^-)_nA^{n+}$$

如果把离子交换看作是简单的化学反应,则可以按照质量作用定律,用反应平衡关系式来描述上式的反应

$$K_B^A = \frac{(a_B)^n \cdot (a_{RnA})}{(a_A) \cdot (a_{RB})^n} \tag{3-65}$$

式中　$a_A, a_B$——溶液中离子A和B的活度;

$a_{RnA}, a_{RB}$——表示离子A和B在树脂内的相应活度;

$K_B^A$——选择系数,它的大小取决于实验条件。

对于稀溶液,离子的活度系数可以看作为1,因此,式中的 $a_A$ 的 $a_B$ 可用相应的摩尔浓度$[A^{n+}]$和$[B^+]$来表示。而树脂内的离子浓度较高,活度可用相应的离子摩尔分数 $X_i$ 与活度系数 $f_i$ 的乘积来代替,所以

$$K_B^A = \frac{[B^+]^n \cdot (X_{RnA}) \cdot f_{RnA}}{[A^{n+}] \cdot (X_{RB})^n \cdot (f_{RB})^n} \tag{3-66}$$

令

$$\frac{[B^+]^n \cdot (X_{RnA})}{[A^{n+}] \cdot (X_{RB})^n} = K^0$$

则

$$K^0 = K_B^A \frac{(f_{RB})^n}{(f_{RnA})} \tag{3-67}$$

式中,$K^0$ 为表观平衡常数,可由实验确定,它可用于确定各个离子可以交换到何种程度,估计从溶液中除去某一数量的离子所需要的树脂量。

离子交换树脂对有机大分子吸附时,会存在假平衡。主要是由于:(1)树脂的活性中心排列的影响不能全部吸附有机大分子,即树脂上的活性中心排列过密,其中一部分活性中心被有机大分子遮住,影响了树脂的吸附量。(2)树脂颗粒度影响对大分子的交换,当树脂的颗粒较大时,有机大分子在树脂的内部扩散速度很慢,达到平衡需要的时间较长。当树脂的颗粒度减小时,交换速度和交换量都会有所增加。

#### 3.4.2.2 离子交换选择性

影响离子交换树脂选择性的因素很多,其中主要是:

(1) 离子价数:离子交换树脂总是优先选择高价离子,而低价离子被吸附时则较弱。如常见的阳离子的被吸附顺序为:$Fe^{3+} > Al^{3+} > Ca^{2+} > Mg^{2+} > Na^+$。阴离子被吸附顺序为:柠檬酸根 > 硫酸根 > 硝酸根。

(2) 溶液浓度影响:树脂对离子交换吸附的选择性,在稀溶液中比较大,而在浓溶液中选择性较小。

(3) 离子的水化半径:树脂在水溶液中要发生水化,所以原子量的大小并不能反映离子在水溶液中的体积。离子在水溶液中的大小应用水化半径来表征。水化半径较小的离子优先吸附。依水化半径的次序,可将各种离子对树脂的亲和力大小排成下列顺序。

一价阳离子:$Li^+ < Na^+ \approx NH_4^+ < Rb^+ < Cs^+ < Ag^+ < Ti^+$

二价阳离子:$Mg^{2+} \approx Zn^{2+} < Cu^{2+} \approx Ni^{2+} < Ca^{2+} < Sr^{2+} < Pb^{2+} < Ba^{2+}$

一价阴离子:$F^- < HCO_3^- < Cl^- < HSO_3^- < Br^- < NO_3^- < I^- < ClO_4^-$

$H^+$ 和 $OH^-$ 对树脂的亲和力,与树脂的性质有关。对强酸性树脂,$H^+$ 和树脂的结合力很弱,其地位相当于 $Li^+$。对弱酸性树脂,$H^+$ 具有很强的置换能力。同样,$OH^-$ 的位置决定于树脂碱性的强弱。对于强碱性树脂,其位置落在 $F^-$ 前面,而对于弱碱性树脂其位置在 $ClO_4^-$ 后面。

(4) 树脂物理结构的影响:树脂本身的物理结构对选择性也有影响。通常,交联度高的树脂对离子的选择性较强。大孔型树脂的选择性低于凝胶型树脂。但对于大分子的吸附,情况稍复杂些。首先树脂应具有一定的膨胀度,允许大分子进入树脂内部,否则树脂就不能吸附大分子,此时膨胀度增大,可促使树脂吸附量增加。当膨胀系数增大到一定值,空间大小对大分子的影响不大时,选择性的影响就较为明显。膨胀度增大,$K$ 值减小,促使吸附量降低。因此这是矛盾的两个方面。

由于无机小离子不受空间因素的影响,因此可以利用这一原理,控制树脂的交联度,将大分子和无机离子分开，这种方法称为分子筛方法。

(5) 有机溶剂的影响：当有机溶剂存在时，常会使树脂对有机离子的选择性降低，而容易吸附无机离子，这是由于：1)有机溶剂可使离子溶剂化程度降低，无机离子的降低程度比有机离子大；2)有机溶剂影响离子的电离度，使它减少，尤其是有机离子，影响更显著。基于这个性质，可利用有机溶剂从树脂上洗脱难洗脱的有机物质。

(6) 树脂与交换离子间的辅助力：凡能与树脂间形成辅助力，如氢键、范德华力等辅助力的离子，树脂对其吸附力就大。

#### 3.4.2.3　离子交换过程和速度

离子交换速度是表示在单位时间内溶液中 $A^+$ 浓度减少或 $B^+$ 浓度增加的量。以732树脂上的 $H^+$ 交换谷氨酸离子为例，实际离子交换过程是由如下的相对速率组成：

(1)溶液中的谷氨酸离子从溶液通过液膜扩散到树脂表面。

(2)穿过树脂表面向树脂孔内部扩散，到达有效交换位置。

(3)谷氨酸离子与树脂中的 $H^+$ 进行离子交换。

(4)$H^+$ 从树脂内向树脂表面扩散。

(5)$H^+$ 穿过树脂表面的液膜进入水溶液。

其中步骤(1)、(5)称作扩散或膜扩散；(2)、(4)称作内扩散或粒扩散；(3)称作交换反应。一般反应速度很快，而扩散速度很慢，因此，离子交换反应的速度主要取决于扩散速度。

影响交换速度的因素有：

(1)树脂颗粒：离子交换的外扩散速度与树脂颗粒大小成反比，而粒子的内部扩散速度与粒径倒数的高次方成正比，因此粒度减少，交换速度都是加快。

(2)树脂的交联度：交联度低，树脂易膨胀，树脂内扩散较容易。所以当扩散控制时，降低交联度，能提高交换速度 。

(3)溶液流速：外扩散随溶液过柱流速（或静态搅拌速度）的增加而增加，内扩散基本不受流速或搅拌的影响。

(4)溶液浓度：当溶液中的离子浓度较低时，对外扩散速度影响较大，而对内扩散影响较小，当溶液中的离子浓度较高时，对内扩散影响较大，而对外扩散影响较小。

(5)温度：溶液的温度提高，扩散速度加快，因而交换速度也增加。

(6)离子的大小：小离子的交换速度比较快。大分子由于在扩散过程中受到空间的阻碍，在树脂内的扩散速度特别慢。

(7)离子的化合价：离子在树脂扩散时，与树脂骨架间存在库仑引力。离子的化合价越高，这种引力越大，因此扩散速度就越小。

## 3.5　膜分离方法

膜分离是在20世纪初出现，20世纪60年代后迅速崛起的一门分离新技术。膜分离技术由于兼有分离、浓缩、纯化和精制的功能，又有高效、节能、环保、分子级过滤及过滤过程简单、易于控制等特征，因此，目前已广泛应用于食品、医药、生物、环保、化工、冶金、能源、石油、水处理、电子、仿生等领域，产生了巨大的经济效益和社会效益，已成为当今分离科学中最重要的手段之一。

膜可以是固相、液相、甚至是气相的。用各种天然或人工材料制造出来的膜品种繁多，在物理、化学、生物性质上呈现出各种各样的特性。

广义指的“膜”是指分隔两相界面,并以特定的形式限制和传递各种化学物质。它可以是均相的或非均相的,对称型的或非对称型的,中性的或荷电性的,固体的或液体的。其厚度可以从几微米到几毫米。虽然膜过滤的机理、操作方式各异,但它们具有相同的优点,过程一般较简单,费用较低,效率较高,往往没有相变,可在常温下操作,既节省能耗,又特别适用于热敏物质的处理,在食品加工、医药、生化技术领域有其独特的适用性。

### 3.5.1 膜的分类与特性

膜主要有以下一些类型:

(1)对称膜:对称膜是结构与方向无关的膜。

(2)非对称膜:非对称膜有一个很薄的,但比较致密的分离层和多孔支撑层。分离层为活性膜,孔径的大小和表皮的性质决定了分离特性,而厚度主要决定传递速度,该层有必需的机械强度,而且常常通过附加纤维网使强度得到进一步改善。因此,这种膜具有物质分离最基本的两种性质,即高传质速率和良好的机械强度。另外还有一优点,即被脱除的物质大都在其表面,易于清除。

(3)复合膜:这种膜的选择性膜层(活性膜层)沉积于具有微孔的底膜(支撑层)表面上,就像非对称性膜的连续性表皮,只是表层与底层是不同的材料,而非对称膜是一种材料。

(4)荷电膜:即离子交换膜,是一种对称膜,含有高度的溶胀胶载着固定的正电荷或负电荷,带有正电荷的膜称为阴离子交换膜,从周围流体中吸引阴离子。

(5)液膜:液膜的厚度约为1~10μm,比固膜薄得多,组分在液体中的扩散系数又比在固体中的大得多,因此组分通过液膜的传递速率可以比固膜大几个数量级。

(6)微孔膜:孔径为0.05~20μm的膜。

(7)动态膜:在多孔介质(如陶瓷管)上沉积一层颗粒物(如氧化锆)作为有选择作用的膜,此沉积层与溶液处于动态平衡。

### 3.5.2 膜分离的基本原理

由于分离膜具有选样透过特性,所以它可以使混合物质有的通过、有的留下。但是,不同的膜分离过程,它们使物质留下、通过的原理有的类似,有的完全不一样。

总的说来,分离膜之所以能使混在一起的物质分开,不外乎有以下两种方式:

(1)根据它们物理性质的不同。主要是质量、体积大小和几何形态差异。用过筛的办法将其分离。微滤膜分离过程就是根据这一原理将水溶液中孔径大于50nm的固体杂质去掉的。图3-12是反渗透(Reverse osmosis,RO)、超滤(Ultrafiltration,UF)、微滤(Microfiltration,MF)和一般过滤(Fitration,F)能去掉水中固体颗粒范围的示意图。但反渗透的分离机理不是物理性质不同,而是化学性质。

(2)根据混合物的不同化学性质。物质通过分离膜的速度取决于以下两个步骤的速度,首先是从膜表面接触的混合物中进入膜内的速度(称溶解速度),其次是进入膜内后从膜的表面扩散到膜的另一表面的速度。二者之和为总速度。总速度愈大,透过膜所需的时间愈短;总速度愈小,透过时间愈久。溶解速度完全取决于被分离物与膜材料之间化学性质的差异,扩散速度除化学性质外还与物质的相对分子质量有关。混合物质透过的总速度相

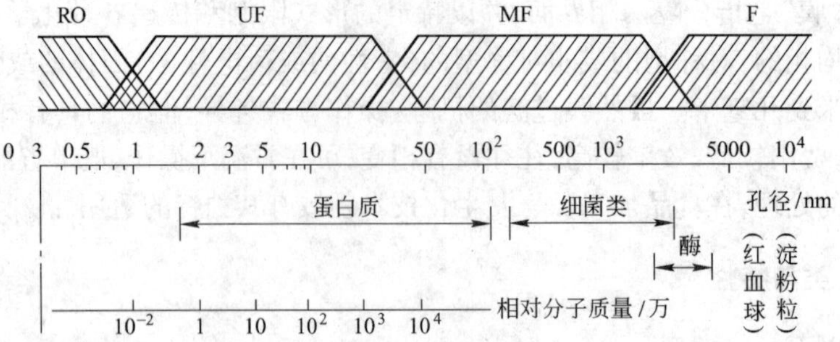


图 3-12　各种膜的截留区段

差愈大,则分离效率愈高,反之,若总速度相等、则无分离效率可言。例如反渗透一般用于水溶液除盐。这是因为反渗透膜是亲水性的高聚物,水分子很容易进入膜内,在水中的无机盐离子($Na^+$、$K^+$、$Cl^-$…)则较难进入,所以经过反渗透膜的水就被除盐淡化了。

### 3.5.3　膜的材料

膜的要求:大的透过速度和较高的选择性、机械强度好,耐热,耐化学和细菌侵蚀,耐净化和杀菌处理,成本低。

制造膜的材料有以下几类:

(1)改性天然物:醋酸纤维素,丙酮－丁酸纤维素,再生纤维素,硝酸纤维素。

(2)合成产物:聚胺,聚苯并咪唑,聚砜,乙烯基聚合物,聚脲,聚呋喃,聚碳酸脂,聚乙烯,聚丙烯。

(3)特殊材料:聚电解络合物,多孔玻璃,氧化石墨,$ZrO^{2-}$聚丙烯酸,$ZrO^{2-}$碳,油类。

在这些材料中,以纤维素和聚砜应用最广。

### 3.5.4　重要的膜分离过程及应用

A　渗透和透析

渗透是一个扩散过程,在膜的两旁,渗透压差的作用下溶剂产生流动。透析是利用膜两侧的浓度差从溶液中分离出小分子物质的过程。一般的透析过程在原则上与渗透相重叠,因此使原溶液浓度不断降低,过程的推动力也因此不断减小。

在湿法炼铜细菌浸出—萃取—电积工艺中,反萃液中铁等杂质的积累会对电积造成影响,必须定期抽取一部分电积贫液进行处理。这些电积贫液不能返回细菌浸出,因为电积贫液酸度高,会使浸出液 pH 值降低,结果不但影响浸出和萃取的效果,而且排放的萃余液的酸度也会越来越高,造成恶性循环。为此,德兴铜矿细菌浸出—萃取—电积 2kt/d 的阴极铜厂的电积贫液就采用了扩散渗析法处理,设备连接见图 3-13。该流程自 1997 年投产以来,整个浸出—萃取—电积工艺畅通、设备运行良好,阴极铜全部符合伦敦金属交易市场 A 级铜标准。

B　反渗透和超滤、微过滤

如果在渗透实际装置的膜两侧造成一个压力差,并使其大于渗透压,就会发生溶剂倒流,使得浓度较高的溶液进一步浓缩,这一现象称作反渗透。如果膜只阻挡大分子,而大分子的渗透压是不明显的,这种情况叫做超滤。因此超滤和反渗透及微过滤都是以压力差为推动力。以多孔细小薄膜为过滤介质,使不溶物浓缩过滤的操作为微过滤;按粒径选择分离溶液中所含的微粒和大分子的膜分离操作为超滤;从溶液中分离溶剂的膜分离操作为反渗透。

C 电渗析

在电场中交替装配的阴离子和阳离子交换膜,在电场中形成一个个隔室,使溶液中的离子有选择地分离或富集,这就是电渗析。

当金属冶炼及加工工业废水中的金属离子浓度较低时,采用普通的方法富集或回收是不经济的,只能用石灰中和处理,但这造成大量的废渣堆积,处理后的水只能排放。而采用电渗析法不但可以回收富集废液中的金属离子,而且工业水还可以直接回用。在氧化铝生产中回收碱、铝与工业水回用、从废酸水中回收酸、含剧毒氰化物废水及放射性废水的处理等方面,电渗析法已成功地实现了工业应用。

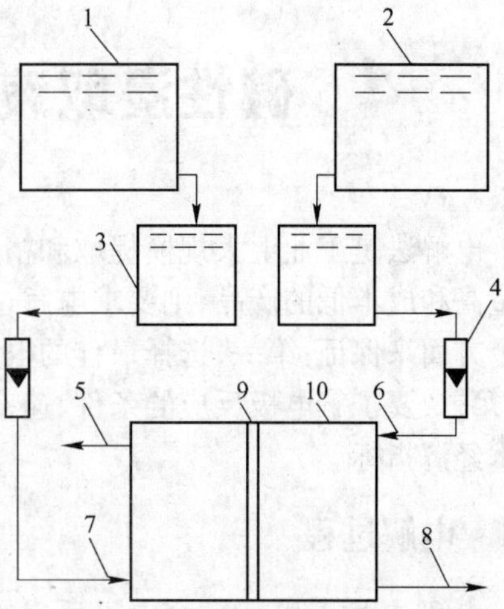


图 3-13 扩散渗析法处理电积贫液示意图
1—电积贫液高位槽;2—水高位槽;3—稳压槽;4—流量计;5—残液;6—水;7—电积贫液;8—扩散液;9—阴膜;10—扩散渗析器

在氧化铝生产过程中产生大量的工业废渣(赤泥),赤泥是一种碱性污染源,每吨赤泥含 3 ~4$m^3$ 废碱液,其质量浓度(以 $Na_2O$)为 2 ~6g/L。就烧结法氧化铝生产而言,从赤泥附液损失的碱量约占氧化铝生产总耗碱量的 16.5% ,赤泥结合碱不能直接转移到液相,导致赤泥堆积如山,严重污染周围土壤和地下水源,影响了氧化铝工业的可持续发展。我国贵州铝厂、山东铝厂等采用活性氧化钙赤泥脱碱并同时去除可沉淀离子的工艺,可以制取满足电渗析工艺要求的进料液,在进料液 $Al_2O_3$ 低于 150mg/L 的条件下,电渗析装置能够稳定运行,电渗析处理赤泥废碱液,可回收碱和工业用水,而低含碱赤泥可用作生产水泥的原料。

D 膜电解

膜电解与电渗析有很多相似的地方,有些文献也把两者看作一类。但它们在电解槽电极和膜元件的组装有着显著的不同。中南大学研究出采用离子交换膜回收钨冶金中的碱液,取得相当不错的经济和社会效益,该技术现已在全国十余个钨冶炼厂应用。

现行的钨冶金采用钨精矿碱性浸出,浸出后产生大量的碱度很高的钨酸钠溶液,而浸出后续除杂工序,需在弱碱性或酸性条件下进行。因而回收这部分碱能减少酸碱消耗,大大降低生产成本。在电场力驱动下,$Na^+$ 选择通过阳离子交换膜,随着阳极液中 $Na^+$ 的减少及阳极水电解反应产生 $H^+$,在阳极液中,发生 $WO_4^{2-}$ 缩合生成同多钨酸根的反应,直至生成偏钨酸盐,而在阴极室,由于水电解在产生氢气的同时留下 $OH^-$ 与阳极液迁移过来的 $Na^+$ 生成 NaOH。因此总结果是得到偏钨酸盐的同时,回收了用于返回浸出钨矿的 NaOH,既节省了硫酸,还减少了 $Na_2SO_4$ 的排放,与此同时在两极还得到氢气与氧气,而前者是还原制取金属钨粉的基本原料。结果表明,单槽脱除 80% 的游离碱时,电流效率达 88% 以上,每吨 NaOH 能耗低于 1900kW · h;当三槽串联运行时,电流效率也在 88% 以上,每吨 NaOH 能耗低于 2250kW · h,具有良好的工业应用前景。

# 4 碱性浸取液中金属的电解法提取过程

电解法是工业上大规模提取和精炼金属的主要方法之一,在工业上要得到产品质量好、产量高和成本低的产品,则要求电解过程具有较高的电流效率和较低的能耗。这可以通过两个方面来保证:第一,选择最佳的电解质组成,使其具有较好的物理性质、化学性质和电性能;第二,要了解电极反应的条件、速率和机理,寻求最佳的电解工艺技术条件,达到最佳的技术经济指标。

## 4.1 电解过程

电解过程是阴、阳两个电极反应的综合。

当直流电通过阴极和阳极导入装有水溶液电解质的电解槽时,水溶液电解质中的正、负离子便会分别向阴极和阳极迁移,并同时在两个电极与溶液的界面上发生还原与氧化反应,从而分别产出还原物与氧化物。

在电极与溶液的界面上发生的反应叫做电极反应。

在阴极上,发生的反应是物质得到电子的还原反应,称为阴极反应。水溶液电解质电解过程的阴极反应,主要是金属阳离子的还原,结果在阴极上沉积出金属,例如

$$Ga^{3+} + 3e \Longrightarrow Ga$$

$$Zn^{2+} + 2e \Longrightarrow Zn$$

在阴极反应的过程中,也有可能发生氢离子还原析出氢的副反应:

$$2H^{+} + 2e \Longrightarrow H_2$$

氢的析出对水溶液电解质的电解是不利的。

在阳极上,发生的反应是物质失去电子的氧化反应,称为阳极反应。浸取液中金属的电解法提取过程采用的一般是不可溶性阳极反应,表现为水溶液电解质中的阴离子在阳极上失去电子的氧化反应,例如:

$$4OH^{-} - 4e \Longrightarrow 2H_2O + O_2$$

上面说的是阴、阳反应的主要形式,当然还有其他反应。

下面谈谈分解电压及极化。

### 4.1.1 理论分解电压

某电解质水溶液,如果认为其欧姆电阻很小而可忽略不计,在可逆情况下使之分解所必需的最低电压,称为理论分解电压。

电极的平衡电极电位是可以根据电解过程实际发生的电极反应、电解液组成和温度等条件,按能斯特公式进行计算,这就是说,某一电解质的理论分解电压是可以通过计算而知的。

### 4.1.2 实际分解电压

当电流通过电解槽,电极反应以明显的速度进行时,电极上的反应电位已偏离平衡状

态，而成为不可逆状态，这时的电极电位就不是平衡电极电位，阳极电位偏正，阴极电位偏负。这样，能使电解质溶液连续不断地发生电解反应所必需的最小电压叫作电解质的实际分解电压。显然，实际分解电压比理论分解电压大，有时甚至大很多。

### 4.1.3 极化作用及极化现象

我们已经知道，无论是对水的电解或是其他物质的电解，它们的分解电压总是大于计算得到的可逆电动势。这是因为当电流通过电极时，每个电极的平衡都受到破坏，使得电极电位偏离平衡电位值。这种在电流通过电极时，电极电位偏离平衡值的现象，称为电极的极化。极化现象的出现，以及溶液中存在着一定的欧姆电位降，这些都是分解电压大于可逆电动势的原因。

实际分解电压可表示为：

$$E(\text{分解}) = E(\text{可逆}) + \Delta E(\text{不可逆}) + IR$$

式中，$E$(可逆)是指相应的原电池的电动势，即理论分解电压；$IR$ 由于电池内溶液、导线和接触点等电阻所引起的电势降；$\Delta E$(不可逆)则是由于电极极化所致，$\Delta E(\text{不可逆}) = \eta(\text{阴}) + \eta(\text{阳})$，$\eta$(阴)和 $\eta$(阳)分别表示阴、阳极上的超电势。

当电极上无电流通过时，电极处于平衡状态，此时的电势为 $\varphi$(平)(平衡电势)，随着电极上电流密度($I/S$)的增加，电极的不可逆程度愈来愈大，其电势值为 $\varphi$(平)的偏差也越大，通常可用极化曲线(即描述电流密度与电极电势间关系的曲线)来描述这种偏离程度。

为了明确地表示出电极极化的状况，常把某一电流密度下的 $\varphi$(不可逆)与 $\varphi$(平)之间的差值称为超电势。由于超电势的存在，在实际电解时要使正离子在阴极上析出，外加于阴极的电势须更负于可逆电极，要使负离子在阳极析出，外加于阳极电势比可逆电极电势更正一些。

之所以会产生电极极化现象，是因为当有电流 $I$ 过电极时，发生一系列的过程，并以一定的速率进行，而每一步都或多或少地存在着阻力。要克服这些阻力，相应地各需要一定的推动力，表现在电极电势上就出现这样那样的偏离。

按照极化产生的不同原因，通常可简单地把极化分为两类：电化学极化和浓差极化。将与之相应的超电势称为电化学超电势(或活化超电势)和浓差超电势。

一般说来，可将产生超电势的原因归纳为以下三点：

(1)浓差超电势：在电解过程中，由于电极表面附近的离子在电极上发生反应而析出，结果使表面浓度与溶液体相浓度的不同所造成的反电动势称作浓差超电势。

(2)电化学超电势(或活化超电势)：由于参加电极反应的某些粒子缺少足够的能量来完成电子的转移，因此需要提高电极电势，这部分提高的电势叫做活化超电势。它与电极反应中某一个最缓慢步骤的反应活化能有关，故有此名。

(3)电阻超电势：当电流通过电极时，在电极表面或电极与溶液的界面上往往形成一薄层的高电阻氧化膜或其他物质膜，从而产生表面电阻电位降，这个电位降称作电阻超电势。这种情况不具有普遍意义，因此我们在此只介绍浓差极化和电化学极化。

#### 4.1.3.1 浓差极化

当有电流通过电极时，若在电极-溶液界面处化学反应的速率较快，而离子在溶液中的扩散速率较慢，则在电极表面附近有关离子的浓度将会与远离电极的本体溶液有所不同。

现以 $Ag|Ag^+$ 为例进行讨论。

将两个银电极插到浓度为 $c$ 的 AgNO 溶液中进行电解，阴极附近的 $Ag^+$ 沉积到电极上去（$Ag^+ + e^- \rightarrow Ag$），使得该处溶液中的 $Ag^+$ 浓度不断地降低。若本体溶液中的 $Ag^+$ 扩散到该处进行补充的速度赶不上沉积的速度，则在阴极附近 $Ag^+$ 的浓度 $c_e$ 将低于本体溶液浓度 $c$（电极附近是指电极与溶液之间的界面区域，在通常搅拌的情况下其厚度不大于 $10^{-3}$ ~ $10^{-2}$ cm）。在一定的电流密度下，达稳定状态后，溶液有一定的浓度梯度，此时 $c_e$ 具有一定的稳定值，就好像是电极浸入一个浓度较小的溶液中一样。此浓差极化数值与浓差大小有关，即与搅拌情况、电流密度等有关。

当无电流通过时，电极的可逆电势由溶液本体浓度 $c$ 所决定：

$$\varphi(\text{平}) = \varphi^{\ominus}_{Ag^+,Ag} - \frac{RT}{F}\ln\frac{1}{c} \tag{4-1}$$

当有电流通过时，若设电流密度为 $j$，电极附近的浓度为 $c_e$，则电极电势由 $c_e$ 决定

$$\varphi(\text{不可逆}) = \varphi^{\ominus}_{Ag^+,Ag} - \frac{RT}{F}\ln\frac{1}{c_e} \tag{4-2}$$

两电极电势之差即为阴极浓差超电势：

$$\eta_{\text{阴}} = (\varphi_{\text{平}} - \varphi_{\text{不可逆}})_{\text{阴}} = \frac{RT}{F}\ln\frac{c}{c_e} \tag{4-3}$$

由此可见，阴极上浓差极化的结果是使阴极的电极电势变得比可逆时更小一些。同理可以证明在阳极上浓差极化的结果使阳极电势变得比可逆时更大一些。

为了使超电势都是正值，我们把阳极的超电势 $\eta_{\text{阴}}$ 和阴极的超电势 $\eta_{\text{阳}}$ 分别定义为：

$$\begin{aligned}\eta_{\text{阴}} &= (\varphi_{\text{平}} - \varphi_{\text{不可逆}})_{\text{阴}} \\ \eta_{\text{阳}} &= (\varphi_{\text{不可逆}} - \varphi_{\text{平}})_{\text{阳}}\end{aligned} \tag{4-4}$$

浓差超电势的大小是电极浓差极化程度的量度，其值取决于电极表面离子浓度与本体溶液中离子浓度差值之大小。因此，凡能影响这一浓差大小的因素，都能影响浓差电势的数值。例如，需要减小浓差超电势时，可将溶液强烈搅拌或升高温度，以加快离子的扩散；而需要造成浓差过电势时，则应避免对于溶液的扰动并保持不太高的温度。

离子扩散的速率与离子的种类以及离子的浓度密切相关。因此，在同等条件下，不同离子的浓差极化程度不同，同一种离子在不同浓度时的浓差极化程度也不同。极谱分析就是基于这一原理而建立起来的一种电化学分析方法，可用于对溶液中的多种金属离子进行定性和定量分析。

#### 4.1.3.2　电化学极化（或活化极化）

假定溶液已搅拌得非常均匀或者已设法使浓差极化降低至可以忽略不计，同时又假定溶液的内阻以及各部分的接触电阻很小，均不予考虑，则从理论上讲要使电解质溶液进行电解，外加的电压只需略微大于因电解而产生的原电池的电动势就行了。但是实际上有些电解池并不如此。要使这些电解池的电解顺利进行，所加的电压还必须比该电池的反电动势大才行，特别是当电极上产生气体的时候。我们把这部分能使电解顺利进行的额外电压称为电化学超电势（或称为活化超电势）。显然，活化超电势由于电极反应是分若干步进行的，在这些步骤中可能有某一步反应速率比较缓慢，需要比较高的活化能导致的，活化超电势的大小是电极活化极化的量度。

析出电势和超电势是对个别电极而言的

$$\varphi(\text{阳, 析出}) = \varphi(\text{阳, 可逆}) + \eta(\text{阳})$$
$$\varphi(\text{阴, 析出}) = \varphi(\text{阴, 可逆}) - \eta(\text{阴})$$

分解电压是对整个电解池而言

$$E(\text{分解}) = \varphi(\text{阳, 析出}) - \varphi(\text{阴, 析出}) = E(\text{可逆}) + \eta(\text{阳}) + \eta(\text{阴})$$

## 4.2　阴极过程

在湿法冶金的电解过程中,工业上通常是用固体阴极进行电解,其主要过程是金属阳离子的中和反应:

$$Me^{z+} + ze \longrightarrow Me$$

但是,除了主要反应以外,还可能发生氢的析出、由于氧的离子化而形成氢氧化物、杂质离子的放电以及高价离子还原为低价离子等过程,如以下各反应所示:

$$H_2O + e \longrightarrow 1/2H_2 + OH^-$$
$$Me^{z+} + (z-h)e \longrightarrow Me^{h+}$$

上述电化学过程可以分为3个类型。属于第一类型的过程有:在阴极析出的产物,呈气泡形态从电极表面移去并在电解液中呈气体分子形态溶解。

属于第二类型的是在阴极析出形成晶体结构物质的过程。

最后,在阴极上不析出物质而只是离子价降低的过程属于第三类型。

下面分别着重讨论关于氢和金属在阴极析出的基本原理及其有关应用问题。

### 4.2.1　氢在阴极上的析出

在碱性环境中,析氢反应的基本步骤是:首先,水分子在电极材料表面进行放电反应,即 $M + H_2O + e \rightarrow MH + OH^-$;然后根据不同的条件发生电化学解吸反应过程,即 $M + H_2O + e \rightarrow H_2 + M + OH^-$ 或化学解吸 $MH + MH \rightarrow H_2 + 2M$,上述M为电极材料,MH中的H为吸附氢原子。整个反应的反应速率由水分子的吸收能、电化学解吸能和化学解吸能决定,整个反应的控制步骤由M—H键的键强度决定。而影响M—H键强度主要有内在因素(电极材料M固有的电化学活性、电极材料M的电子结构、电极形状及表面形貌等)和外在因素(温度、镀层厚度等)氢离子在阴极上放电析出的超电位具有很大的实际意义。这是因为氢离子放电速度的快慢,对很多水溶液电解生产有很大的影响。就电解水制取氢而言,氢的超电位高是不利的,因为它会消耗过多的电能。但是对于有色金属冶金,诸如锌、铜等的水溶液电解,较高的氢的超电位对金属的析出是有利的。甚至可以说,正因为氢具有较高的超电位,某些金属才有可能采用水溶液电解质电解以提取金属,如锌的电解沉积。

氢离子在水溶液中迁移速度较快,因而扩散过程不会影响电极的反应速度,所以说氢的超电位属于电化学极化超电位。氢的超电位与许多因素有关,主要的是:阴极材料、电流密度、电解液温度、溶液的成分,等等,它服从于塔费尔方程式

$$\eta_{H_2} = a + b\ln D_k \tag{4-5}$$

式中　$\eta_{H_2}$——电流密度为 $D_k$ 时氢的超电位,V;

$D_k$——阴极电流密度,$A/m^2$;

$a$——常数,即阴极上通过 $1A/m^2$ 电流密度时的氢的超电位,随阴极材料、表面状

态、溶液组成和温度而变；

$b$——随电解温度而变的常数。

实践证明，就大多数金属的纯净表面而言，式中经验常数 $b$ 具有几乎相同的数值(100 ~ 140mV)。这说明表面电场对氢析出反应的活化效应大致相同。有时也有较高的 $b$ 值(大于140mV)，原因之一可能是电极表面状态发生了变化，如氧化现象的出现。式中常数 $a$ 对不同材料的电极，其值是很不相同的，表示不同的电极表面对氢析出过程有着很不相同的催化能力。按 $a$ 值的大小，可将常用的电极材料大致分为三类：

(1)高超电位金属，其 $a$ 值在 1.0 ~ 1.5V，主要有 Pb、Cd、Hg、Ti、Zn、Ga、Bi、Sn 等；

(2)中超电位金属，其 $a$ 值在 0.5 ~ 0.7V，主要有 Fe、Co、Ni、Cu、W、Au 等；

(3)低超电位金属，其 $a$ 值在 0.1 ~ 0.3V，其中最主要的是 Pt 和 Pd 等铂族元素。

表 4-1 列出了在不同金属上，在温度为 298K 时，氢阴极析出的塔费尔常数 $a$、$b$ 值。

**表 4-1　氢在某些金属上的塔费尔常数**

| 金　属 | 酸性溶液 | | 碱性溶液 | |
|---|---|---|---|---|
| | $a$ | $b$ | $a$ | $b$ |
| Ag | 0.95 | 0.10 | 0.73 | 0.12 |
| Al | 1.00 | 0.10 | 0.64 | 0.14 |
| Au | 0.40 | 0.12 | — | — |
| Be | 1.08 | 0.12 | — | — |
| Bi | 0.84 | 0.12 | — | — |
| Cd | 1.40 | 0.12 | 1.05 | 0.16 |
| Co | 0.62 | 0.14 | 0.60 | 0.14 |
| Cu | 0.87 | 0.12 | 0.96 | 0.12 |
| Fe | 0.70 | 0.12 | 0.76 | 0.11 |
| Ge | 0.97 | 0.12 | — | — |
| Hg | 1.41 | 0.114 | 1.54 | 0.11 |
| Mn | 0.80 | 0.10 | 0.90 | 0.12 |
| Mo | 0.66 | 0.08 | 0.67 | 0.14 |
| Nb | 0.80 | 0.10 | — | — |
| Ni | 0.63 | 0.11 | 0.65 | 0.10 |
| Pb | 1.56 | 0.11 | 1.36 | 0.25 |
| Pd | 0.24 | 0.03 | 0.53 | 0.13 |
| Pt | 0.10 | 0.03 | 0.31 | 0.10 |
| Sb | 1.00 | 0.11 | — | — |
| Sn | 1.20 | 0.13 | 1.28 | 0.23 |
| Ti | 0.82 | 0.14 | 0.83 | 0.14 |
| Tl | 1.55 | 0.14 | — | — |
| W | 0.43 | 0.10 | — | — |
| Zn | 1.24 | 0.12 | 1.20 | 0.12 |

影响氢的超电位的因素主要有以下几方面：

(1)电流密度的影响。氢的超电位 $\eta_{H_2}$ 与电流密度 $D_k$ 之间存在着直线关系，即氢的超电位随着电流密度的提高而增大。表4-2 列出了298K 时不同电流密度下，氢在某些金属上的超电位值。

**表4-2 298K 时氢的超电位**

| 电流密度 /A·$m^{-2}$ | | 1 | 10 | 20 | 50 | 100 | 500 | 1000 | 2000 | 5000 | 10000 | 15000 |
|---|---|---|---|---|---|---|---|---|---|---|---|---|
| 超电位/V | Au | 0.122 | 0.24 | — | 0.322 | 0.390 | 0.507 | 0.588 | 0.688 | 0.770 | 0.798 | 0.807 |
| | Cd | 0.651 | 0.981 | — | 1.086 | 1.134 | 1.211 | 1.216 | 1.228 | 1.246 | 1.254 | 1.257 |
| | Cu | 0.351 | 0.479 | — | 0.548 | 0.584 | — | 0.801 | 0.988 | 1.186 | 1.254 | 1.269 |
| | 铂黑 Pt | 0.0034 | 0.0154 | 0.0208 | 0.0272 | 0.0300 | 0.0376 | 0.0405 | 0.0420 | 0.0448 | 0.0483 | 0.0495 |
| | 光滑 Pt | — | 0.024 | 0.034 | 0.051 | 0.068 | 0.186 | 0.288 | 0.355 | 0.573 | 0.676 | 0.768 |
| | Al | 0.499 | 0.565 | 0.625 | 0.745 | 0.826 | 0.968 | 1.066 | 1.176 | 1.237 | 1.286 | 1.292 |
| | 石墨 | 0.3166 | 0.5995 | 0.6520 | 0.7250 | 0.7788 | 0.9032 | 0.9774 | 1.0794 | 1.1710 | 1.2200 | 1.2208 |
| | Ag | 0.2981 | 0.4751 | 0.5987 | 0.6922 | 0.7618 | 0.8300 | 0.8749 | 0.9379 | 1.0300 | 1.0890 | 1.0841 |
| | Sn | 0.3995 | 0.8561 | 0.9469 | 1.0258 | 1.0767 | 1.1851 | 1.2230 | 1.2342 | 1.2380 | 1.2380 | 1.2286 |
| | Fe | 0.2183 | 0.4036 | 0.4474 | 0.5024 | 0.5571 | 0.7000 | 0.8134 | 0.9854 | 1.2561 | 1.2915 | 1.2908 |
| | Zn | — | 0.716 | 0.726 | 0.726 | 0.746 | 0.926 | 1.064 | 1.168 | 1.201 | 1.229 | 1.243 |
| | Bi | — | 0.78 | — | — | 1.05 | 1.15 | 1.14 | 1.20 | 1.21 | 1.23 | 1.29 |
| | Ni | — | 0.563 | 0.633 | 0.633 | 0.747 | 0.890 | 1.084 | 1.130 | 1.280 | 1.244 | 1.254 |
| | Pb | — | 0.52 | — | — | 1.090 | 1.168 | 1.179 | 1.217 | 1.235 | 1.262 | 1.290 |

(2)电解液温度的影响。温度升高，氢的超电位降低，容易在阴极上放电析出。值得注意的是，当温度升高时 $b$ 值是应该升高的，氢的超电位 $\eta_{H_2}$ 也应该升高。这与实际刚好相反，其原因是当温度升高时，$a$ 值是降低的，比较 $a$ 值与 $b$ 值对氢的超电位的影响，$a$ 值下降是主要的，所以导致氢的超电位随着温度的升高而下降。

(3)电解液组成的影响。电解液的组成与活度不同对氢的超电位影响是不同的，这是由于溶液中某些杂质在阴极析出后局部地改变了阴极材料的性质，而使得局部阴极上氢的超电位有所改变。如当溶液中铜、钴、砷、锑等杂质的含量超过允许含量，它们将在阴极析出，氢的超电位大大降低。

(4)阴极表面状态的影响。阴极表面状态对氢的超电位的影响是间接影响。阴极表面越粗糙，则阴极的真实表面积越大，这就意味着真实电流密度越小，而使氢的超电位越小。通过以上分析得知，某些金属的电极电位虽然较氢为负，但由于氢的超电位很大，而某些金属如锌的超电位又很小，就使得氢的实际析出电位较负，这样使得金属析出，而氢不析出。如此，氢的超电位的大小对某些较负电性金属电解的电流效率影响很大，提高氢的超电位就能相应地提高电流效率。

### 4.2.2 金属离子的阴极还原

由于存在有氢析出的超电压，某些较负电性的金属可以通过水溶液电解来提取。但是，由于氢析出超电位有一定限度，在水溶液中氢强烈析出的电位不是比 -1.8 ~ -2.0V 更负，所以不是所有负电性金属都可以通过水溶液电解实现其阴极还原过程的。如果某些金属的析出电位比 -1.8 ~ -2.0V 还要负，则采用水溶液电解方法来制取这些金属，如镁、铝就十分困难。

若周期表中金属是按其活泼性大小顺序排列的，见表 4-3，就可以利用周期表来比较实现金属离子还原过程的可能性。

**表 4-3　按周期系比较金属离子从水溶液中电积的可能性**

| 周期 | 元素 | | | | | | | | | | | | | | | | | |
|---|---|---|---|---|---|---|---|---|---|---|---|---|---|---|---|---|---|---|
| 第三 | Na | Mg | Al | | | | | | | | | | | Si | P | S | Cl | Ar |
| 第四 | K | Ca | Sc | Ti | V | Cr | Mn | Fe | Co | Ni | Cu | Zn | Ga | Ge | As | Se | Br | Kr |
| 第五 | Rb | Sr | Y | Zr | Nb | Mo | Tc | Ru | Rh | Pd | Ag | Cd | In | Sn | Sb | Te | I | Xe |
| 第六 | Cs | Ba | 稀土金属 | Hf | Ta | W | Re | Os | Ir | Pt | Au | Hg | Tl | Pb | Bi | Po | At | Rn |
| | | | | | | | 从水溶液中有可能电积 | | | | 从氰化物溶液中可以电积 | | | | | 非金属 | | |

一般来说，周期表中愈靠近左边的金属元素的性质愈活泼，在水溶液中的阴极上还原电沉积的可能性也愈小，甚至不可能；愈靠近右边的金属元素，阴极上还原电沉积的可能性也愈大。在水溶液中，对简单金属离子而言，大致以铬分族元素为界线；位于铬分族左方的金属元素不能在水溶液中的阴极上还原电沉积；铬分族诸元素除铬能较容易地自水溶液中在阴极上还原电沉积外，钨钼的电沉积就极困难；位于铬分族右方的金属元素都能较容易地自水溶液中在阴极上还原电沉积出来。

这一分界线的位置主要是根据实验而不是根据热力学数据确定的。因此，除热力学因素外，还有一些动力学因素的影响。例如：若只从热力学数据来考虑，则 $Ti^{2+}$、$V^{2+}$ 等离子的还原电沉积也应该是可能实现的，但由于动力学的原因实际是不可能的。

需要指出的是，若涉及的过程不是简单水合离子在电极上以纯金属形态析出，则分界线的位置可以大大不同。最常遇到的有以下几种情况：

(1)若通过还原过程生成的不是纯金属而是合金，则由于生成物的活度减小而有利于还原反应的实现。最突出的例子是当电解过程生成物是汞齐时，则碱金属、碱土金属和稀土金属都能自水溶液中很容易地电解出来。

(2)若溶液中金属离子以比水合离子更稳定的络合离子形态存在，则由于析出电位变负而不利电解。例如在氰化物溶液中只有铜分族元素及其在周期表中位置比它更右的金属元素才能在电极上析出，而铁、镍等元素不能析出。

(3)在非水溶液中，金属离子的溶剂化能与水化能相差很大。因此，在各种非水溶剂中金属活泼性顺序可能与在水溶液中的不相同。如果还考虑到溶剂本身的分解电压也可能不同，就不难理解为什么某些在水溶液中不能析出的金属（如铝、镁等）可以在适当的有机溶剂中电解出来。

### 4.2.3　阳离子在阴极上的共同放电

在实际生产过程中，电解液的组成都不可能是单一而纯净的，由于有其他金属（杂质）

的存在使电解变得复杂化。对于电解精炼或电解沉积提取纯金属的工艺来说,重要的是如何防止杂质金属阳离子与主体金属阳离子同时在阴极上放电析出,而对生产合金来说,问题是如何创造条件使合金元素按一定的比例同时在阴极上放电析出。

#### 4.2.3.1 金属阳离子同时放电

根据电极过程的基本原理,当阴极电位达到金属阳离子的析出电位时,离子才有可能在阴极上放电析出。显然,要使两种金属阳离子共同放电析出,必要的条件是它们的析出电位相等。已知阴极析出电位 $\varepsilon_k = \varepsilon_{e(k)} - \eta$。对反应 $Me^{z+} + ze \rightarrow Me$ 来说,其析出电位为:

$$\varepsilon_{Me(k)} = \varepsilon^0_{Me} - \frac{RT}{zF}\ln\frac{\alpha_{Me}}{\alpha_{Me^{z+}}} - \eta_{Me(k)} \tag{4-6}$$

根据共同放电条件 $\varepsilon_{Me_1} = \varepsilon_{Me_2}$,得到:

$$\varepsilon^0_{Me_1} - \frac{RT}{zF}\ln\frac{\alpha_{Me_1}}{\alpha_{Me_1^{z+}}} - \eta_{Me_1(k)} = \varepsilon^0_{Me_2} - \frac{RT}{zF}\ln\frac{\alpha_{Me_1}}{\alpha_{Me_2^{z+}}} - \eta_{Me_2(k)} \tag{4-7}$$

由式4-7可知,两种离子共同放电与4个因素有关:即与金属标准电位、放电离子在溶液中的活度及其析出于电极上的活度、放电时的超电位有关。由于两种金属的标准电位是一定的,故可以靠调节溶液中离子的活度与极化作用,使它们的放电电位相等而共同析出。当只需要一种金属放电析出时,两种金属的放电电位应有较大差值,这时,放电电位较正的金属就放电析出,而放电电位较负的金属则不能放电析出。在生产实践中,常常用控制电解液成分、温度、电流密度等来实现金属阳离子是否共同放电析出。

#### 4.2.3.2 金属离子与氢离子共同放电

这两种离子在放电过程中互不干扰,各自遵循自己的放电规律。这类体系有以下4种可能的情况:

(1)金属的析出电位比氢的析出电位明显负得多。

在这种情况下,首先是氢离子的还原析出,当电流密度很高,电极电位达到金属的析出电位时,才可能有金属析出。此时,大部分电流用于氢的析出,只有一小部分电流用于金属析出,所以电流效率很低。例如高电流密度下从水溶液中电解沉积铝、镁就是这种情况。由于电流效率很低,致使不能实现正常生产。

(2)金属的析出电位与氢的析出电位相比显著地更正。

在这种情况下,开始时只有金属析出,只有当电流密度增高,电极电位达到氢的析出电位时,才有可能发生氢离子的放电析出。在一般情况下,这类电解过程的电流效率都较高。

(3)金属的析出电位与氢的析出电位比较相接近,但仍然较为正。

在这种情况下,不需要很高的电流密度,氢就有可能与金属同时放电析出。

(4)金属的析出电位与氢的析出电位比较相接近,但却较氢为负。

在这种情况下,只要适当控制电解过程的条件,也可使金属离子优先于氢离子放电析出。锌、镉和铁族金属在不同酸度下的电解就属于此类。

以上分析表明,在实际电解生产作业中,要在阴极上获得纯净的金属,必须使电解液中杂质含量,通过净化降至规定的限度以下,尤其是那些较主体金属为正电性的杂质,更应严格控制其含量,才能尽量减少其析出。关于氢离子,只有在与主体金属的析出电位相接近时,才有可能在阴极放电析出,致使电流效率降低。生产实践中,常通过控制各种生产条件,使氢的超电位值增高来减少氢离子的放电析出。

### 4.2.4　电结晶过程

电结晶过程是一个相当复杂的过程。在电沉积过程中包括金属离子的放电,新晶粒的形成,以及晶核的生长。影响晶面和晶核生长的因素很多,如温度、电流密度、电极电势和电解液组成(络合剂,阴离子,有机添加剂等)。而电结晶的好坏不但决定了电沉积层的各种性质(致密程度、均匀程度、力学性能),还直接影响电解的电解效率。

#### 4.2.4.1　晶面的生长

电解液中溶剂化金属离子,通过扩散一直迁移到双电层外面。在此处,一边逐渐脱水减少溶剂化值,一边接受电子降低电荷数,随后以吸附原子的形式在阴极表面的活性中心析出。

在晶面上存在着各种各样的缺陷,即表面上存在很多台阶(也称为生长线)、拐角、缺口、空位(也称为生长点),见图4-1。

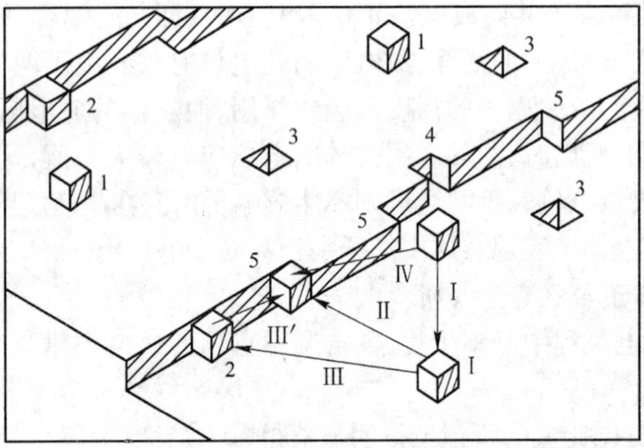


图4-1　晶面图

1—晶面;2—台阶;3—空位;4—缺口;5—拐角

因此金属原子占据晶面上不同位置时,具有不同的能量,金属原子占据生长点位置时最稳定,能量最低;在生长线上次之;在晶面上稳定性最差,能量最高。显然金属原子将倾向于占有能量最低的位置。因此晶体的生长应有可能按照两种不同的方式进行:

(1)放电过程只能在"生长点"上发生(图4-1中过程Ⅳ),即电子转移步骤与结晶步骤合而为一,按这种历程所需的活化能自由焓较高。

(2)放电过程可以在晶面上任意点发生,形成晶面上的吸附原子(图4-1中过程Ⅰ),然后这些吸附原子通过晶面上的扩散过程转移到生长线和生长点上来(图4-1中过程Ⅱ、Ⅲ),即放电过程与结晶过程是分别进行的。按这种历程所需的活化自由焓较小。

理论计算和实验结果证实,电结晶过程是经过3个连续步骤:

$$\text{金属离子}\xrightarrow{\text{电子转移}}\text{在平面上形成吸附原子}\xrightarrow{\text{表面扩散}}\text{生长点或生长线的吸附原子}\longrightarrow\text{进入晶格}$$

已有结果表明,在许多电极上吸附原子的表面扩散速度不大。如果电子转移步骤较快,即电极体系 $i_0$ 较大,则电结晶的速度由吸附原子的表面扩散步骤控制。如果电极体系 $i_0$ 较小,则往往由电子转移和表面扩散步骤联合控制。

#### 4.2.4.2 理想平整晶面上晶核的形成与生长

金属离子在电极上还原时不但可以在原有的晶面上继续生长,还可以生成新的晶粒。如果在电结晶过程中能大量生成新的晶粒,则每一晶粒的几何尺寸是比较小的,电沉积层是比较致密的。新晶粒的形成速度是决定电沉积层物理化学性质的重要因素之一。

从物理化学中知道,自饱和溶液中生成新的晶粒的必要条件是体系中存在一定的过饱和现象,同样电结晶过程中也只有出现一定数值的超电势后才能生成新的晶核。这是由于“微相”(例如细小的晶体)比“伟相”(例如大的晶体)有更大的比表面,因而每一摩尔物质就有更大的表面能与总能量,因此微小晶体具有较大的溶解度。同样,由微晶组成的金属电极就具有较负的平衡电极电势。

对于电结晶过程而言,具有临界尺寸的微晶就相当于活化过渡态,而形成这种微晶所需要的能量就相当于形成新晶粒过程的活化能,形成具有这种临界尺寸的微晶速度也就是形成新晶粒的速度。在较负的电极电势下,它们的形成功也较小,因此新晶粒的形成速度就要大一些。阴极极化越大,三维晶核越容易形成。新晶粒总是在较高的过电位下发生,在高过电位下形成大量晶核,晶核变为晶粒挤在一起形成结构致密的沉积层。若阴极过电位较小时,则新晶核的形成几率很小,而二维晶核生成速度相对较大,即只能是原有晶面的生长,则产生粗结晶沉积层。

实践表明,若阴极极化过电位小于100mV。主要为晶面生长;而若阴极极化过电位大于100mV,则主要为晶核生成。

阴极晶体的粗细程度与金属及电解液性质有关。当金属的析出电位愈接近于其零电荷电位时,则其阴极沉积晶粒愈细。这是因为溶液与金属间边界能量及表面张力达到最大值时,会使得晶核生成速度与晶核成长速度之比增大。阴极晶体特征与析出电位的关系见表4-4。

**表4-4 阴极晶体特征与析出电位的关系**

| 金 属 | 零电荷电位 $\varphi_0$ | 析出电位 $\varphi$ | 差值 $\Delta\varphi$ | 阴极结晶特征 |
|---|---|---|---|---|
| Zn | -0.63 | -0.8 ~ -0.85 | 0.1 ~ 0.2 | 较细晶体 |
| Cd | -0.9 | -0.4 ~ -0.6 | 0.3 ~ 0.5 | 较粗晶体 |
| Pb | -0.69 | -0.12 ~ -0.2 | 0.5 ~ 0.6 | 粗晶体 |

#### 4.2.4.3 实际晶面的生长过程

如果晶面的生长过程完全是一层一层的生长,每一层新晶面开始生长时必须先形成晶核,晶核再继续生长。由于形成微小的晶核时,将出现较高的过电位,如果晶面生长真是按照这一层一层的生长,就应该在电沉积过程中出现周期性的过电位突跃。然而在绝大多数实际晶体中总是包含大量的位错,如果晶面绕着位错线生长,特别是绕着螺旋位错线生长,生长线就永远不会消失,见图4-2,图4-3。

结晶的形态有各种各样,而常见的有:(1)棱锥形;(2)层状;(3)粒状;(4)螺旋状;(5)须状;(6)树枝状;(7)纤维状;(8)立体层状等。

#### 4.2.4.4 影响电沉积结构的因素

在有色金属的水溶液电解过程中,一般要求得到致密平整的阴极沉积表面。粗糙的阴极表面对电解过程产生不良影响,原因是会降低氢的超电位与加速已沉积的金属逆溶解。

此外,由于沉积表面不平整所产生的许多凸出部分,容易造成阴阳极之间的短路。以上影响的结果,将引起电流效率降低。

电解有时又会产出海绵状的疏松沉积物。这种沉积物是不希望的,因为它在重熔时容易氧化而增大金属的损失,产生海绵沉积物,也会造成电效降低。

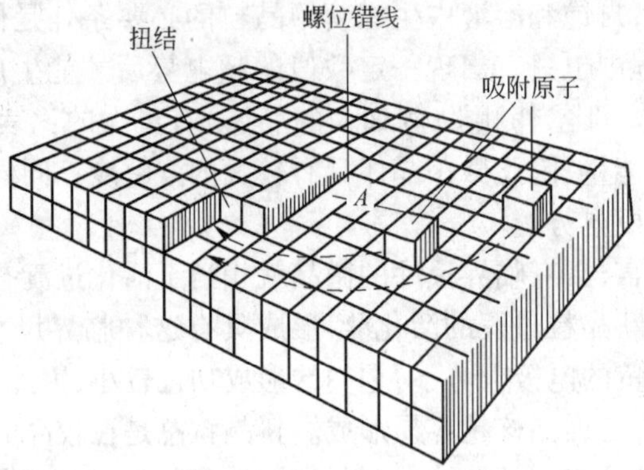


图 4-2　吸附原子扩散通过表面至螺位错线上的扭结部位

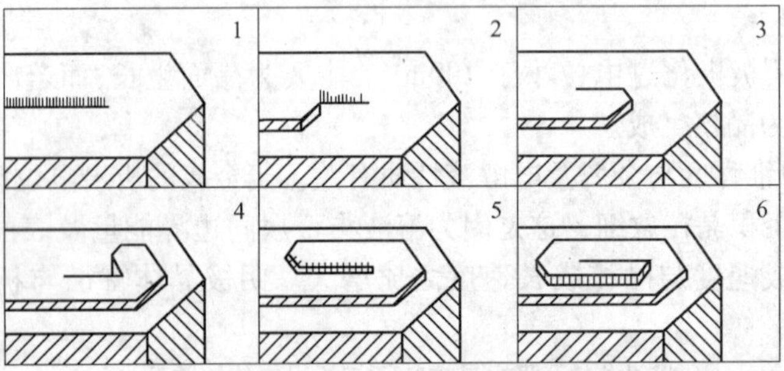


图 4-3　实际晶面按序号依次生长过程

但在碱性溶液中,电解在阴极金属中可以粉末状颗粒形态析出,清洗干燥后可直接得到金属粉末材料,如在 NaOH 溶液中可直接电解得到锌粉。

产出粗糙的表面或疏松沉积物与阴极沉积形成的条件有关。在阴极沉积物形成的过程中,有两个平行进行的过程:晶核的形成和晶体的长大。在结晶开始时,金属并不是在阴极整个表面上沉积,而只是在对阳离子放电需要最小活化能的个别点上沉积,被沉积金属的晶体,首先在阴极金属晶体的棱角上生成。电流只通过这些点传送,这些点上的实际电流密度比整个表面的平均电流密度要大得多。

在靠近已生成晶体的阴极部分的电解液中,被沉积金属的离子浓度贫化,于是在阴极主体金属晶体的边缘上产生新的晶核,分散的晶核数量逐步增加,直到阴极的整个表面为沉积物所覆盖。

影响阴极沉积物结构的主要因素有以下几个方面;

(1)电流密度。低电流密度时,过程一般为电化学步骤控制,晶体成长速度远大于晶核的形成速度,故产物为粗粒沉积物。若在确保离子浓度的条件下,增大电流密度以提高极化,能得到致密的电积层。然而,过高的电流密度会造成电极附近放电离子的贫化,致使产品成为粉末状,或者造成杂质与氢的析出,由于氢的析出,电极附近溶液酸度降低,导致形成金属氢氧化物或碱式盐沉淀。碱性锌酸钠溶液中锌在不同电流密度条件下的锌粉的形貌见图4-4。

*a* *b*

图4-4 不同电流密度条件下碱性锌酸钠溶液中电解得到锌粉的SEM图

*a*—电流密度:500A/$m^2$;*b*—电流密度:1500A/$m^2$

(2)温度升高。温度能使扩散速度增大,同时又降低超电位,促使晶体的成长,因此升高温度导致形成粗粒沉积物。对于某些金属电解过程,如锌、镍等的电解过程,由于升温会使氢的超电位降低,从而导致氢的析出。碱性锌酸钠溶液中锌在不同温度条件下的锌粉的形貌见图4-5。

*a* *b*

图4-5 不同温度条件下碱性锌酸钠溶液中电解得到锌粉的SEM图

*a*—电解温度:30℃;*b*—电解温度:50℃

(3)搅拌速度。一方面,搅拌溶液能使阴极附近的离子浓度均衡,因而使极化降低,极化曲线有更陡峭的趋势,所有这些情况都导致形成晶粒较粗的沉积物。另一方面,搅拌电解液可以消除浓度的局部不均衡与局部过热等现象,可以提高电流密度而不会发生沉积物成块和不整齐现象。也就是说提高电流密度,可以消除由于加快搅拌速度引起的粗晶粒。

以上分析说明,当采用高的电流密度时,必须提高电解液的搅拌速度,即加强电解液的循环,才能得到致密的阴极沉积物。

(4)添加剂。为了获得致密而平整的阴极沉积物,常在电解液中加入少量作为添加剂的胶体物质，如树胶、动物胶或硅酸胶等，一般常用动物胶。

各种添加剂对于阴极沉积物质量的有利影响，在于胶质主要是被吸附在阴极表面的凸出部分，形成导电不良的保护膜，使这些突出部分与阳极之间的电阻增大，而消除了阳极至阴极凹入部分与阳极至阴极凸出部分之间的电阻差额，结果，阴极表面上各点的电流分布均匀，产出的阴极沉积物也就较为平整致密。

## 4.3　阳极过程

湿法冶金电解主要涉及两种类型的阳极：可溶阳极和不溶阳极。前者主要用于电解精炼，后者用于电解沉积。可溶阳极主要发生金属的离子化反应，而不溶阳极则主要是溶液中阴离子的放电反应。

### 4.3.1　可溶阳极的溶解

当电流通过时，可溶阳极一般发生以下反应：

$$Me - ze \longrightarrow Me^{z+}$$

即金属阳极发生氧化，成为金属离子进入溶液，其溶解电位为：

$$\varepsilon_A = \varepsilon^0_{Me^{z+}/Me} + \frac{RT}{zF}\ln\frac{\alpha_{Me^{z+}}}{\alpha_{Me}} + \eta_A \tag{4-8}$$

式中　$\eta_A$——金属溶解超电位。

由式 4-8 可以看出，金属溶解电位的大小除与金属本性（$\varepsilon^0_{Me^{z+}/Me}$）有关外，还与溶液中该金属离子的活度（$\alpha_{Me^{z+}}$）、金属在可溶阳极上的活度（$\alpha_{Me}$）以及该金属的氧化超电位（$\eta_A$）等因素有关。

很显然，金属的 $\varepsilon^0_{Me^{z+}/Me}$ 愈高，该金属在溶液中 $\alpha_{Me^{z+}}$ 愈高，在阳极中 $\alpha_{Me}$ 愈低，超电位 $\eta_A$ 愈大的金属，其溶解度就愈高，就愈不容易溶解。反之，就易溶解。提高阳极的极化电位，可以提高金属的溶解速度。

### 4.3.2　阳极钝化

在阳极极化时，阳极电极电位将对其平衡电位偏离，则发生阳极金属的氧化溶解。随着电流密度的提高，极化程度的增大，则偏离越大，金属的溶解速度也越大。当电流密度增大至某一值后，极化达到一定程度时，金属的溶解速度不但不增高，反而剧烈地降低。这时，金属表面由“活化”溶解状态，转变为“钝化”状态。这种由“活化态”转变为“钝化态”的现象，称为阳极钝化现象。图 4-6 为阳极钝化曲线。

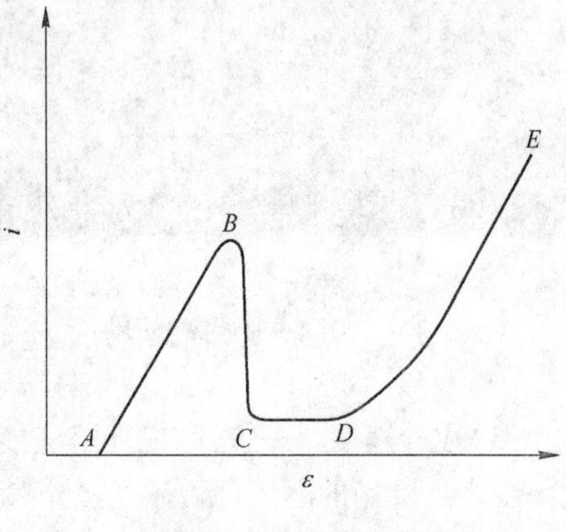

图 4-6　阳极钝化曲线

由图 4-6 可以看出，*AB* 段为金属阳极的正常溶解阶段，即随着极化电位的增大，电流密度亦增大，金属溶解速度就加快。*BC* 段是发生了金属钝化的过程，这时金属的溶解速度随着电极电位变正而减小。在 *CD* 段电极处于比较稳定的钝化状态，这时往往可以观察到几乎与电极电位无关的极限溶解电流。到 *DE* 段电流又重新增大，这时的极化电流主要是消耗于某些新的电解过程，如氧的析出，高价离子的生成等，而阳极金属溶解过程本身却减慢了，甚至不能进行。

钝化现象有很大的实际意义。在某些情况下，可以利用钝化现象来降低金属的自然溶解或阳极金属的溶解速度；在另外一些场合下，为了保持一定的阳极反应速度又必须避免钝化现象的出现。例如在酸法炼锌中锌电积时用铝板作阴极，铅或铅银合金板作阳极，这时正希望阳极出现钝化。然而在镍电解精炼时，由于粗镍出现钝化，使得电位升高，而不利于生产。

### 4.3.3　不溶性阳极上氧的析出

作为不溶性阳极，通常采用以下一些材料：

(1)具有电子导电能力和不被氧化的石墨(碳)；

(2)电位在电解条件下，位于水的稳定状态图中氧线以上的各种金属，其中首先是铂；

(3)在电解条件下发生钝化的各种金属，如硫酸溶液中的铅；碱性溶液中的镍和铁。

在电解过程中，不溶阳极上主要是阴离子的放电反应，视电解液的不同，一般是氧气、氯气和氮气。

氧电极反应是电沉积中的主要阳极过程。在碱性溶液中，阳极析出氧是氢氧根放电的结果：

$$4OH^- - 4e = 2H_2O + O_2$$

在电解液中析出氧，阳极超电压同电流密度的关系同样遵守塔费尔方程式，析出氧的电极过程是一个比较复杂的电极反应，对其研究程度和认识水平远不如氢电极。氧的电极反应是一个四电子反应，在反应中往往出现中间价态的反应物。在碱性环境中，出现 $HO_2^-$ ($3HO^- - 2e \rightleftharpoons HO_2^- + H_2O$，$2HO_2^- - 2e \rightleftharpoons \frac{3}{2}O_2 + H_2O$)。电极上析出氧最常见的副反应就是生成氧化物，而且在不同的阳极电位下，电极表面上的氧化物可能完全不同。此时阳极极化曲线往往由若干段组成，见图4-7。

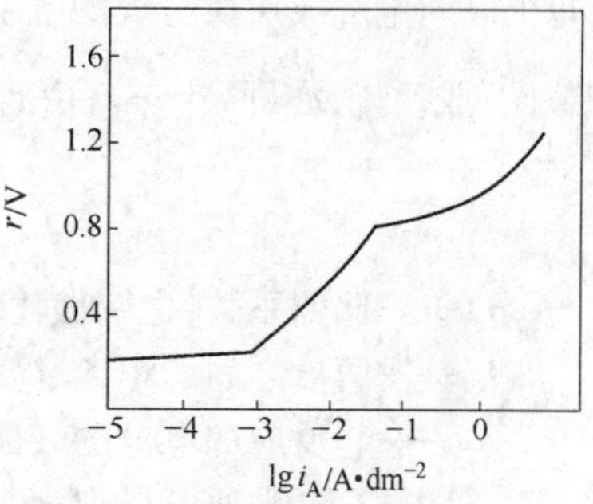


图4-7　碱性溶液中Ni电极上析出氧的阳极极化曲线

## 4.4　槽电压、电流效率和电能效率

### 4.4.1　槽电压

对一个电解槽来说，为使电解反应能够进行所必须外加的电压称为槽电压。

阳极实际电位($\varepsilon_A$)与阴极实际电位($\varepsilon_k$)之差，即电解槽两极端点电位差或所谓电解电动势 $E_f$，是槽电压的一个组成部分。$E_f$ 由两部分组成，即 $E_f = E_{ef} + E_\eta = [\varepsilon_{e(A)} - \varepsilon_{e(K)}] + (\eta_阳 + \eta_阴)$。$E_{ef}$是为了电解的进行而必须施加干电极大的最小外电压，也可称之为相应原电池的电动势。$E_\eta = \eta_阳 + \eta_阴$这部分外加电动势，叫做极化电动势。

除此以外，还有由电解液的内阻所引起的欧姆电压降 $E_\Omega$，以及由电解槽各接触点、导电体和阳极泥等外阻所引起的电压降 $E_R$，也都需要附加的外电压补偿。因此，槽电压是所有

这些项目的总和,并可以用下式表示:

$$E_T = E_f + E_\Omega + E_R \tag{4-9}$$

上式右边第一项 $E_f$,所包括的 $E_{ef}$ 由能斯特公式求出;$E_\eta$ 中的 $\eta_{阳}$ 和 $\eta_{阴}$ 的理论分析和计算常利用塔费尔公式或通过交换电流数据进行计算,也可从有关书刊中引用已知数据。

$E_\Omega$ 与电解液的比电阻、电流密度或电流强度、阳极到阴极的距离(即极距)、两极之间的电解波层的纵截面积以及电解液的温度等因素皆有关系。现分别讨论如下:

在电解实践中,每个电解槽内的电极是按一块阳极一块阴极相间地排列着,最后一块也是阳极,故阳极板比阴极板多一块。但是,靠电解槽两边的两块阳极各自只有一个表面起电极反应。从而,进行电极过程的阳极表面和阴极表面的数目是相等的。电解槽与电解槽是串联的,但每个槽内的相同电极则是并联的,从而构成了一个所谓的复联电解体系。在这样的电解体系中,每个电解槽内全部电解液所呈现的电阻与一个极间电解液层所呈现的电阻彼此有以下的关系:

$$\frac{1}{R} = \frac{1}{r_1} + \frac{1}{r_2} + \cdots = \frac{n_d}{r} \tag{4-10}$$

式中　$R$ ——一个电解槽内全部电解液所呈现的电阻,且 $r_1 = r_2 = \cdots = r$,欧姆;

$r_1, r_2, \cdots$ ——分别为第一个,第二个…极间的电解液层所呈现的电阻;

$n_d$ ——一个电解槽内的极间数目,等于起反应的电极表面的数目,亦即 $n_d = 2n_{阴} = 2(n_{阳} - 1)$,其中 $n_{阴}$ 和 $n_{阳}$ 分别为每个电解槽内的阴极板和阳极板的块数。

每个极间电解液层所呈现的电阻与极距成正比而与其纵截面面积(实际上可以电极表面积替代)成反比,亦即 $r \propto \frac{L}{A}$。由此,得到以下的关系:

$$r = \rho_r \times \frac{L}{A} \tag{4-11}$$

式中　$r, \rho_r$ ——比例系数,也叫做比电阻,$\Omega \cdot cm$;

$L$ ——两极之间的距离,简称极距,cm;

$A$ ——起反应的电极的表面积,$cm^2$。

将式 4-11 代入式 4-10,便可得到:

$$R = \frac{r}{n_d} = \frac{1}{n_d} \times \rho_r \times \frac{L}{A}$$

温度对 $R$ 的影响是:随着温度的升高,电解液的电阻降低。它们的关系可用下式表示:

$$R_T = R_0 \left[1 - \frac{dR}{dT}(T - T_0)\right] \tag{4-12}$$

式中　$\frac{dR}{dT}$ ——电解液电阻的温度系数。

至此,我们得出用于计算一个电解槽内电解液欧姆电压降的关系式如下:

$$E_\Omega = IR = I \times \frac{1}{n_d} \times \rho_r \times \frac{L}{A} \tag{4-13}$$

式中　$I$——通入电解槽的电流强度,A。

若不用电流强度而用电流密度,而且往往是指阴极电流密度,电流密度用 $D_K$ 表示,单位为 $A/m^2$ 表示,即 $D_K = \frac{I}{2n_{阴} A_{阴}} = \frac{I}{n_d A_{阴}}$,将其代入,这样一来,式 4-13 可改写成以下的形式：

$$E_{\Omega}=\frac{D_{K}}{10000}\times\rho_{r}\times L \tag{4-14}$$

式中 $D_K$ ——阴极电流密度，$A/m^2$；

$\rho_r$ ——比电阻，$\Omega\cdot cm$；

$L$ ——极距，cm。

比电阻 $\rho_r$ 可以通过实测，也可以通过计算求出。

至于槽电压的组成部分接触电压降 $E_R$，通常是采用经验值。

### 4.4.2 电流效率

对一切电解反应来说，法拉第定律皆是正确的。但实际上，析出 1mol 物质所需要通过电解液的电量往往大于 96500C。这一事实，并没有违背法拉第定律，它正说明阴极上不仅有主体金属析出，而且还有杂质和氢析出。阴极沉积物发生氧化溶解以及电路上有短路与漏电等现象发生，致使通入的电量未能全部用于析出主体金属。于是，提出了关于有效利用电量，亦即电流效率的问题。

所谓电流效率，一般是指阴极电流效率，即金属在阴极上沉积的实际量与在相同条件下按法拉第定律计算得出的理论量之比值（以百分数表示）。在工业生产条件下，水溶液电解质电解的电流效率通常只有 90% ~95%，有时甚至还要低，只有在实验室条件下（库仑计）才有可能达到 100%。

还有阳极电流效率，它与阴极电流效率并不相同。这种差别对可溶性阳极电解有一定的意义。所谓阳极电流效率，是指金属从阳极上溶解的实际量与相同条件下按法拉第定律计算应该从阳极上溶解的理论量之比值（以百分数表示）。

一般说来，在可溶性阳极的电解过程中，阳极电流效率稍高于阴极电流效率。在此情况下，电解液中被精炼金属的浓度逐渐增加，如铜的电解精炼就有此种现象发生。

如前所述，电流效率通常是指阴极电流效率。因为阴极沉积物是主要的生产成品。电流效率按下式进行计算：

$$\eta=\frac{m}{n\times t\times q\times I}\times 100\% \tag{4-15}$$

式中 $\eta$ ——电流效率，%；

$m$ ——在 $t$ 时间内的析出金属的实际产量，g；

$I$ ——通过阴阳极之间的电流，A；

$t$ ——电解时间，h；

$n$ ——电解槽数；

$q$ ——金属的电化当量，g/（A·h）。

表 4-5 为某些金属的电化当量。

**表 4-5 某些金属的电化当量**

| 元 素 | 原子价 | 相原子质量 | 电化当量 | |
|---|---|---|---|---|
| | | | 1C 析出的物量/mg | 1A·h 析出的物量/g |
| Al | 3 | 26.89 | 0.0932 | 0.3356 |

续表 4-5

| 元　素 | 原子价 | 相原子质量 | 电化当量 | |
|---|---|---|---|---|
| | | | 1C 析出的物量/mg | 1A · h 析出的物量/g |
| Bi | 3 | 208.98 | 0.7219 | 2.5995 |
| Fe | 2 | 55.85 | 0.2894 | 1.0420 |
| | 3 | | 0.1929 | 0.6947 |
| Au | 1 | 197.00 | 2.0415 | 7.3507 |
| | 3 | | 0.6805 | 2.4502 |
| Cd | 2 | 112.41 | 0.5824 | 2.0972 |
| Co | 2 | 58.94 | 0.3054 | 1.0996 |
| Mg | 2 | 24.32 | 0.1260 | 0.4537 |
| Mn | 2 | 54.94 | 0.2847 | 1.0250 |
| Cu | 1 | 63.54 | 0.6584 | 2.3709 |
| | 2 | | 0.3292 | 1.1854 |
| Ni | 2 | 58.71 | 0.3042 | 1.0953 |
| Sn | 2 | 118.70 | 0.6150 | 2.2416 |
| | 4 | | 0.3075 | 1.1013 |
| Pb | 2 | 207.21 | 1.07360 | 3.8659 |
| Ag | 1 | 107.88 | 1.1179 | 4.0254 |
| Cr | 3 | 52.01 | 0.1797 | 0.6469 |
| | 6 | | 0.0898 | 0.3234 |
| Zn | 2 | 65.38 | 0.3388 | 1.2198 |

为了提高电流效率，应尽可能地控制或减少副反应的发生，防止短路、断路和漏电。为此，要加强诸如电解液成分的控制，使电解液中有害杂质尽可能少，选择适当的电流密度，电解过程中适量加入某些添加剂以保持良好的阴极表面状态，确定合理电解液温度，加强设备绝缘，等等，这些都是提高电效的途径。

例如，碱性锌酸钠溶液中，在电流密度为 $1000A/m^2$ 条件下，不同温度对锌电积的电流效率的影响见图 4-8。随着温度的增加，而电流效率先是随着温度的增加而增加，但当温度超过 45℃以后，电流效率随温度的增加反而呈下降趋势。这是由于随温度的升高，电解液的扩散系数显著增加，溶液电阻降低，槽电压降低，电解能耗降低；但温度的升高会使氢的超电势降低，并且还会加剧锌粉的返溶，使电效率降低，因此在电积工段中需将温度控制在 50℃以下。

### 4.4.3　电能效率

所谓电能效率，是指在电解过程中为生产单位产量的金属理论上所必须的电能 $W'$ 与实际消耗的电能 $W$ 之比值（以百分数表示），即为：

$$\omega(\%) = \frac{W'}{W} \times 100\% = \frac{I' \times t \times E_{ef}}{I \times t \times E_T} \times 100\% = \frac{I' \times E_{ef}}{I \times E_T} \times 100\% \tag{4-16}$$

式中　$\frac{I'}{I}=\eta$，因此，式 4-24 可改写为：

$$\omega(\%)=\eta\times\frac{E_{ef}}{E_T}\times100\% \tag{4-17}$$

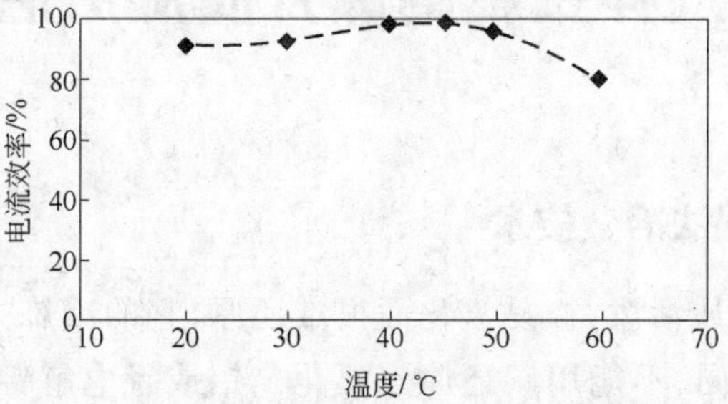


图 4-8　温度与锌电积电流效率的关系

电流效率与电能效率是有差别的，不能混为一谈。如前所述，电流效率是指电量的利用情况，在工作情况良好的工厂，很容易达到 90%～95%，在电解精炼中有时可达 95% 以上。而电能效率所考虑的则是电能的利用情况，由于实际电解过程的不可逆性以及不可避免地在电解槽内会发生电压降，所以，在任何情况下，电能效率都不可能达到 100%。

从式 4-17 中可以看出，若要提高电能效率，除了靠提高电流效率以外，还可以通过降低槽电压的途径。为此，降低电解液的比电阻、适当提高电解液的温度、缩短极间距离、减小接触电阻以及减少电极的极化以降低槽电压，是降低电能消耗，提高电能效率的一些常用方法。

还应当指出，通常说的“电能效率”并不能完全正确地说明实际电解过程的特征，因为电能效率计算式的分子部分并未考虑到成为电能消耗不可避免的极化现象。因此，在确切计算电能效率时，应当以消耗于所有电化学过程的电能 $W''$ 替代 $W'$。这样便得到：

$$\omega'(\%)=\frac{W''}{W'}\times100\%=\eta\times\frac{E_f}{E_T}\times100\%$$

# 5 几种金属的碱介质湿法冶金技术

## 5.1 铝的碱介质湿法冶金技术

由于铝的化学性质活泼，极易氧化而很难还原，它的冶炼方法与铁、锌、铅、铜等黑色金属、有色金属不同，不能用碳还原三氧化二铝或者电解铝盐水溶液的方法以获得纯净的金属铝。例如，用碳还原氧化铝需要约2100℃以上的高温，而得到的只是铝与碳化铝、氧化铝的混合熔体；电解铝盐水溶液时，只发生水的分解，金属铝不会在阴极上沉积。

工业上，金属铝是通过电解氧化铝熔体得到的。目前，冰晶石氧化铝熔体电解技术仍然是工业上生产金属铝的唯一方法，所以铝生产包括从铝矿石中生产氧化铝以及熔盐电解炼铝两个主要过程。氧化铝生产这一步至关重要，氧化铝的纯度是影响原铝质量的主要因素，同时也影响电解过程的技术经济指标，并关系到原铝的最终生产成本。目前，全世界90%以上的氧化铝供电解炼铝用，随着铝工业的蓬勃发展，氧化铝生产已发展成比较大的工业部门之一，生产氧化铝的工艺和技术得到不断发展和完善。

### 5.1.1 含铝矿物

铝在地壳中的平均含量为8.7%～8.8%，在所有元素中仅次于氧和硅而居于第三位，但在金属元素中，铝占第一位。由于铝的化学性质活泼，自然界中的铝均以化合物形态存在。地壳中的含铝矿物有250种左右，其中约40%是各种铝硅酸盐，并且以纯的状态形成工业矿床的铝矿物非常少，都是和其他各种脉石矿物共生的。

铝土矿是目前氧化铝工业生产中最主要的矿石原料来源，世界上超过95%的氧化铝是用铝土矿生产出来的。其主要含铝矿物为三水铝石（$Al_2O_3 \cdot 3H_2O$）、一水软铝石（$Al_2O_3 \cdot H_2O$，莫氏硬度3.5～4）和一水硬铝石（$Al_2O_3 \cdot H_2O$，莫氏硬度6.5～7），故可根据其主要含铝矿物的存在形态将铝土矿分为三水铝石型、一水软铝石型、一水硬铝石型以及混合型（如一水软铝石—一水硬铝石型等）。

与其他有色金属矿石相比，铝土矿中氧化铝含量是较高的，但含量变化范围很大，低的在30%左右，高者可达70%以上。除氧化铝外，铝土矿中还含有氧化硅、氧化铁和氧化钛等杂质，此外，还有少量的钙、镁的碳酸盐以及钠、铬、钾、镓、钒、锌、氟、磷等元素的化合物、有机物等。其中，镓虽然含量较少，但在氧化铝生产过程中会逐渐在分解母液中积累，从而可进行有效回收，已成为生产镓的主要来源，目前全世界90%以上的镓是在氧化铝生产过程中提取的。

铝土矿除主要用于生产氧化铝(约占 90%)外,还用于人造刚玉、耐火材料和水泥等生产部门,每个部门对铝土矿的化学组成和氧化铝含量都有各自的要求。在氧化铝生产上,主要用铝硅比(*A/S*,即矿石中全部 $Al_2O_3$ 含量与 $SiO_2$ 含量的质量比)和氧化铝含量两个指标来衡量铝土矿品位。这里的氧化铝含量在我国一般指矿石中全部氧化铝的含量,但在美国等一些国家习惯用可溶性氧化铝来评价铝土矿的品位,即氧化铝总含量减去与矿石中活性二氧化硅生成 $3Na_2O \cdot 3Al_2O_3 \cdot 5SiO_2 \cdot nH_2O$ 沉淀而损失的氧化铝的量。二氧化硅是碱法生产氧化铝中最有害的杂质,工业生产中一般要求铝硅比不低于 3.0~3.5,但这也与铝土矿的矿物组成、各国的资源情况和其他技术经济条件有关。同时,铝土矿中的硫(主要以 $FeS_2$ 形态存在)和碳酸盐的含量越低越好,但对烧结法用的铝土矿可以不限制碳酸盐的含量。

铝土矿的矿物类型对氧化铝的可溶性影响很大,三水铝石最易被苛性碱溶液溶出,一水软铝石次之,一水硬铝石的溶出条件比较苛刻。即使是同一铝土矿类型,由于受各种杂质等因素影响,其氧化铝的溶出性能差别也可能很大。铝土矿类型对溶出后各湿法工序的技术经济指标也有一定的影响,它直接关系到拜耳法的溶出条件以及氧化铝的生产成本,但铝土矿的类型对烧结法的影响不大。

除铝土矿以外,可以用于生产氧化铝的其他含铝原料还有明矾石[$(Na,K)_2SO_4 \cdot Al_2(SO_4)_3 \cdot 4Al(OH)_3$]、霞石[$(Na,K)_2O \cdot Al_2O_3 \cdot 2SiO_2$]、高岭土($Al_2O_3 \cdot 2SiO_2 \cdot 2H_2O$)、黏土(主要成分同高岭土,但一般杂质含量较高)、丝钠铝石($Na_2O \cdot Al_2O_3 \cdot 2CO_2 \cdot 2H_2O$)、硫磷铝锶矿以及大型热电站的煤渣等。其中明矾石和霞石已用于工业生产,高岭土和黏土中的氧化铝含量虽低,但分布广泛,特别是在铝土矿资源缺乏的国家,长期以来都在进行从这些原料中生产氧化铝的研究。

此外,分布广泛的粉煤灰中氧化铝含量一般在 17%~35%,部分地区粉煤灰铝含量更可高达 40%~60%,是一种十分重要的非传统氧化铝资源。从高铝粉煤灰中提取氧化铝符合我国中长期科学和技术发展规划纲要(2006~2020 年)重点领域的优先主题要求,随着国家环保政策日益严格及高品位铝土矿资源短缺危机加剧,从高铝粉煤灰中提取氧化铝的技术方法近年来也成为关注和研究的热点。目前,高铝粉煤灰提取氧化铝工艺已在我国内蒙古实现工业化生产,年产氧化铝 40 万 t,同时副产水泥。

我国铝土矿资源丰富,为发展铝工业提供了有利条件。但我国铝土矿的一般特点是高铝、高硅、低铁,因而铝硅比一般较低,多在 4~7 之间,铝硅比在 10 以上的优质铝土矿较少,且绝大多数为一水硬铝石—高岭石型,广东、福建等地虽有少量的三水铝石型铝土矿,但铝硅比也都比较低。我国幅员辽阔,铝工业的蓬勃发展,加速了铝土矿的地质找矿和开发利用,随着地质勘探工作的进一步深入开展,相信必将为我国铝工业提供更多的优质铝土矿。

### 5.1.2 氧化铝生产方法概述

目前,从铝矿中生产氧化铝的方法大致可分为 4 类:碱法、酸法、酸碱联合法和热法。

碱法生产氧化铝包括拜耳法、烧结法以及拜耳—烧结联合法等多种流程，它们的基本原理是：用碱（NaOH 或 $Na_2CO_3$）处理含铝矿石，使矿石中的氧化铝变成铝酸钠溶液；矿石中的铁、钛等杂质和绝大部分的硅变成不溶解的化合物进入渣中，将残渣（由于含氧化铁而呈红色，故称为赤泥）与溶液分离，并经洗涤后弃去或进行综合利用；纯净的铝酸钠溶液分解析出氢氧化钠，与母液分离、洗涤后进行焙烧，得到氧化铝产品；分解母液循环使用，处理下一批铝矿石。碱法生产氧化铝的基本流程如图 5-1 所示。

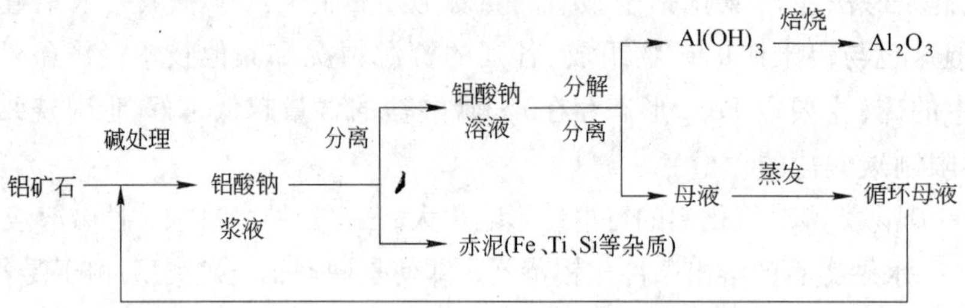


图 5-1　碱法生产氧化铝的基本流程

拜耳法是直接用含有大量游离 NaOH 的循环母液处理铝矿石，以溶出其中的氧化铝而获得铝酸钠溶液，并用加晶种氢氧化铝搅拌分解的方法，使溶液中的氧化铝以 $Al(OH)_3$ 的形态结晶析出，种分母液经蒸发后返回浸出工段。拜耳法具有流程简单、能耗低、产品质量好及成本低等优点，但如果矿石中的主要杂质 $SiO_2$ 含量较高，它以水合铝硅酸钠形式（$3Na_2O \cdot 3Al_2O_3 \cdot 5SiO_2 \cdot nH_2O$）进入赤泥时，会造成大量 $Al_2O_3$ 和 $Na_2O$ 的损失。因此，拜耳法比较适合处理高品位铝矿，铝硅比（$A/S$）一般要在 9 以上。

烧结法是将铝矿石和石灰石（或石灰）、苏打（含 $Na_2CO_3$ 的碳分循环母液）等配制成生料浆，在高温下经过烧结得到含有铝酸钠固体的熟料，用稀碱溶液溶出熟料即得铝酸钠溶液，然后向脱硅后的纯净铝酸钠溶液中通入二氧化碳气体（即碳分法）使溶液中的氧化铝呈 $Al(OH)_3$ 形态结晶析出，碳分母液经蒸发后返回用于配制生料浆。由于铝矿中的主要杂质 $SiO_2$ 以原硅酸钙（$2CaO \cdot SiO_2$）进入赤泥，如不考虑溶出过程中的副反应，原则上 $SiO_2$ 不会造成 $Al_2O_3$ 和 $Na_2O$ 的损失。因此，该法比较适合处理高硅铝矿，$A/S$ 可以降至 3～5。但烧结法工艺较拜耳法复杂，能耗高，氧化铝产品不仅成本高而且质量不如拜耳法。

拜耳—烧结联合法具有上述两种方法的优点，用该法处理铝矿可以获得较单一的拜耳法或烧结法更好的经济效果，比较适于处理 $A/S$ 为 6～8 的中等品位铝矿石。但应该指出，联合法因兼有拜耳法和烧结法的操作过程而使流程更加复杂，所以只有当生产规模较大时才是可行的和有利的。

酸法是用硫酸、硝酸、盐酸等无机酸处理含铝原料，得到相应铝盐的酸性溶液，然后通过蒸发结晶或水解结晶等方法使铝盐变成水合物晶体或碱式铝盐从溶液中结晶析出，或用碱中和铝盐的酸性溶液，使铝以 $Al(OH)_3$ 形态结晶析出，煅烧所得氢氧化铝、水合晶体或碱式铝盐，即得无水氧化铝。酸法比较适合处理高硅低铁铝矿，如高岭土、黏土等。其缺点是需要昂贵的耐酸设备、酸回收困难,此外从铝盐溶液中除铁也比较困难。

酸碱联合法是先用酸法从高硅铝矿中制取含铁、钛等杂质的氢氧化铝,然后用碱法(拜耳法)处理,其实质是用酸法除硅,碱法除铁。

热法适于处理高硅高铁铝矿,其实质是在电炉或高炉内还原熔炼铝矿石,同时获得硅铁合金(或生铁)和含氧化铝的炉渣,借助两者的密度差异进行分离,然后再用碱法从炉渣中提取氧化铝。例如,针对广西贵港高铁高硅铝土矿的特点,东北大学提出的"烧结—高炉冶炼—氧化铝提取工艺"综合利用方案,其实质就是热法的应用。

到目前为止,氧化铝工业生产中用到的方法几乎全属于碱法,而全世界90%以上的氧化铝和氢氧化铝是用拜耳法生产的。拜耳法用于低硅的优质铝土矿处理时,具有流程简单、操作方便、能耗低、产品质量好且成本低等优点,远比其他方法优越。因此,下面重点对拜耳法生产氧化铝的技术进行介绍。

### 5.1.3 拜耳法生产氧化铝技术

#### 5.1.3.1 拜耳法的原理与基本流程

拜耳法因由 K·J·拜耳于1889~1892年提出而得名,该法经过100多年的发展,到现在已经有了许多改进,但流程上没有大的原则性改变,因此仍然习惯地沿用拜耳法这一名称。但是由于装备水平和技术水平的不断提高,其技术经济指标已显著提高,特别在降低能量消耗和提高劳动生产率等方面,成效更为显著。

拜耳法主要基于拜耳提出的两项专利:常温下,只要向 $Na_2O/Al_2O_3$ 为1.8的铝酸钠溶液中添加氢氧化铝作为晶种,通过不断搅拌,溶液中的 $Al_2O_3$ 便可以呈 $Al(OH)_3$ 晶体形态徐徐析出,直至 $Na_2O/Al_2O_3$ 提高到6为止,这就是铝酸钠溶液的晶种分解过程;对已经析出了大部分 $Al_2O_3$ 的溶液进行加热时,又可以溶出铝土矿中的氧化铝,这就是利用种分母液溶出铝土矿的过程。这两个过程交替使用就能够一批批地处理铝土矿,并从中得到纯净的氢氧化铝产品,构成所谓拜耳法循环。其实质就是如下反应在不同条件下的交替进行:

$$Al_2O_3 \cdot (1\text{或}3)H_2O + 2NaOH + aq \underset{\text{种分}}{\overset{\text{溶出}}{\rightleftharpoons}} 2NaAl(OH)_4 + aq$$

由于各工厂铝矿石的特点、技术装备水平以及地区工业条件等的不同,各厂拜耳法的生产流程会有所变动。图5-2是拜耳法的基本工艺流程,除了溶出、稀释、分解和蒸发等4个主要过程外,还有矿石的粉碎细磨过程、泥渣和氢氧化铝的分离洗涤过程、氢氧化铝的煅烧过程,以及碳酸钠的苛性化回碱等过程。

铝土矿中常含少量的碳酸盐(如石灰石、菱铁矿等),铝土矿溶出时加入的石灰也因煅烧不完全而含有少量的石灰石,这些碳酸盐与高浓度的苛性碱溶液作用会生成碳酸钠。此外,铝酸钠溶液中的 NaOH 也会吸收空气中的 $CO_2$ 并反应生成碳酸钠,即反苛性化反应。生成的碳酸钠溶解在溶液中,当溶液蒸发时,碳酸钠因过饱和而以一水碳酸钠

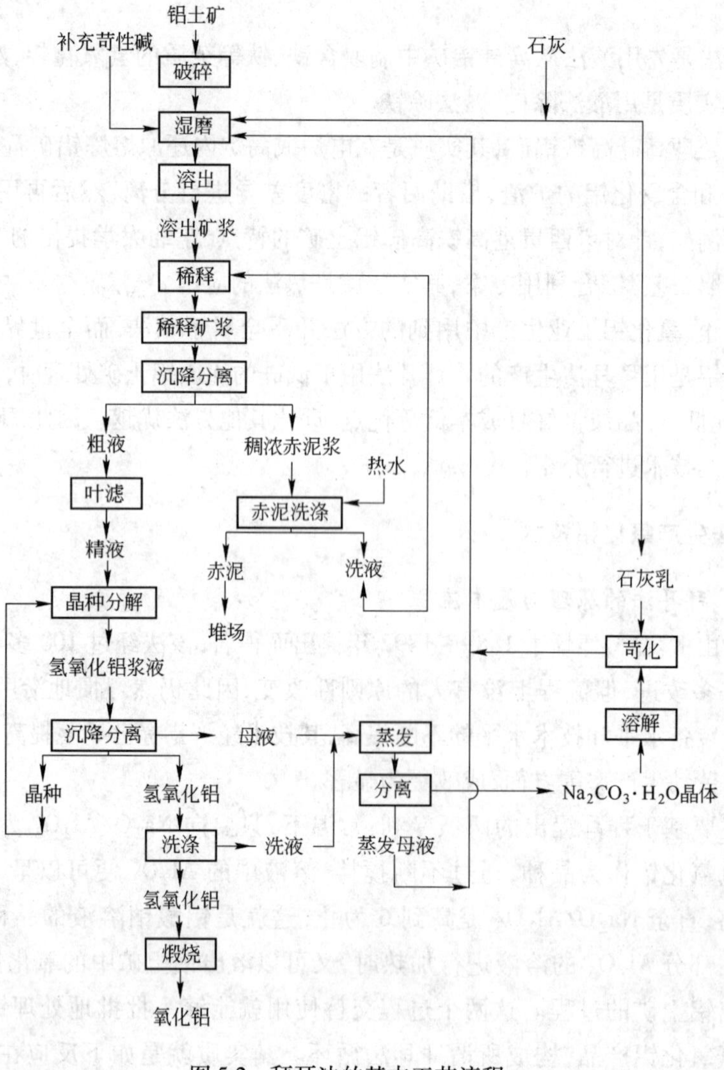


图 5-2　拜耳法的基本工艺流程

($Na_2CO_3 \cdot H_2O$)的形态从溶液中结晶出来。碳酸钠溶液不能溶解氧化铝水合物,需将它转化为 NaOH,工业上通常加入石灰乳与碳酸钠溶液作用,使之转化为 NaOH 溶液,此即苛化反应。铝土矿溶出时得到的泥渣,由于常含有大量的氧化铁而呈红色,习惯上称为赤泥。氧化铝生产规模庞大,赤泥的产出量也很大。随着环保要求的日趋严格和资源综合利用的提出,赤泥的分离、洗涤、堆存和利用正逐渐得到人们的关注。

### 5.1.3.2　铝土矿的拜耳法溶出

A　铝土矿中氧化铝的溶出

铝土矿溶出的目的是将铝矿中的氧化铝充分溶解成为铝酸钠溶液。不同类型的铝土矿由于其氧化铝存在的结晶状态不同,要求的溶出条件也不相同,即使同一类型的铝土矿,由于产地的不同,它们的结晶完整性也会有所不同,其溶出性能也就会不同。

三水铝石型铝土矿中的氧化铝主要以三水铝石($Al_2O_3 \cdot 3H_2O$)的形态存在,在所有类型的铝土矿中,三水铝石型矿是最易溶出的一种铝土矿。溶出温度超过85℃,三水铝石就会有溶出,随着温度的升高,三水铝石矿的溶出速度加快。其典型的溶出过程是在140~145℃、$Na_2O$ 120~140g/L的条件下,矿石中的三水铝石能迅速进入溶液,而许多杂质氧化物与碱溶液的反应很微弱,三水铝石的溶出不至于受到矿石中杂质氧化物的影响,满足工业生产要求。

一水软铝石型($Al_2O_3 \cdot H_2O$)铝土矿的溶出条件要比三水铝石矿的条件苛刻得多,它需要较高的温度和较大的苛性碱浓度才能达到一定的溶出速率。生产上一般采用240~250℃、$Na_2O$180~240g/L的条件对一水软铝石矿进行溶出,产品通常是粉状氧化铝,这也是欧洲式拜耳法工艺的主要特征。

在所有类型的铝土矿中,一水硬铝石型($Al_2O_3 \cdot H_2O$,但硬度比一水软铝石大)铝土矿是最难溶出的。一水硬铝石的溶出条件一般为温度240~250℃、$Na_2O$质量浓度240~300g/L。由于我国的铝土矿主要是一水硬铝石型铝土矿,所以我国的科技工作者对一水硬铝石的溶出过程研究得比较多。可以认为影响一水硬铝石溶出速度的是一水硬铝石晶体的一次和二次晶粒度、折光率、晶面是否被共生矿浸染或包裹等原因。

对于一水软铝石-一水硬铝石型铝土矿来说,当以一水硬铝石形态存在的$Al_2O_3$含量在5%以上时,实际上必须采取适宜于一水硬铝石溶出的条件,才能保证得到满意的$Al_2O_3$溶出率。

B 含硅矿物的溶出

含硅矿物是铝土矿中常有的物质,也是碱法生产氧化铝中最有害的杂质,其危害性主要存在以下3个方面:(1)生成含水铝硅酸钠,造成$Al_2O_3$和$Na_2O$的损失;(2)含水铝硅酸钠在生产设备和管道上,特别是在换热器表壁上析出结垢(生产上又称为结疤),严重降低传热效率,增加能量消耗和清理工作量;(3)含水铝硅酸钠进入成品氢氧化铝,降低成品质量。

生产上将含水铝硅酸钠称为钠硅渣,铝土矿溶出过程中生成的含水铝硅酸钠的分子式大致相当于$Na_2O \cdot Al_2O_3 \cdot 1.7SiO_2 \cdot nH_2O$,其中$n \leqslant 2$。从该分子式可以看出$Al_2O_3$和$SiO_2$的质量正好相等,即$A/S=1$。如果矿石中的$SiO_2$都转变为这种含水铝硅酸钠,假设铝土矿中$Al_2O_3$含量为$A\%$,$SiO_2$含量为$S\%$,则$Al_2O_3$的最大溶出率,即理论溶出率($\eta_{理}$)为:

$$\eta_{理} = \frac{A-S}{A} \times 100\% = \left[1 - \frac{1}{A/S}\right] \times 100\%$$

而每溶出1t $Al_2O_3$,损失的$Na_2O$量不小于:

$$Na_2O_{(耗)} = \frac{0.608S}{A-S} \times 1000 = \frac{608}{(A/S-1)}(kg_{Na_2O}/t_{Al_2O_3})$$

可见铝矿的$A/S$越高,$\eta_{理}$越大,而$Na_2O_{(耗)}$越小,即越有利于拜耳法的溶出。例如,当矿石$A/S=7$时,$\eta_{理}=87.5\%$,$Na_2O_{(耗)}=101kg_{Na_2O}/t_{Al_2O_3}$;而当$A/S=5$时,$\eta_{理}$和$Na_2O_{(耗)}$相应为80%和$152kg_{Na_2O}/t_{Al_2O_3}$,同时赤泥数量增大,沉降性能变差。这也是单纯的拜耳法不适于处理$A/S$在7~8以下的铝土矿的原因。实际生产中,对于难溶铝矿,氧化铝一般不能充分溶出,通常采用相对溶出率,即实际溶出率与理论溶出率的比值,作为比较各种溶出效果的指标,有时也以赤泥的$A/S$作为比较依据。

铝土矿中的含硅矿物种类很多,包括硅的氧化物、硅酸盐以及铝硅酸盐等,它们与铝酸钠溶液的反应能力决定于其存在的形态、粒度以及溶液成分和温度等因素，在溶出过程可能有些含硅物质没有参与反应而直接进入赤泥中，参加反应的那部分 $SiO_2$ 才是造成危害的部分，称为活性氧化硅。铝土矿溶出时，绝大部分活性氧化硅成为含水铝硅酸钠析出，但残留在溶液中的 $SiO_2$ 仍然是过饱和的，当溶液成分、温度等参数变化时，会继续析出，这是产品氢氧化铝含氧化硅和设备结垢的重要原因。

C　其他杂质矿物的溶出

铝土矿成分复杂，除了铝、硅的矿物外，一般还包括含钛、含铁、含硫的矿物，少量的碳酸盐、钙盐、镁盐，以及微量的镓、磷、钒、铬、氟以及有机物等杂质。它们在高温下可能会与碱溶液发生作用，因而必须研究这些物质在铝酸钠溶液以及它们相互之间的反应。

铝土矿中的含铁矿物可分为四大类：氧化物；硫化物和硫酸盐；碳酸盐；硅酸盐。其中最常见的是氧化物，其他三类含铁矿物在铝土矿中一般含量不高，且与铝土矿类型有关，如我国铝土矿中的铁主要以赤铁矿氧化物存在。这些含铁矿物常以 0.1 微米到几个微米的细小颗粒与主要矿物 - 氧化铝水合物混合在一起，氧化铝溶出后，含铁矿物残留在赤泥中，成为赤泥的重要组成部分并使其沉降性能受到影响。而未能从溶液中滤除的氧化铁则是成品氢氧化铝被铁污染的重要来源，因为其含量可以超过溶解状态铁量的 5 倍。在拜耳法溶出过程中，赤铁矿实际上并不与苛性钠反应，也不溶解。铝酸钠溶液中的铁主要是针铁矿在高温下溶解并以铁酸钠形态进入溶液的，一般有 2 ~ 3mg/L，而生产上一般要求过滤后的精液中，总的含铁量低于 4 ~ 5mg/L 时，才不致使产品氢氧化铝被铁污染。工业生产中一般提高温度，使针铁矿变为赤铁矿，并使后者的粒度增大，从而降低溶液中的铁含量并改善赤泥的沉降性质。

铝土矿普遍含有 2% 或更多的 $TiO_2$，在拜耳法生产中，氧化钛也是有害杂质，它能引起 $Na_2O$ 损失、$Al_2O_3$ 溶出率下降和赤泥沉降性能变坏，特别是在预热器、加热容器等表面生成所谓钛结疤，使热量消耗和清理工作量增加。氧化钛与氢氧化钠反应生成钛酸钠，但在 $Al_2O_3$ 含量饱和的溶液中，该反应不再进行。氧化钛在苛性钠和铝酸钠溶液中的溶解度很小，而添加石灰后几乎不溶解，因此成品氢氧化铝中 $TiO_2$ 含量（质量分数）在 0.003% 以下。同时，添加石灰可以防止 $TiO_2$ 在一水硬铝石表面生成钛酸钠保护膜，使一水硬铝石的溶出过程不再受到钛酸钠保护膜的阻碍。

铝土矿中的主要含硫矿物是黄铁矿 $FeS_2$ 及其异构体白铁矿和胶黄铁矿，也可能存在少量硫酸盐。铝土矿中的硫不仅造成 NaOH 的损失，而且硫代硫酸根和硫离子含量提高后，会使钢材受到明显腐蚀，经过几步反应后会增加溶液中的铁含量，使成品氢氧化铝被铁污染。此外，溶液中硫含量的增加也使原矿浆的磨制和分级受到影响，赤泥沉降槽的溢流混浊，因此拜耳法要求矿石中硫含量（质量分数）小于 0.7%。目前，工业上从铝酸钠溶液中脱除硫的方法有两种，一是鼓入空气使硫氧化成 $Na_2SO_4$，在溶液蒸发时结晶析出；二是添加氧化锌，使硫成为硫化锌析出。脱硫的同时，溶液中的铁也得到清除。

碳酸盐是铝土矿和铝酸钠溶液中常见的物质，碳酸钠的生成除了不利于氧化铝水合物的溶出外，还会降低铝酸钠溶液的稳定性、使溶液的黏度增大并在蒸发时析出，给液、固分离和母液蒸发过程带来不利影响。此外，当溶液中碳酸根离子浓度很高时，会使 $Mg(OH)_2$ 转变为碳酸铝镁 $Mg_6Al_2CO_3(OH)_{16} \cdot 4H_2O$，若原料中 MgO 含量较高，将增大 $Al_2O_3$ 的损失。在处理一水铝石型矿时，要求其中 $CO_2$ 含量（体积分数）低于 2%。

铝土矿中的腐植酸类有机物在溶出时会与碱反应生成各种腐植酸钠而进入铝酸钠溶液。当这些有机物积累到一定数量后，将使溶液变成深褐色，使赤泥分离过程特别是种分过程受到不良影响，使成品氢氧化铝由于吸附有机物略带灰褐色而不再适于作填料。铝酸钠溶液中的有机物一般可用以下4种方法清除：(1)鼓入空气并提高温度强化有机物的氧化和分解；(2)向蒸发母液中添加石灰进行吸附；(3)往蒸发母液中添加草酸钠晶种，使有机物结晶析出；(4)将母液蒸发使有机物被析出的一水碳酸钠晶体吸附带出，然后经煅烧除去。

此外，铝土矿中的 $P_2O_5$ 会部分进入溶液，当温度降低时磷酸钠结晶析出会堵塞管道，需要定期清除，也可以通过添加石灰使之成为磷酸钙转入赤泥。铝土矿中的 $V_2O_5$ 也会部分进入溶液，它可以使析出的氢氧化铝粒度变小，在煅烧生产氧化铝时强烈粉化，并降低后续电解槽的电流效率，一般添加石灰会使 $V_2O_5$ 的溶出率显著降低。铝土矿在溶出时超过90%氟反应生成 NaF 进入溶液，若溶液中的含氟量达到3~4g/L，会使加热管道等设备长满 NaF 结晶，在赤泥洗涤时，NaF 成冰晶石($Na_3AlF_6$)沉淀会造成铝损失，同时氟含量的增加会使析出的成品氢氧化铝晶体变细，添加石灰可使氟的溶出率下降。另外，铝土矿中的铬会部分生成 $NaCr(OH)_4$ 而进入溶液，它在铝酸钠溶液中是稳定的，当积累到一定浓度后，使溶液染成绿色。铝土矿中的镓也会在铝酸钠循环液中积累，并且镓酸根离子比铝酸根离子稳定，从铝酸钠溶液中提取镓已成为生产镓的主要方法。

D 溶出过程工艺

a 溶出过程的影响因素

影响铝土矿溶出过程的因素可分为两个方面，即铝土矿本身的溶出性能以及溶出过程的操作条件，而前者是根本的。

在拜耳法溶出过程中，氧化铝水合物的溶解是由于 $OH^-$ 离子进入并破坏其晶格而引起的。各种氧化铝水合物正是由于晶形、结构、晶格能等不同，而使溶出性能差别很大。除了矿物组成外，铝土矿结构形态、杂质含量和分布状况等均影响其溶出性能。

溶出过程作业的影响因素包括：溶出温度、循环母液碱浓度、配料分子比、搅拌强度、矿石细磨程度等。

温度是溶出过程中最主要的影响因素，提高温度可以明显促进铝土矿的溶出化学反应速度。有文献指出，在200℃上，温度每提高10℃，溶出速度约提高1.5倍，溶出设备的产能也因此而显著提高。提高温度后，$Al_2O_3$ 在碱溶液中的溶解度显著增大，平衡溶液的分子比明显降低，可以使用浓度较低的母液就能得出分子比低的溶出液，由于溶出液与循环母液的 $Na_2O$ 浓度差缩小，蒸发负担减轻，使碱的循环效率提高。此外，溶出温度的提高还可以改善赤泥结构和沉降性能，并有利于制取砂状氧化铝。提高温度使矿石在矿物形态等方面的差别所造成的影响趋于消失，如在300℃左右，不论氧化铝水合物形态如何，大多数铝土矿的溶出300℃过程都可以在几分钟内完成，并得到近于饱和的铝酸钠溶液。但是，提高温度会使溶液的饱和蒸气压急剧增大，增加溶出设备和操作等方面的困难，这就使得提高溶出温度受到限制。

在其他条件相同时，母液碱浓度越高，其中 $Al_2O_3$ 的未饱和度越大，$Al_2O_3$ 的溶出速度越快，而且能得到分子比低的溶出液。此外，高碱浓度溶液的饱和蒸气压低，设备所承受的压力也要低些。但从整个流程来看，种分时铝酸钠溶液的 $Na_2O$ 浓度不宜超过140g/L，而且母液的碱浓度过高会增加蒸发过程的负担和困难。因此,母液的碱浓度只宜保持适当的数值。

配料分子比是指预计矿石中达到理论溶出率时,溶出液的分子比,又称配碱分子比。它的数值越高,对单位质量矿石配的碱量越多,溶出速度越快。但是,这样会降低循环效率,增大物料流量。同时,在保证 $Al_2O_3$ 溶出率不过分降低的前提下,制取分子比尽可能低的溶出液也是对溶出过程的一项重要要求,低分子比的溶出液还有利于种分过程的进行。对于某一特定的铝土矿,配料分子比需要通过实验来确定。

强烈的搅拌可以加强矿粒与溶液间的相对运动,强化传质过程,并在一定程度上弥补温度、碱浓度、配碱数量和矿石粒度等方面的不足。当溶出温度提高时,溶出速度主要由扩散速度所决定,因此加强搅拌能够起到强化溶出过程的作用。此外,加强搅拌,提高矿浆的湍流程度,也是防止加热表面结垢、改善传热过程的需要,这在间接加热的设备中是非常重要的。

矿石磨得越细,矿粒中的裂缝增加越多,与溶液的接触就越充分,因此对于溶出过程是有利的。在采用蒸汽直接加热的连续作业高压溶出器组时,粗粒矿石在其中很快沉降,远低于规定的溶出时间,造成 $Al_2O_3$ 溶出率显著下降。因此,需要将矿石预先磨细到一定程度。对于易溶性的三水铝石型矿石一般不要求磨得很细,有时破碎到 16mm 即可,而致密难溶的一水硬铝石型矿石则要求细磨。但也不宜过分细磨,因为过分的细磨使生产费用增加,也无助于进一步提高溶出速度,而且还可能使溶出的赤泥变细,增加赤泥分离洗涤的困难。实际生产作业中,最佳的矿石细磨程度受矿石自身特性、溶出设备类型等因素影响,需综合考虑后方能确定。

b　溶出过程工艺

由于溶出过程通常是在高于循环母液沸点的温度中进行的,因此铝土矿的溶出必须采用密闭容器,并将这种密闭溶出设备称为高压溶出器或压煮器。高压溶出后的高温料浆需要通过一系列自蒸发器逐步冷却,直到其饱和蒸汽压力与外压相等时才停止。自蒸发蒸汽则导入预热器用以加热下一批原矿浆。高压溶出器组就是由这些设备与高压泥浆泵连接而成的。

高压溶出器组有蒸汽直接加热和载热体(盘管或列管)间接加热两种加热方式。直接加热的溶出器依靠蒸汽进行搅拌,虽然节省了搅拌机械,且结构简单,易于制造和维护,但也存在许多缺点。其中最主要的缺点是不能利用自蒸发蒸汽充分预热,预热温度低,只有 140~160℃,而用新蒸汽加热不仅使新蒸汽消耗大,还使料浆在溶出开始就遭到很大稀释,为此必须提高循环母液的碱质量浓度到 280~300g/L,这就使得蒸发过程的负担和成品的热耗显著增加。采用间接加热方式的高压溶出器组可以避免直接加热溶出器组的缺点,但它需要装置搅拌机械以保持矿粒与母液的良好接触、防止加热表面的结垢并改善加热表面的传热状况。由于搅拌作用,矿浆进入溶出器后即与原有料浆混合,并马上流到下一个溶出器,使 $Al_2O_3$ 的溶出率因为溶出时间不足而降低,为减轻这种现象只有增加串联溶出器的个数,因而有的间接加热溶出器组多达 13 台溶出器。

间接加热的高压溶出器组的工作流程如图 5-3 所示。设置预脱硅反应器的目的是预先使原矿浆中的 $SiO_2$ 转变为含水铝硅酸钠,避免原矿浆在后续溶出器中溶出时在加热设备表面生成钠硅渣结垢,使设备保持高的传热系数和产能,降低热耗和清垢的工作量,一般在

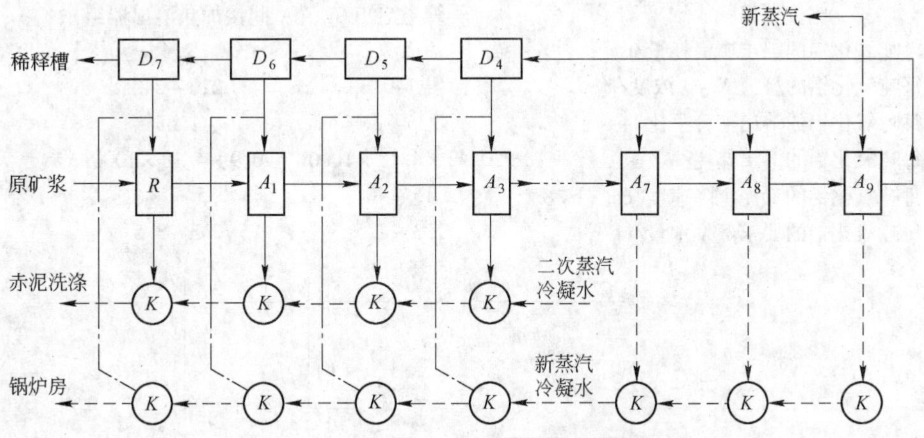


图 5-3 间接加热的高压溶出器组系统示意图

——原矿浆 —·—蒸汽 - - -冷凝水

R—预脱硅反应器；A—高压溶出器；D—自蒸发器；K—冷凝水罐

95℃左右将原矿浆搅拌 6 ~ 10h，使 $SiO_2$ 转变成含水铝硅酸钠。原矿浆经预脱硅反应器预脱硅后依次进入后续 9 个高压溶出器，前面 6 个（$A_1$ ~ $A_6$）用自蒸发蒸汽将料浆加热到 190 ~ 200℃，后面的 3 个（$A_7$ ~ $A_9$）用新蒸汽加热到溶出温度（245℃）。从最后一个溶出器流出来的已溶出完毕的料浆依次通过 7 个自蒸发器逐步降压冷却，然后自流进入稀释槽。各高压溶出器的加热蒸汽冷凝水排入其下部的冷凝水罐，共设有 17 个冷凝水罐，其中 10 个收集新蒸汽冷凝水用作锅炉用水，7 个收集自蒸发蒸汽冷凝水用作赤泥洗涤用水。每个冷凝水罐既是同级高压溶出器的冷凝水贮槽，又是更高温度的冷凝水的自蒸发器。

提高溶出温度和矿浆搅拌强度可以强化溶出过程，利用高温料浆直接加热原矿浆可以消除温度损失，提高预热温度，这些在高压溶出器组难以实现的目标在管道溶出技术中得以实现。溶出温度的提高使溶出时间大为缩短，每昼夜生产 1t 氧化铝所需的溶出设备容积，由串联压煮器组的 2 ~ $3m^3$ 降低为管道溶出器的 $0.1m^3$，设备费用减少约 1/3。而且可以降低配碱分子比和母液碱浓度，改善赤泥沉降性能。由于管道溶出设备没有搅拌机械，还使得操作和维修的工作量大大减轻。

图 5-4 所示管道溶出设备 1 为反应管道，内径 111mm，壁厚 11mm，将其弯成螺旋形状以保证加热面积，原矿浆一般在其中以 2 ~ 5m/s 的速度流动为宜（雷诺系数达到 $10^5$ 数量级，溶液高度湍流，强化了溶出过程）。原矿浆的加热分 3 个阶段进行：图中 A 区，利用来自自蒸发器 2 的二次蒸汽将原矿浆从 60℃预热到 120℃左右，蒸汽夹套 3 内径为 450mm，每个约长 60m；B 区，高温料浆引入到外径为 193.8mm、壁厚 16mm 的夹套 4 中，原矿浆在此从 120℃被加热到 240℃；C 区，由温度为 310℃的高压蒸汽在夹套 6 内加热至溶出温度（290℃），套管 6 长约 100m，内径 450mm。管道在 3、4 和 6 中的长度分别为 210m、552m 和 305m，加热面积分别为 $80m^2$、$212m^2$ 和 $117m^2$。

溶出后的高温料浆在夹套 4 内通过热交换，温度自 290℃降到 165℃，然后从喇叭状喷嘴 5 中降压喷入高约 5m、内径约 3m 的多级自蒸发器 2，压力逐步降低为 1.0MPa、0.6MPa、0.3MPa 和 0.12MPa。下面是两种溶出设备在处理一水软铝石型铝土矿时作业效果的一些数据：

| 比较项目 | 管道溶出 | 间接加热溶出器组 |
|---|---|---|
| 每吨氧化铝的铝土矿消耗量/t | 2.2 | 2.4 |
| 每吨氧化铝的母液 $Na_2O$ 浓度/$g \cdot L^{-1}$ | 140 | 220 ~ 240 |
| 每吨氧化铝的溶出液分子比 | 1.35 ~ 1.4 | 1.65 |
| 每吨氧化铝的溶出热耗/MJ | 0.42 × 4.18 × 1000 | 0.9 × 4.18 × 1000 |
| 每吨氧化铝的赤泥沉降速度/$cm \cdot h^{-1}$ | 15 ~ 40 | 5 ~ 10 |
| 每吨氧化铝的要求蒸发水量/$m^3$ | 1.3 ~ 1.5 | 2.3 ~ 3.5 |

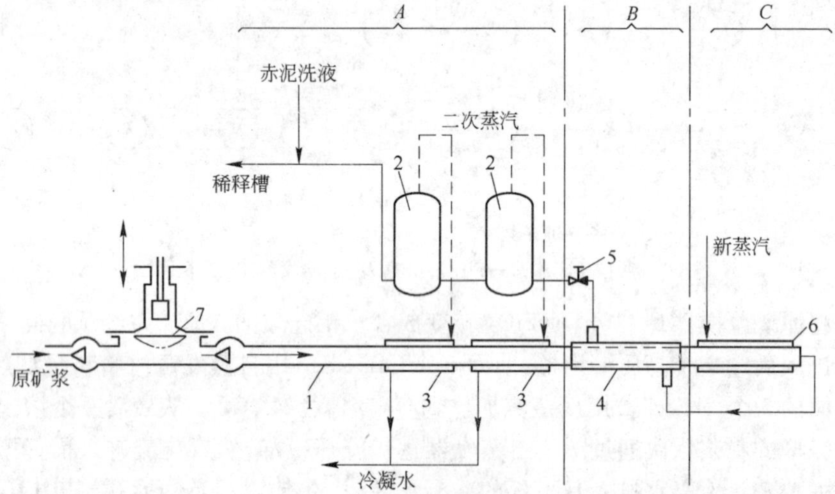


图 5-4　管道溶出设备系统示意图

1—原矿浆管道;2—自蒸发器;3,4,6—蒸汽夹套;5—喇叭状喷嘴;7—高压隔膜泵

#### 5.1.3.3　赤泥的分离及洗涤

铝土矿拜耳法溶出后得到的赤泥浆液由铝酸钠溶液和赤泥组成,需要将两者分离以获得符合晶种分解要求的纯净溶液。赤泥的分离及洗涤一般包括赤泥浆液稀释、沉降分离、赤泥反向洗涤以及粗液的控制过滤等步骤。赤泥分离后要经过洗涤,尽可能减少以附液形式损失于赤泥中的 $Na_2O$ 和 $Al_2O_3$。目前,大多数氧化铝厂采用沉降槽进行分离赤泥浆液,视具体情况也可和过滤机结合使用。为了改善赤泥的沉降性能,也可向赤泥浆液中加入絮凝剂,使浆液中处于分散状态的细小赤泥颗粒相互联合成团,粒度增大,从而提高赤泥的沉降速度。目前,氧化铝工厂广泛采用的絮凝剂是淀粉类天然高分子絮凝剂,如面粉、土豆淀粉以及麦麸等,随着人工合成高分子絮凝剂技术的发展,一些氧化铝厂开始改用聚丙烯酰胺等絮凝剂,可通过实验来确定具体选用哪种絮凝剂或联合投加。

#### 5.1.3.4　氧化铝的生产

A　铝酸钠溶液的晶种分解

晶种分解是整个拜耳法生产氧化铝的关键工序之一,它对产品的产量、质量以及全厂的技术经济指标都有重大影响。分解过程要求得到质量良好的氢氧化铝以及分子比较高的种分母液以作为溶出铝土矿的循环碱液,从而构成拜耳法的闭路循环。氢氧化铝的质量、分解率以及分解槽的单位产能是衡量种分效果的三项主要指标,而它们之间又是相互联系相互制约的。

氢氧化铝的质量要求包括纯度和物理性质两个方面。氢氧化铝的纯度决定了成品氧化铝的纯度，而氧化铝的某些物理性质，如粒度分布和机械强度等，在很大程度上取决于原始氢氧化铝的粒度和强度，也即在很大程度上取决于种分过程。如生产砂状氧化铝时，必须得到粒度较粗和强度较大的氢氧化铝。

分解率是以铝酸钠溶液中氧化铝分解析出的百分数表示的，它是种分工序的主要指标。直接按照溶液中 $Al_2O_3$ 浓度的变化来计算分解率是不准确的，因为晶种附液和析出氢氧化铝引起了溶液浓度和体积的变化。由于分解前后苛性碱的绝对数量变化很少，故分解率可以根据溶液分解前后的分子比来计算。铝酸钠溶液分解速度越大，则在一定分解时间内的分解率越高，氧化铝产量也越大。分解率高时，循环母液的分子比也高，故可提高循环效率。延长分解时间也可提高分解率，但过分延长时间会使分解槽的单位产能降低。

分解槽的单位产能是指单位时间内从分解槽单位体积中分解出来的 $Al_2O_3$ 数量。其他条件相同时，分解速度越快，分解槽的单位产能越高，但单位产能和分解率之间并不经常保持一致，过分延长分解时间，虽然可以使分解率有所提高，但槽的单位产能将会降低。因此，在实际生产中要予以兼顾。

种分工序是拜耳法生产中耗时最长的一个工序，约 30 ~ 75h，且需加入很多晶种，而分解率一般最高也只能达到55%左右，远低于理论分解率。在铝酸钠溶液种分的理论方面，虽然进行了多年的研究，积累了大量的实验资料，但由于铝酸钠溶液结构的复杂和行为的特殊，并且很多实验结果相互矛盾，使得不少问题至今还不是很清楚或存在争议。因此，对种分过程从理论上进行更深入的研究，在实践上继续探求强化这一过程的有效途径，仍然是氧化铝生产的一个重要课题。

晶种的分解在分解槽中进行。为使溶液具有一定的分解初温，需要将铝酸钠精液冷却到要求的温度。用于冷却的设备有鼓风冷却塔、板式热交换器以及闪速蒸发换热系统等。一般在分解槽系列的前几个槽也安装冷却装置，采用水套冷却。晶种分解可采用间断或连续分解，除少数厂外，目前大部分厂采用连续分解。通过种分获得的氢氧化铝，其过滤、分离和洗涤主要采用三种类型的过滤机，即水平盘式过滤机，圆盘过滤机，以及刮刀卸料或滤布卸料的回转真空过滤机。其中，水平盘式过滤机最适用于大颗粒氢氧化铝的过滤、分离和洗涤；圆盘式过滤机可与转鼓过滤机联合使用，前者分离过滤，后者用于洗涤过滤；当氢氧化铝粒度很细时，宜用滤布卸料的回转真空过滤机。

B 氢氧化铝的煅烧

氢氧化铝的煅烧是氧化铝生产中的最后一道工序。氧化铝的许多物理性质，特别是比表面积、$\alpha-Al_2O_3$ 含量、安息角等主要决定于煅烧条件，氧化铝的粒度和强度与煅烧条件也有很大关系。此外，煅烧过程对产品氧化铝的杂质（主要是 $SiO_2$）含量也有影响。虽然研究氢氧化铝在煅烧过程中物相和结构以及氧化铝性质的变化对于选择适宜的煅烧作业条件至关重要，并且也已进行了很多相关研究，但由于原始氢氧化铝制取方法、粒度大小、煅烧脱水条件以及杂质含量等不同，使得关于煅烧过程结构水的脱除过程与脱除温度，出现的氧化铝过渡相及其结构、相变途径与转变温度等到目前仍存在不少争议。

根据不同资料，氢氧化铝开始脱水的温度在 130 ~ 190℃之间，结构水的完全脱除则需要在700℃以上的温度。脱水后，随着温度的提高，在1200℃以上氢氧化铝最终完全转变成 $\alpha-Al_2O_3$。煅烧过程中随着脱水和相变的进行，氧化铝的物理性质以至其形状、粒度和表面状态等均相应发生变化：密度、折光率提高，$\alpha-Al_2O_3$ 含量增加，灼减率降低，氧化铝的比表面积则由于相变的进行经历了热均减率先增大再减少的过程。氧化铝的粒度决定于原始氢氧化铝的粒度和强度、焙烧温度、加热与冷却速度以及脱水和煅烧过程中的流体动力学条件,氢氧化铝中存在某些杂质也会影响燃烧产品的粒度。有资料指出,加热和冷却速度越慢,以及煅烧和冷却过程中物料颗粒受的机械磨碎越小,则氧化铝产品的粒度越粗,越接近原始氢氧化铝的粒度。氢氧化铝在煅烧时若干燥不充分和预脱水不完全,在高温下由于脱水过于剧烈,大量水蒸气猛烈排出也会导致物料粉化。此外,氢氧化铝中的某些杂质对煅烧产品的性质有一定影响,如 $V_2O_5$ 会使煅烧产品氧化铝发生粉化,并降低其流动性能,而碱会对生成 $\alpha-Al_2O_3$ 有抑制作用等。

氢氧化铝的煅烧特点是温度高、热耗大。目前采用的煅烧系统可分为两类,即回转窑煅烧系统和流化床煅烧系统,其中,前者在实践中应用较多。但采用回转窑煅烧氢氧化铝时,其散热损失和废气热损失很大,热利用率低。虽然对出窑氧化铝和废气余热等方面采取了系列改进措施后,使每吨产品的热耗降到了$(92\sim100)\times4.18\times10^7$J,但从传热观点看,回转窑煅烧氢氧化铝这种粉状物料是很不理想的设备,因为它不能造成良好的传热条件,且由于是回转设备而不能采用厚实的保温材料,造成散热损失大,热耗难以进一步降低。此外,回转窑的投资也较大。由于物料在流化状态下与气体的热交换过程最为强烈,同时流态化煅烧炉结构紧凑、简单、投资省,没有运转部分,可用较厚的隔热层来减少辐射热的损失。经过多年的研究发展,氢氧化铝的流态化煅烧经历了从传统的浓相流化床向稀相和浓相相结合的循环流态化煅烧炉与流化闪速煅烧炉的发展过程,使流态化煅烧炉在热耗和单机产能方面取得了巨大突破,目前热耗已降至每吨 $Al_2O_3$ $75\times4.18\times10^7$J 以下,愈来愈接近于极限值,而单机产能也超过了回转窑。此外,流态化煅烧炉还具有投资省、维修费用低、占地面积小及产品质量高等优点,因而有取代回转窑的趋势。

#### 5.1.3.5 分解母液的蒸发与一水碳酸钠的苛化回碱

A 分解母液的蒸发

拜耳法的种分母液需要进行蒸发以排除流程中多余的水分,保持循环系统中的水量平衡,使母液浓缩到符合铝土矿溶出的浓度要求,保证溶出效果。进入生产流程中的水分主要包括:赤泥洗水,每吨 $Al_2O_3$ 约 $3\sim8m^3$;氢氧化铝洗水,每吨 $Al_2O_3$ $0.5\sim1.5m^3$;原料带入水;蒸汽直接加热的冷凝水等。赤泥排弃、氢氧化铝煅烧等过程会带走部分水分,流程中多余的其他水分统由蒸发工序排除。生产 1t 氧化铝需要蒸发的水量,与生产方法、铝土矿类型与质量、采用的设备及操作条件等多种因素有关,故差别也很大,有的厂种分母液甚至无需蒸发,而有的厂生产 1t 氧化铝的蒸发水量多达 7t 以上。

蒸发水量也取决于单位产品氧化铝所需的循环碱液数量以及循环碱液与种分前溶液中的 $Na_2O$ 浓度差,因此可通过减少循环碱液量、降低循环碱液的浓度或提高稀释后铝酸钠溶液浓度等措施来减少单位产品的蒸发水量,以降低蒸发热耗。但必须考虑到蒸发水量的最低限度决定于赤泥洗涤所必需的最低用水量,为保证赤泥的充分洗涤,减少赤泥附液中 $Na_2O$ 和 $Al_2O_3$ 的损失,一般每吨干赤泥需要 5~6t 水。

在采用管道溶出时,可以在更大程度上降低循环母液的分子比和循环碱液的浓度,并尽可能使后者接近甚至等于稀释后铝酸钠溶液的浓度,同时利用溶出矿浆自蒸发蒸气冷凝水作为赤泥和氢氧化铝洗涤用水,并采用沉降槽与过滤机相结合的赤泥洗涤系统,这样可使洗涤用水量降至最少,从而大幅度减少蒸发水量甚至取消蒸发过程。

母液蒸发设备及作业流程应根据原液中杂质含量和对循环母液浓度的要求进行选择。不同工厂视其具体情况采用不同的蒸发设备和作业流程。我国一般采用外加热式自然循环蒸发器蒸发种分母液,国外多采用传热系数高的降膜式蒸发器。闪速蒸发由于蒸发不在加热面上进行而减少了结垢生成,也应用到拜耳法母液的蒸发过程,它特别适用于蒸发原液与循环母液浓度差较小、碱液浓度较低的拜耳法厂。

在蒸发过程中母液中的 $Na_2CO_3$、$Na_2SO_4$ 以及 $SiO_2$ 等杂质由于循环积累可能会在蒸发器和管壁上结垢,降低传热系数,增大能耗。除了将导致结垢的杂质从生产流程中排除和采用适当的蒸发流程与作业条件外,还可采用磁场、电场、超声波以及添加剂等方法来预防结垢。此外,也可采用酸洗、高压水射流等方法清理已经形成的结垢。

对于进入流程中的各种杂质,可在氧化铝生产的不同阶段进行排除,但因为杂质都积累在循环母液中,因此多数情况下是从母液中加以分离。分离方法应根据母液成分、杂质含量以及对杂质分离的要求等情况来确定,如采用深度冷却结晶法排除碳酸钠、硫酸钠,利用可溶性铝酸钡排除溶液中的碳酸钠、有机物以及溶液中的磷、钒、硫等杂质,添加 ZnO 净化母液中的 $S^{2-}$,添加石灰排除硅、磷、钒、砷等一系列杂质,此外,对于在循环母液中积累的镓、钒、磷等杂质,还可采取适当措施进行回收利用。在实际生产中,应根据具体情况,采取适当的净化方法。

B 一水碳酸钠的苛化回碱

在拜耳法生产氧化铝工艺中,对于从母液中结晶析出的一水碳酸钠($Na_2CO_3 \cdot H_2O$),工业上一般利用石灰苛化法,即将一水碳酸钠溶解,然后加入石灰乳,使之发生如下反应:

$$Na_2CO_3 + Ca(OH)_2 \rightleftharpoons 2NaOH + CaCO_3$$

由于从拜耳法蒸发母液中析出 $Na_2CO_3 \cdot H_2O$ 时通常会挟带一定数量的母液,因此在苛化时,碳酸钠溶液中一般含有 $Al_2O_3$ 约 15 ~ 20g/L,送往苛化的溶液通常含 $Na_2CO_3$ 约 80g/L、$Na_2O$ 约 20g/L。在向溶液中添加石灰时,首先生成 $CaCO_3$ 和 NaOH。在苛化末期,石灰渣和溶液发生如下反应:

$$3CaCO_3 + 2NaAl(OH)_4 + 4NaOH + aq \longrightarrow 3CaO \cdot Al_2O_3 \cdot 6H_2O + 3Na_2CO_3 + aq$$

由于生成 $3CaO \cdot Al_2O_3 \cdot 6H_2O$ 和 $Na_2CO_3$,导致苛化率降低和部分 $Al_2O_3$ 损失,因而需要加入过量的石灰。通常为了使苛化率达到 85% 以上,溶液中每分子碳酸钠应配入不少于 1.3 分子的石灰。提高温度有利于减少 $3CaO \cdot Al_2O_3 \cdot 6H_2O$ 的生成,虽然提高温度会使苛化率有所降低,但苛化反应加快,而且因为溶液黏度降低,改善了石灰渣的结晶,使石灰渣沉降速度增大,易于分离。因此,苛化温度应尽可能保持高些(95℃以上),苛化反应达到平衡约需 2h 左右。

## 5.2 锌的碱介质湿法冶金技术

### 5.2.1 锌冶金原料

闪锌矿是最重要的锌矿石,几乎总与方铅矿共生,是提炼锌的主要矿物原料,其成分中所含的镉、铟、镓、锗等稀有元素也可以综合利用。

炼锌的另一类矿物原料是氧化锌矿。氧化锌矿物种类繁多,主要的氧化锌矿物有菱锌矿($ZnCO_3$)、硅锌矿($Zn_2SiO_4$)、异极矿($H_2ZnSiO_3$ 或 $Zn_2SiO_4 \cdot H_2O$)、水锌矿

$(3Zn(OH)_2 \cdot 2ZnCO_3)$、红锌矿($ZnO$)等。由于其种类繁多,相互掺杂伴生,且嵌布粒度比较细,泥化状态较严重,此类氧化矿中往往含有一定量可溶性盐、氧化铁及黏土矿泥,使选矿富集困难,回收率低。主要浮选方法有硫化－黄药浮选法、硫化－胺浮选法、反浮选法及絮凝浮选法等方法,回收率为60%～70%。

### 5.2.2　锌的氨浸技术

由于锌离子会与氨形成络合物进入溶液,近年来,对于氧化锌矿及其他含锌物料的处理,氨浸法越来越受到人们的重视和青睐。波兰、罗马尼亚、前苏联、日本和美国等都有这方面的专利和报道,国内也有很多这方面的报道和研究,并先后开发了碳氨法、氯化铵法和硫酸氨法等研究工艺。

#### 5.2.2.1　氯化铵浸出法

A　CENIM－LNETI 工艺

该法从1988年起,在欧共体组织的联合研究项目范围内西班牙CENIM和葡萄牙的LNETI所研究出来的。该法用高浓氯化铵溶液氧化浸出硫化矿,除了能使主要金属Cu、Ag、Pb、Zn具有较高的浸出率外(95%),还导致铜氨及锌氨络合体的生成,在浸出过程中因pH值自然保持在中性,溶解的铁及其他杂质如As、Sb、Sn等一起以针铁矿的形式留在残渣中,从而可获得较纯的浸出液。该工艺在近中性条件下进行,减少了硫酸根的生成,硫以元素硫被回收,铅以$PbCl_2$结晶的形式分离回收,银采用Cu置换后回收,铜、锌分别采用萃取的方法回收,而氯化铵可再生,并作为浸出剂重复使用。该法主要用于处理含Cu、Pb、Zn、Ag等的复杂硫化矿,其原则工艺流程如图5-5所示。

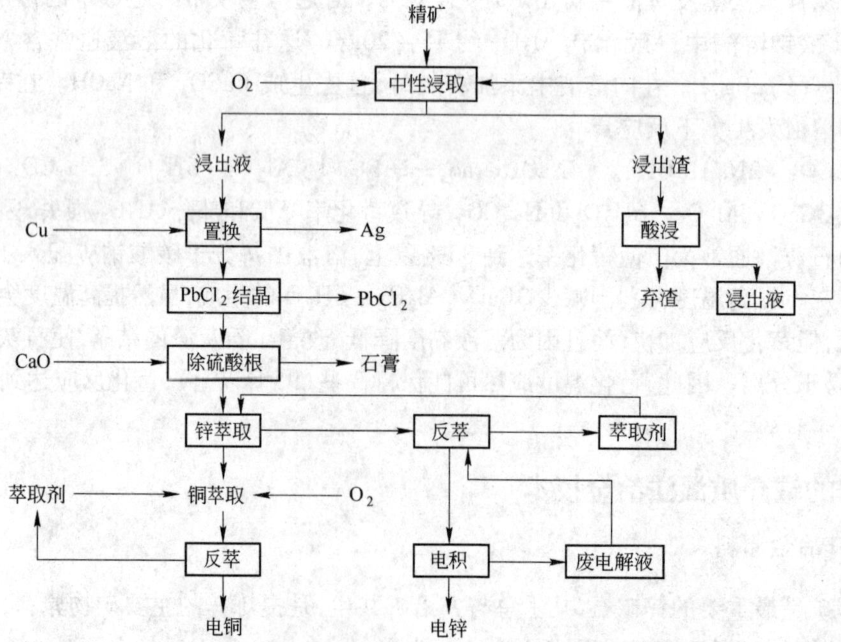


图5-5　CENIM－LNETI 工艺的原则工艺流程

CENIM－LNETI 工艺使用了浓氯化铵溶液作为浸出剂,氯化铵除含有溶解金属所需要的氯离子外，还提供了可视作弱酸的铵离子，铵离子可产生用于浸出硫化物的氢离子及氨，浸出过程的总反应为：

$$MeS + 2NH_4^+ + \frac{1}{2}O_2 \longrightarrow Me^{2+} + NH_3 + S + H_2O$$

$$MeS + 2O_2 \longrightarrow MeSO_4$$

由于 $NH_3$ 的产生，Cu(Ⅱ)、Cu(Ⅰ)、Zn、Ag 等会形成稳定的氨配合物，这提高了该介质的浸出能力，也说明了 pH 值保持在近中性（pH 值为 6～7）范围内的原因。CENIM－LNETI 工艺浸出作业采用两段逆流，在 105℃、150kPa，中性或酸性条件下进行，减少了硫酸根的生成；全部铁及其他杂质（如 As、Sb 和 Sn）以针铁矿形式留于浸出渣中，可获得适于进一步处理的十分纯净的浸出液。

在含铜溶液中使用 $D_2EHPA$ 可选择性萃取锌，锌的反萃是使用锌废电解液在硫酸盐介质中完成的。在使用空气或 $O_2$ 对亚铜离子进行氧化后，用羟基类萃取剂，如 Lix65N 进行铜萃取，在洗去夹带的氯化物之后，使用通常的铜废电解液（Cu30g/L、$H_2SO_4$180g/L）反萃。用酸性萃取剂可十分有效地萃取铜与锌，而不需要任何额外的中和剂。

B　EZINEX 工艺

EZINEX 是“Engitec Zinc Extration”的缩写，该工艺由意大利米兰发明并进行半工业化试验。用该方法第一次进行商业化生产的工厂坐落在意大利 Udine 附近的钢铁厂旁边，目前正全面生产，设计能力为年处理电弧炉烟灰 1 万 t，电解锌 2000t。其原则工艺流程见图 5-6。

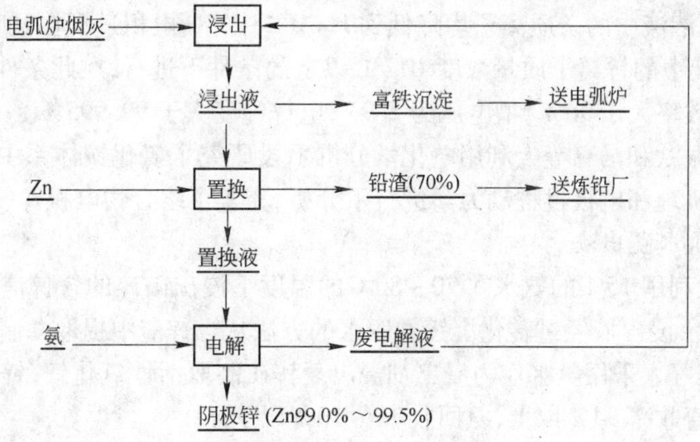


图 5-6　EZINEX 工艺的原则工艺流程

浸出过程中以废电解液（由氯化铵与碱金属氯化物为主要成分的水溶液）为浸出剂，浸出温度为 70～80℃，时间为 1h，主要反应为：

$$ZnO + 2NH_4Cl \xlongequal{\quad} Zn(NH_3)_2Cl_2 + H_2O$$

Cu、Cd、Ni 和 Ag 也按一样的机理参与反应，Pb 与 $Cl^-$ 配合进入溶液，而氧化铁、铁酸盐和二氧化硅留在渣中。经固液分离，浸渣含锌 8%～12%，氧化铁 50%～60%，浸渣与做还原剂的碳和渣屑混合后，再返回电弧炉。浸出率依赖于烟灰中的 Zn/Fe。

净化过程中用金属锌置换存在于浸出液中的其他金属杂质，置换渣中含铅大约为 70%，送铅精炼厂以回收铅和其他金属。典型的净化液为：Zn 31～36g/L、杂质元素 Pb、Cu、

Cd、Ni 和 Ag 均小于 5mg/L。

电解以钛板为阴极，石墨为阳极进行电解，在密闭的电解槽内进行，电流密度为 $200A/m^2$。电解过程中为了提高传质速度，向阴极板喷空气。发生的电化学反应为：

$$3Zn(NH_3)_2Cl_2 + 2NH_3 = Zn_3 + 6NH_4Cl + 3N_2\uparrow$$

因氨的氧化在阳极上放出氮气。因此电解时需往电解液中补氨以提高能效。电解废液返回浸出，电锌含锌 99.0% ~99.5%，该产品可用作热镀锌原料。

C 国内的氯化铵浸取技术发展现状

中南大学的唐谟堂和张保平等人进行了氯化铵－氨配合浸出氧化锌矿的研究，考察了各种因素对浸出的影响，在综合浸出条件下，锌浸出率大于 68%，氨溶锌浸出率大于 93.88%；胶体吸附除砷、锑效果明显，浸出液中砷、锑含量可降至 0.25mg/L；铁含量可降至 0.15mg/L 以下；氯化钙、氯化钡可将碳酸根和硫酸根几乎除尽。其他杂质含量也极低，该浸出液净化容易，特别适合制电锌或锌粉。

贵州工业大学的李谦、刘晓丹等人研究了氯化铵－氨水浸出氧化锌矿的浸出条件，并进行了动力学研究，拟合得出了氯氨体系浸出氧化锌矿的动力学模型，浸出过程遵循收缩核模型的动力学规律，计算得出了浸出反应过程的表观活化能。

杨声海、张保平和张元福等人对采用氯化铵体系浸出氧化锌矿并电积锌的工艺进行了较为系统的研究，工艺流程主要包括浸出、净化和电积三大部分。浸出剂中含有氯化铵 5M，氨水 2.5M，在液固比 4∶1 的条件下常温浸出 3h，锌的浸出率可达 68% 以上；加入氯化钙和氯化钡除去碳酸根和硫酸根离子，加入成胶剂除去砷、锑、铁，最后用锌粉置换铜、铅、镉等杂质，经过净化后，溶液中的杂质离子均降低到 $1\times10^{-6}$ 以下；电积过程在温度 40℃，电流密度 $400A/m^2$，电解液中的锌离子质量浓度 10g/L 以上的条件下进行，在此条件下可以得到平整致密的锌，电流效率大于 90%，槽电压为 2.9V，电锌纯度大于 99.995%。

曹华珍、曾振欧和马春等人利用电化学分析手段研究了氯化铵体系中电积锌的阴极过程，对阴极还原机理和电极过程动力学进行了分析，充实了络合物电积锌的理论研究。

#### 5.2.2.2 氨水浸出法

魏国兴等人利用 15% 的氨水在 70 ~80℃ 的温度下浸出破碎的含锌渣 30min，锌的浸出率达到 75% 以上，浸出液经过转化沉锌并脱水的方法从含锌渣中提取并制备纯度大于 90% 的氧化锌。刘键等人采用氨水作为浸出剂浸出菱锌矿制取活性氧化锌，锌浸出率在 97% 以上，活性氧化锌直收率 94% 以上，氨回收率在 70% 以上。

朱云、李志华、姚耀春等人对氧化锌矿的氨水浸出动力学进行了研究，通过实验考察了各条件对难选氧化锌矿浸出过程的影响。另外，沈庆峰、姚耀春等人对锌在氨水介质中的溶解度进行了热力学方面的计算。

#### 5.2.2.3 碳氨浸出法

国外曾以氨和碳酸铵为溶剂对氧化锌矿进行过大量研究，并获得了较好的效果。原中南矿冶学院用该法浸出某氧化锌铅矿，锌的浸出率高达 95% ~97%。沈阳矿冶所自 1985 年开始以柴河铅锌矿为原料，研究并提出“氨浸法从菱锌矿中直接提取碱式碳酸锌和活性氧化锌”新工艺。司马冰等人用氨水—碳铵分解含锌 25% ~28% 的菱锌矿，锌的浸出率达 50% 左右。欧阳民等在 $Zn(II)-NH_3-(NH_3)_2CO_3-H_2O$ 系的热力学研究和动力学实验的基础上，提出浸出－净化－蒸氨－制取等级 ZnO 的新工艺。该工艺设备简单、成本低、经济指标较高、氨回收率达70%以上。王雅琼等人研究了碳酸氢铵浸锌液的净化过程。

#### 5.2.2.4 硫酸铵浸出法

慕思国等人用等温溶解平衡法研究了298K时$MeSO_4-(NH_4)_2SO_4-H_2O$三元体系的溶解度，并绘制了平衡相图。胡汉等人计算了锌在不同pH值、不同温度下氨溶液中氧化锌的溶解度和氨溶液中锌的水溶物种的热力学平衡及其分布规律，得到等温溶解度图；试验测定了等压溶解度图，得出pH值、压力和时间对浸出锌的影响的规律。

赵廷凯等人研究了在$Zn(H)-NH_3\cdot H_2O-(NH_4)_2SO_4$体系中电解制取活性锌粉的工艺。结果表明：在常温下，电流效率高达88.19%，每吨产品能耗为3254.37kW·h，其产品质量符合GB 6890—1986标准；活性锌粉杂质含量低，锌含量不小于98.78%，有效锌含量不小于96%，锌的总回收率为97.97%。该法与以金属锌为原料的蒸馏法、雾化法相比较，成本大幅度降低。

总的来说，氨法具有除杂过程简单、流程短、溶剂可循环利用、原料适应性强等优点。但该法生产的氧化锌比间接法生产的氧化锌质量略差。

### 5.2.3 锌的苛化钠浸出技术

#### 5.2.3.1 苛化钠浸出法

由于苛性钠溶液在适当条件下能很好地溶解白铅矿和菱锌矿，对氧化铅锌矿或烟化富集的铅锌烟尘也有较好的溶解性。

苛性钠浸出所得的碱性溶液利用甘油和苯酸甲醛树脂作添加剂可有效地分别电积出金属铅和金属锌。刘三军等人用氢氧化钠浸出氧化锌矿，当氢氧化钠浓度为4mol/L、温度为70~80℃、浸出液固比为10:1时，氧化锌浸出率达92.6%。

#### 5.2.3.2 苛化钠浸出-电解法生产金属锌粉技术

在$NaZnO_2-NaOH-H_2O$体系中电解得到金属锌粉是生产金属锌粉的一种方法。该法生产锌粉的主要特点是：原料广泛，可使用各种含锌物料，如各类锌渣、热镀锌、锌焙砂，氧化矿和挥发窑尘等，粉末形貌为树枝状或其他不规则形状，比表面积大，活性好，在应用中还原效果好，减少了锌粉用量并生产成本低，因此是一种很有发展前景的锌粉生产方法。

对于氧化锌矿、锌粉尘等氧化锌资源的NaOH浸取不少学者进行了研究，分别研究了NaOH浓度、浸取温度、固液比、浸取时间对锌浸取的影响，确定了最佳的NaOH浸取条件范围为：NaOH质量浓度为240~300g/L、浸取温度为70~90℃、固液比(1:5)~(1:15)、浸取时间为2~3h。在这样的浸取条件下，锌的浸取率可以达到85%以上。

对于$NaZnO_2-NaOH-H_2O$体系锌的电解，碱浓度、电流密度、电压、极距、温度等参数对电锌的电流效率、电锌质量和沉积形态的影响也分别有学者在实验室进行了研究，确定了电解金属锌粉的参数：初始碱质量浓度200~300g/L、电流密度为900~1000A/$m^2$、电压2.4~3.2V、极距2.5~3.5cm、电解温度25~50℃，得到的金属锌粉全锌为99%~99.5%，金属锌97%~98.5%，电耗为2700~3200kW·h/t锌粉。上述的电解实验多数是用纯的$NaZnO_2$溶液为电解液进行实验的。

用NaOH浸取-电解金属锌粉没有能够得到应用的主要的原因是电解液净化不彻底。铅在锌电解时先于锌析出，即使微量的铅都会对锌粉质量产生严重影响。未能有效地将电解液中的铅锌分离开，成为制约该技术发展的瓶颈。利用金属锌粉置换溶液中的铅也未能达到良好的净化效果，铅的去除率仅为20%。

赵由才等人用发明的1号分离剂分离碱溶液的铅和锌可得到很好的分离效果，铅的去除率能达到99.5%，净化后的溶液中的铅含量在10mg以下。基于上述的研究成果可将碱浸取和碱溶液中电解锌粉有效连接起来，得到NaOH浸取－1号分离剂净化－电解制备金属锌粉的工艺，其流程见图5-7。

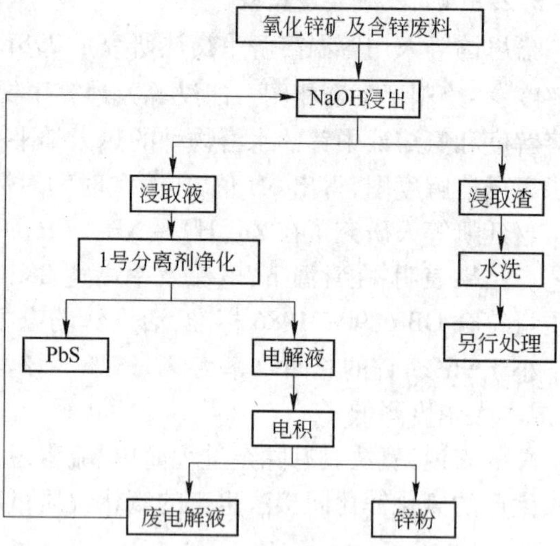


图5-7　NaOH浸取－1号分离剂净化－电解制备金属锌粉工艺的原则流程

通过一系列实验基本确定了工艺参数：温度为90℃，液固比为6～7，原料颗粒粒径为0.1～0.5mm，初始NaOH质量浓度为240g/L，浸取时间为1.5～2h。1号分离剂的加入量为浸取液中铅含量的1.8倍（质量比），净化时间为30～60min。电解时电流密度为1000A/m²、电压控制在2.7～3.0V，极距为3cm，阳极板为不锈钢，阴极板为合金。

目前在云南、贵州、杭州等一些企业的大力支持下，先后建成或在建年产1000t、2000t的锌粉冶炼厂。

#### 5.2.3.3　苛化钠熔融—浸出法处理钢铁厂粉尘

现代钢铁工业以高炉炼铁、转炉和电炉炼钢为主要生产方式。转炉和电炉炼钢生产中要产生相应的粉尘和污泥。粉尘当中有较高的全铁含量，同时还含有较高的锌含量。锌的来源主要是铁矿、镀锌的废钢，铁矿和废钢中的锌在炉内挥发、氧化而几乎全部进入粉尘。

钢铁厂含锌铅粉尘，如电炉粉尘中的锌和铅可通过火法、酸浸法和碱浸法来回收。火法投资较大，对于酸浸法，在酸浸过程中，虽然锌和铅可被溶解至相当高的水平，但同时有大量其他物质，如铁、钙等也完全溶解，而溶解的铁等元素从浸取液分离的成本较高；而且若粉尘中的锌以铁酸锌形式存在，则不能通过酸浸取来有效分离，酸浸法不适于处理钢厂粉尘。

相反，因为碱可选择性溶解铅、锌、铝的氧化物，所以碱浸法是一种从钢粉尘中浸取锌和铅的经济有效的方法。但现有的碱浸工艺无法有效地浸取粉尘中的铁酸锌。赵由才等人研究了碱熔融法处理钢厂含锌粉尘，通过对比研究，发现采用直接浸取－熔融－浸取－铅分离－电解（或沉淀）工艺或水解－熔融－浸取－铅分离－电解（或沉淀）工艺能有效回收钢厂含锌粉尘中的锌铅。直接浸取－熔融－浸取－铅分离－电解（或沉淀）工艺的流程见图5-8，其是将粉尘直接浸取所得的滤渣与NaOH固体混合，滤渣/NaOH质量比高于0.75，在318℃下熔融1h，然后用NaOH溶液浸取，可将粉尘滤渣中锌基本浸取完全，粉尘中锌的总浸取率可超过95%。残渣中的锌低达0.1%，铅达0.2%。残渣中的铁含量较高，达39%，可用作炼钢原料。

水解－熔融－浸取－铅分离－电解（或沉淀）工艺流程见图5-9，其是将粉尘水解处理4h以上，然后用清水洗涤，并在350℃下熔融1h再用5 M NaOH溶液浸取42h以上，大约95%的锌可从电炉粉尘中浸取。

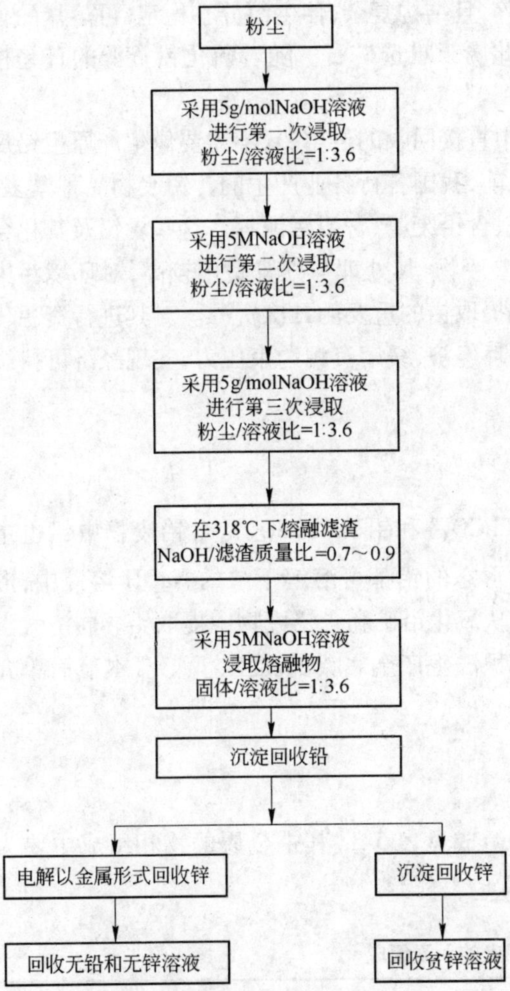


图5-8　直接浸取－熔融－浸取－铅分离－电解或沉淀回收锌工艺示意图

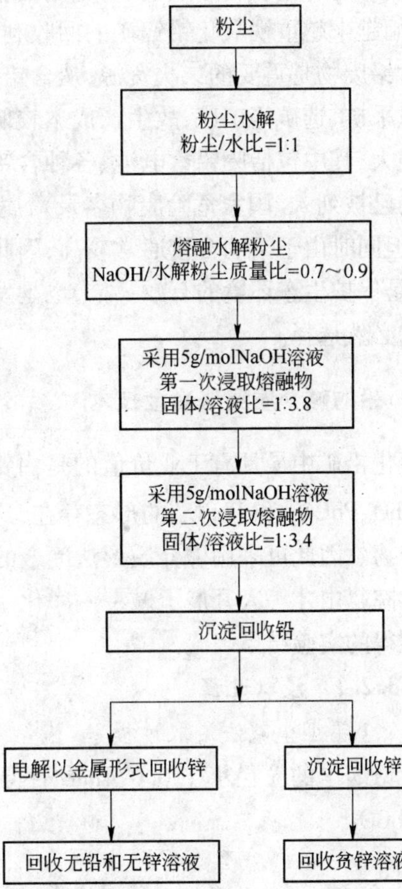


图5-9　水解－熔融－浸取－铅分离－电解或沉淀回收锌工艺示意图

## 5.3　铅的碱介质湿法冶金技术

### 5.3.1　铅冶金原料

铅在自然界中很少遇到单一金属矿床，在绝大多数情况下，铅、锌经常在一起共生，并常常伴有银、铜、镉、金等元素，组成多金属矿床。其中含锌高者称为铅锌矿，含银高者称为铅银矿。工业上根据铅矿石的矿物成分和氧化程度，将矿石划分为三种自然类型：

(1)硫化铅矿石(氧化率小于10%)；

(2)氧化铅矿石(氧化率大于30%)；

(3)混合铅矿石(氧化率10%～30%)。

硫化铅矿石中，主要组成是方铅矿(PbS)，属原生矿，也是炼铅的主要矿石。氧化铅矿石中，最普遍的是白铅矿($PbCO_3$)，其次是铅矾($PbSO_4$)和铅铁矾[$PbFe_6(OH)_{12}(SO_4)_4$]，属次生矿，是原生矿受风化或含有碳酸盐的地下水的作用而逐渐产生的，常出现在铅矿床的上层。氧化铅矿通常由于原矿含泥多，矿石破碎，且结构复杂，伴生组分不稳定，可溶盐的含量较高，有的有用矿物形成包裹，分离困难，因此属于难选矿石。随着硫化铅资源的日趋枯竭，人们越来越重视氧化铅锌矿的回收利用。

含铅废物是重要的二次资源，从含铅废物中直接回收的再生铅，不需要像生产原生铅那样经过采矿、选矿等工序，故生产成本较低。目前，我国各行各业产生的含铅废物品种繁多，数量很大，其中包括废铅蓄电池、各种含铅烟尘、含铅废渣、含铅污泥等。这些含铅及其化合物废物已被列入《国家危险废物名录》，属于危险废物，其处理与处置费用较高，对环境污染严重，但同时由于铅的含量通常较高，因此也是提取铅的重要的二次资源。对其进行资源化利用，是保护生态环境的有效举措，也是发展循环经济，缓解资源约束压力，实现经济可持续发展的必然选择。

### 5.3.2　铅的碱介质湿法冶金技术

氧化铅矿中最具有工业价值的是白铅矿（$PbCO_3$）和铅矾（$PbSO_4$），含铅废物中铅也主要以 PbO、$PbCO_3$ 和 $PbSO_4$ 的形态存在，这三种形态的铅都可溶解于浓的 NaOH 溶液中，形成络合物。因此可采用碱介质湿法冶金的方法从氧化铅矿和含铅废物中提取铅。同济大学环境学院赵由才等人开展了碱浸－净化－电沉积法生产金属铅的新工艺研究，本节简单介绍所取得的实验结果。

#### 5.3.2.1　浸取过程

A　含铅烟尘碱法浸取过程

含铅烟尘的粒径小于 0.074mm，主要元素组成见表 5-1，其中金属的物相组成主要为 ZnO，$PbCO_3$。

**表 5-1　含铅锌烟尘的元素组成**

| 组　分 | Zn | Pb | Fe | W | Cu | Al | Sn | Ca | Si | As | Sb |
|---|---|---|---|---|---|---|---|---|---|---|---|
| 含量（质量分数）/% | 45.76 | 15.66 | 10.29 | 1.71 | 0.57 | 0.14 | 1.39 | 0.52 | 0.14 | 0.014 | 0.019 |

为了提高铅的浸出率，进行了浸取温度、时间、NaOH 浓度、液固比和搅拌转速等影响因素的条件实验。

浸取温度对铅锌浸出率的影响见图 5-10。随浸出温度的增加，铅、锌的浸出率均增加，当浸出温度大于 70℃时，铅、锌的浸出率增加趋势变缓，铅、锌的浸出率均大于 90%。

浸出时间对铅、锌浸出率的影响见图 5-11。含铅锌烟尘在 NaOH 溶液中反应速度较快，浸出 30min 后，铅、锌浸出率均大于 90%。这主要是因为烟尘粒度非常小，和碱的反应接触面积较大，反应速率较快，反应能在较短的时间内达到平衡。

NaOH 浓度对铅、锌浸出率的影响见图 5-12。随 NaOH 浓度的增加，铅、锌的浸出率逐渐增大，当 NaOH 浓度大于 5mol/L 时，铅、锌浸出率均大于 90%。

液固比对铅、锌浸出率的影响见图 5-13。液固比越大，Zn 和 Pb 的浸出率越高，但当液固比大于 11∶1 时，Zn 和 Pb 的浸出率几乎不再增加，且均大于 90%。同时增加液固比将会降低溶液中铅的浓度，因此浸取过程选择最佳液固比为 11∶1。

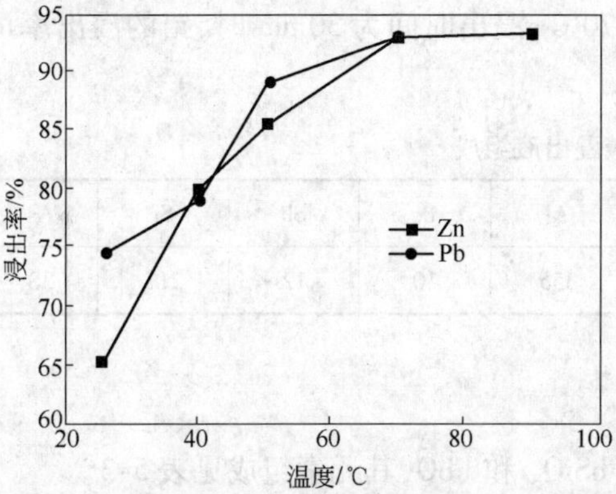


图 5-10 浸出温度对含铅锌烟尘中铅、锌在 NaOH 溶液中浸出率的影响

实验条件:(1)NaOH 溶液初始浓度:6mol/L;(2)液固比:11:1(L/g);(3)浸出时间:30min;(4)搅拌转速:1000r/min

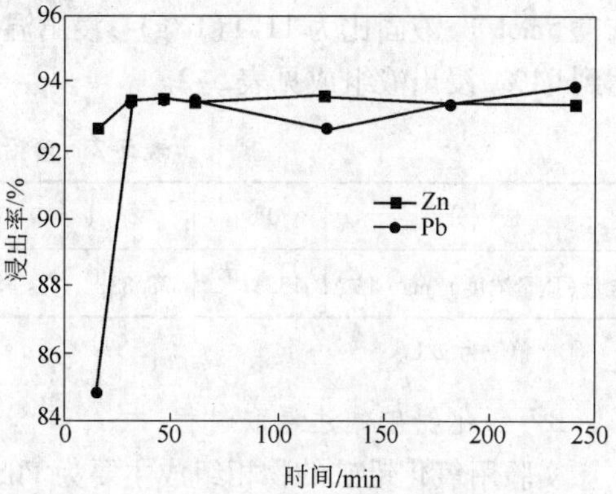


图 5-11 浸出时间对含铅锌烟尘中铅、锌在 NaOH 溶液中浸出率的影响

实验条件:(1)NaOH 溶液初始浓度:6mol/L;(2)液固比:11:1(L/g);(3)浸出温度:70℃;(4)搅拌转速:1000r/min

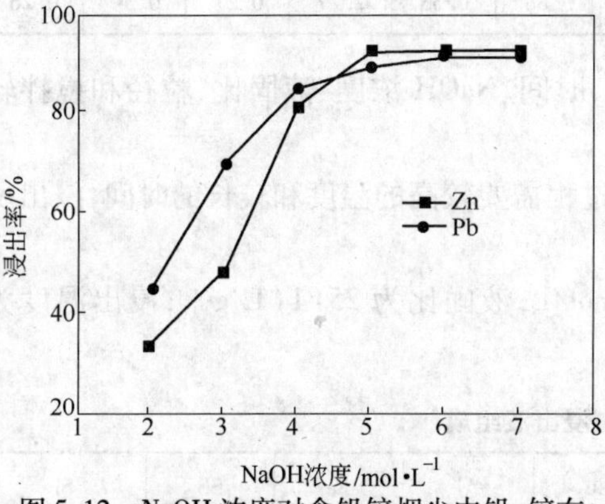


图 5-12 NaOH 浓度对含铅锌烟尘中铅、锌在 NaOH 溶液中浸出率的影响

实验条件:(1)浸出温度:70℃;(2)液固比:11:1(L/g);(3)浸出时间:30min;(4)搅拌转速:1000r/min

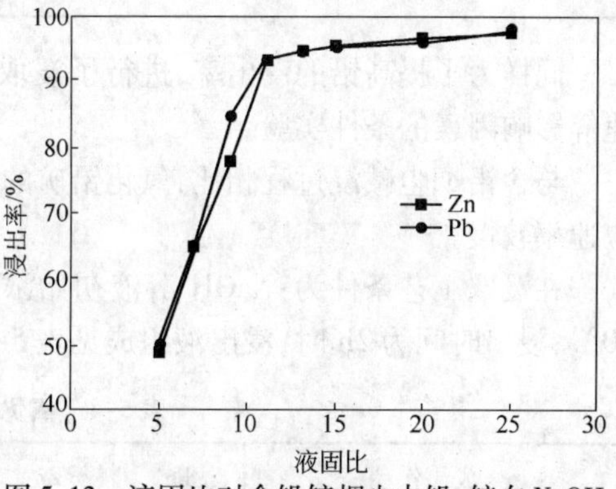


图 5-13 液固比对含铅锌烟尘中铅、锌在 NaOH 溶液中浸出率的影响

实验条件:(1)NaOH 溶液初始浓度:6mol/L;(2)浸出时间:30min;(3)浸出温度:70℃;(4)搅拌转速:1000r/min

搅拌对铅、锌浸出率的影响见图 5-14。当搅拌转速小于 1000r/min 时,铅、锌浸出率随搅拌转速增大而增大。在实验过程中观察到,当搅拌转速小于 1000r/min 时,有部分烟尘沉于烧瓶底部而无法和 NaOH 溶液完全混合,导致铅锌的浸出率降低;当搅拌转速大于 1000r/min 时,烟尘与碱液充分混合,搅拌转速对铅、锌浸出率不再产生影响。因此,在浸出过程中,在保证烟尘与碱液充分混合的条件下,搅拌转速对铅锌的浸出率没有影响。

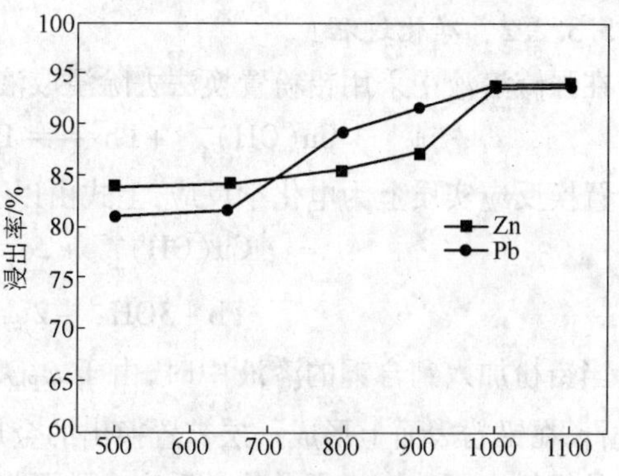


图 5-14 搅拌对含铅锌烟尘中铅、锌在 NaOH 溶液中浸出率的影响

实验条件:(1)NaOH 溶液初始浓度:6mol/L;(2)液固比:11:1(L/g);(3)浸出温度:70℃;(4)浸出时间:30min

在浸取工艺条件为:NaOH 溶液初始

浓度5mol/L；液固比为11∶1(L/g)；浸出温度为70℃；浸出时间为30min时，铅的浸出率可达到94%，浸出液组成见表5-2。

**表5-2　含铅烟尘碱浸出液组成**

| 成　分 | Pb | Zn | Cu | Al | Fe | Sb | Si | As |
|---|---|---|---|---|---|---|---|---|
| 含量(质量浓度)/$mg \cdot L^{-1}$ | 13.31① | 38.83① | 5 | 355 | 10 | 12 | 217 | 38 |

①　单位为g/L。

B　氧化铅矿碱法浸取过程

实验用氧化铅矿的物相组成主要为$PbSO_4$、$PbSiO_3$和PbO，其元素组成见表5-3。

**表5-3　氧化铅矿的元素组成**

| 成　分 | Pb | Zn | Sb | Al | Cu | Sn | Ca | Si | As | W |
|---|---|---|---|---|---|---|---|---|---|---|
| 含量(质量分数)/% | 51.61 | 14.65 | 2.12 | 0.47 | 0.88 | 0.33 | 2.27 | 0.27 | 0.34 | 0.26 |

同样为了提高铅的浸出率，进行了浸取温度、时间、NaOH浓度、液固比、粒径和搅拌转速等影响因素的条件实验。

与含铅烟尘碱浸过程相比，氧化铅矿的碱浸过程需要较高的温度和较长的时间，浸出反应速率较慢。

在浸取工艺条件为：NaOH溶液初始浓度5mol/L；液固比为25∶1(L/g)；浸出温度为70℃；浸出时间为2h时，浸出液组成见表5-4。

**表5-4　氧化铅矿碱浸出液组成**

| 成　分 | Pb | Zn | Cu | Al | Fe | Sb | Si |
|---|---|---|---|---|---|---|---|
| 含量(质量浓度)/$mg \cdot L^{-1}$ | 17.63① | 4.95① | 222 | 286 | 34 | 69 | 220 |

①　单位为g/L。

### 5.3.2.2　净化过程

在强碱溶液中采用铅粉置换法去除浸取液中的铜，过程中发生的主要反应为：

$$Cu(OH)_4^{2-} + Pb \longrightarrow Pb(OH)_3^- + Cu + OH^-$$

置换反应实质上为电化学反应，上式由以下两个电极反应构成：

$$Cu(OH)_4^{2-} + 2e \longrightarrow Cu + 4OH^-$$

$$Pb + 3OH^- - 2e \longrightarrow Pb(OH)_3^-$$

当铅粉加入到含铜的溶液中时，由于$\varphi_{Pb(OH)_3^-/Pb}$比$\varphi_{Cu(OH)_4^{2-}/Cu}$更负，置换反应就可自发进行，在铅粉表面上形成一层被置换出的金属铜，金属铜成为电化学反应中的阴极，未被覆盖的铅粉表面就构成了电化学反应中的阳极。在形成铜阴极之后，金属铜就继续在形成的阴极表明上沉积，因为该过程不需要形成新晶核相所需的能量。

为了提高浸出液中铜的去除率，考察了铅粉用量、净化温度、净化时间、初始铜的浓度和NaOH浓度对铜去除率的影响，在得到的最佳工艺条件：Pb/Cu摩尔比为2∶1，温度为常温，净化时间为30min下，对氧化铅矿浸出液进行净化处理，净化液组成见表5-5。浸出液中的大部分的铜被去除,同时也去除掉其他部分金属离子。

表 5-5 氧化铅矿净化液组成

| 成 分 | Pb | Zn | Cu | Al | Fe | Sb | Si | As | Sn | W |
|---|---|---|---|---|---|---|---|---|---|---|
| 含量(质量浓度)/$mg \cdot L^{-1}$ | 17.26① | 4.91① | 11.15 | 149 | 8 | 21 | 202 | 148 | 40 | 71 |

① 单位为 g/L。

#### 5.3.2.3 电解过程

电解法是工业上大规模提取和精炼金属的主要方法之一,在工业上要得到产品质量好、产量高和成本低的产品,则要求电解过程具有较高的电流效率和较低的能耗。

碱液中电积铅过程阴极反应为:

$$Pb(OH)_3^- + 2e = Pb + 3OH^-$$

同时还存在电解 $H_2O$ 的反应:

$$2H_2O + 2e = H_2 + 2OH^-$$

由于析氢反应的存在,将会降低阴极电积铅的电流效率。

碱液中电积铅过程阳极反应为:

$$4OH^- - 4e = 2H_2O + O_2$$

同时还存在 $Pb(OH)_3^-$ 在阳极氧化的副反应:

$$Pb(OH)_3^- + OH^- - 2e = PbO_2 + 2H_2O$$

$$3Pb(OH)_3^- - 2e = Pb_3O_4 + 4H_2O + OH^-$$

$$Pb(OH)_3^- - 2e = PbO_3^{2-} + 3H^+$$

由于 $Pb(OH)_3^-$ 在阳极上发生氧化反应,将会降低电解液中铅的浓度,从而降低铅在阴极上析出的电流密度,增加能耗。

碱液中电积铅过程总反应为:

$$2Pb(OH)_3^- = 2Pb + O_2 + 2OH^- + 2H_2O$$

影响铅电积过程电流效率和能耗的主要因素包括:电解液中铅的浓度、电流密度、电解温度、极间距和电解液循环速度。电解过程实验为了提高电流效率、降低能耗,对以上工艺条件进行了优化,并在电解条件为:电流密度 $500A/m^2$,电解液温度为 50℃,电解时间 1h 以下,利用含铅烟尘在 NaOH 溶液中的浸出液作为电解液,阴极电沉积回收铅,所得金属铅含量可达到 97%。电解过程电流效率为 84%,能耗为 0.70kW·h/kg。

#### 5.3.2.4 铅的碱介质湿法冶金工艺流程

根据以上实验结果,提出了碱介质提取铅工艺流程,见图 5-15。

采用碱介质湿法冶炼技术,利用氧化铅矿和含铅废物生产金属铅,取得了满意的结果。整个过程无铅烟尘污染,原料适应性广;碱浸过程中除 Al,Zn 外,只有非常微量的其他杂质金属离子进入溶液,净化过程简单;电解过程可回收纯度大于 97% 的金属铅产品,具有电流效率高和能耗低等优点,碱液可循环使用,是清洁的铅冶炼技术。

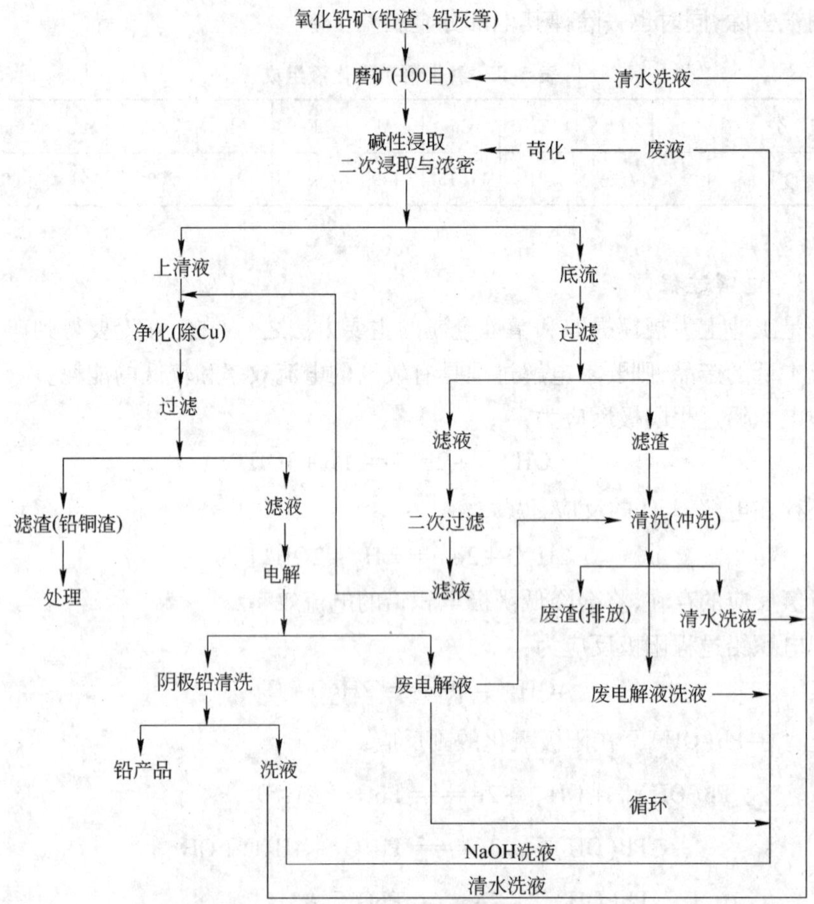


图 5-15　碱浸－电解法提取铅工艺流程

## 5.4　锡的碱介质湿法冶金技术

### 5.4.1　锡冶金原料

#### 5.4.1.1　*锡矿石和矿床*

锡在地壳中的平均含量(质量分数)是 0.0006%,是一种比较稀贵的金属。自然界已知的含锡矿物有 20 多种,其中最有工业价值的锡矿物是锡石($SnO_2$),其次为黄锡矿($Cu_2S \cdot FeS \cdot SnS_2$,也称黝锡矿)。另外在某些矿床中,如硫锡铅矿、辉锑锡铅矿、圆柱锡矿,有时,黑硫银锡矿、黑硼锡矿、马来西亚石、水锡石、水镁锡矿等也可以相对富集,形成工业价值。

锡矿床根据生成原因可分为原生矿床(脉锡或山锡矿床)和砂锡矿床(冲积矿床)两类。砂锡矿床是脉锡矿床受外界因素影响,发生崩裂、风化、溶解、冲洗等作用,又由于锡石硬度、密度及化学稳定性大,而积集在脉锡矿风化后生成的疏松沉积层中所形成的,有工业价值的砂锡矿床常依靠无工业价值的脉锡矿床来形成。现今世界上约 70% 的锡是由砂锡矿得到的,但特定国家或地区情况又可能不同,如玻利维亚约 95% 的锡来自脉锡矿。

我国锡的储量丰富,锡矿产地主要集中在云南南部和广西的西北部及东北部,如云南个旧又有“中国锡都”之称,其次是湖南、江西和广东。在已经探明的储量中,砂锡矿约占总量的70%,其余为脉锡矿。经过多年的地质调查和普查勘探工作,我国已形成了以云南个旧、广西大厂和平桂为骨干的锡矿工业基地,成为世界首要的锡生产大国。

#### 5.4.1.2 锡精矿

锡精矿是炼锡的主要原料。

锡矿石中除含锡石外,还含有大量的脉石及其他伴生金属,锡含量一般很低。从锡矿床开采出的矿石,通常利用锡石自身特点,进行重力选矿或浮选－重选处理,有时还采用与磁选、电选和湿法冶金等过程组合的联合流程,进行分散和集中精选,以便获得适合冶炼要求的锡精矿。随着社会需求增加,采矿、选矿、冶炼等技术水平的提高,以及矿石中伴生有价金属的综合开发利用,有开采价值的矿石最低锡含量一再降低。据报道,国外开采砂锡矿的最低含锡品位达到0.01%～0.02%,开采纯锡石的脉锡矿最低品位为0.1%～0.2%。

锡精矿的品位高低,对冶炼成本有重要影响,通常品位越高,冶炼成本越低。许多国家锡精矿规定含锡波动在50%～75%之间,并认为冶炼的“标准”锡精矿是含锡60%,同时对锡精矿中杂质的允许含量也做了规定。我国各炼锡厂锡精矿平均成分见表5-6。

**表5-6 我国各炼锡厂锡精矿的平均成分(质量分数)** (%)

| 成分 | Sn | Pb | S | As | Sb | Bi | Cu | FeO | $SiO_2$ | CaO | $Al_2O_3$ |
|---|---|---|---|---|---|---|---|---|---|---|---|
| 精矿1 | 38～44 | 15～20 | 0.15 | 0.9～1.2 | 0.09 | — | 0.05 | 22～24 | 0.67 | 0.2 | 0.4 |
| 精矿2 | 50.01 | 2.26 | 5.36 | 2.25 | 0.45 | — | 0.01 | 11.19 | 2.5 | 1.5 | — |
| 精矿3 | 58～65 | 0.78 | 0.24 | 0.29 | — | 0.1 | — | 6.31 | 1.5～4.2 | 0.5～1.0 | 0.2 |
| 精矿4 | 43～44 | 0.59 | — | 0.68 | 0.6 | 0.02 | 0.03 | 23 | 1.5～2.5 | 0.15 | — |

由表5-6可知,我国各炼锡厂锡精矿含锡一般在40%～60%之间,且杂质种类和数量变化较大,可分为:高铁、铅或高铁精矿;高硫、砷精矿;低铁精矿等。对于不同类型的精矿,各厂应根据具体条件采用不同的冶炼流程。

### 5.4.2 锡冶金方法概述

由于锡矿中的二氧化锡不溶于酸或碱溶液中,很多研究者尝试寻找溶解锡矿的合适溶剂以改进锡生产工艺,但都未取得成功。目前,火法炼锡仍是锡生产的主导方法,但湿法冶金技术在锡生产过程中也有应用,如酸液用于炼前精矿处理,粗锡的湿法电解精炼过程等。利用锡精矿炼锡一般包括4个主要流程,即炼前处理、还原熔炼、炼渣和精炼。

炼前处理的方法包括焙烧、酸浸、精选等作业过程,是为了除去对冶炼有害的硫、砷、铁、铅、铋、锑、钨等杂质,同时达到综合回收各种有价金属的目的。通常根据所含杂质种类的不同,还可采用1个或几个作业组成的联合流程。若精矿中富含有价伴生金属,如Sb、Pb、Bi、W等,可采用精选和浸出等作业组成的联合流程,达到既除去杂质和又回收各种金属的目的;若进厂锡精矿砷、硫含量高,可采用单一焙烧作业脱除砷和硫,并可回收白砷($As_2O_3$)等。

还原熔炼主要是为了还原锡的氧化物为粗锡,同时使铁的高价氧化物还原为FeO,并与脉石成分造渣,实现与粗锡的分离。铁的氧化物被大量还原为金属铁会严重影响到粗锡品质,因此需要采取较弱的还原气氛,并控制适当的还原温度。但是这种技术控制必然也限制了锡氧化物的完全还原,因此熔炼炉渣中锡含量仍然较高,这种富锡渣必须进一步熔炼。

对于炼渣,现在一般采用烟化炉挥发法,取代了长期采用的两段熔炼法。所谓两段熔炼法是指,向富锡渣中加入 CaO 后在强还原气氛下再熔炼,产出可以抛弃的贫渣和铁锡合金后,铁锡合金再返回还原熔炼。烟化炉挥发法是指在高温时,利用黄铁矿等硫化剂,将富锡渣中的锡硫化挥发出来,再从烟尘中回收锡的方法。该法具有废渣含锡低、金属回收率高等优点,同时大量减少了两段熔炼法中铁的循环。

粗锡精炼主要是为了去除粗锡中铁、铜、砷、锑、铅、铋等常见杂质,提高锡的纯度,满足工业上对锡质量的要求,同时综合回收有价值的金属。粗锡精炼可分为火法精炼和电解精炼两大类,这部分内容将在下面做进一步介绍。

## 5.4.3　锡的碱介质湿法冶金技术

目前,锡的碱介质湿法冶金技术主要是应用在粗锡电解精炼和再生锡生产(如从马口铁废料中回收锡)等方面。

### 5.4.3.1　粗锡碱法电解精炼技术

A　粗锡杂质与精锡标准

熔炼锡精矿产出的粗锡含有一些杂质,表 5-7 是某些炼锡厂的粗锡成分。铁(Fe)、锑(Sb)、砷(As)、铜(Cu)、铅(Pb)、铋(Bi)和硫(S)等是粗锡中常见的杂质,对锡产品性质影响很大:铁含量在 0~0.05% 时,对锡的耐腐蚀性和可塑性没有明显影响,但含铁量百分之几时锡中会有 $FeSn_2$ 化合物生成,锡的硬度增大;含锑超过 0.5% 时,锡的伸长率降低,硬度和抗拉强度增加;砷有剧毒,包装食品和生活用品的锡箔、镀锡薄板用锡的含砷量限定在 0.015% 以下,砷含量超过 0.055% 时的锡硬度增加,脆性增大,断面呈粒状;铜由于会形成有毒化合物并降低镀层的稳定性,因此用作镀层的锡含铜越少越好,并且含铜约 0.05% 时,锡的硬度、拉伸强度和屈服点均会增加;铅的化合物具有毒性,镀层用锡含铅不应超过 0.04% 等。

**表 5-7　炼锡厂的粗锡成分(质量分数)**　(%)

| 编号 | Sn | As | Fe | Co | Pb | Bi | Sb | S |
|---|---|---|---|---|---|---|---|---|
| 1 | 97~99.3 | 0.08~0.4 | 0.25~1 | 0.02~0.07 | 0.12~0.9 | 0.02~0.7 | 0.04~0.15 | — |
| 2 | 99 | 0.08~0.1 | 0.05~0.5 | 0.01~0.1 | 0.03~0.54 | 0.01~0.2 | — | — |
| 3 | 96~98 | 0.5~2.5 | 0.3~1.2 | 0.1~0.3 | 1~10 | 0.05 | 0.1~2 | |
| 4 | 97~98 | 0.2~0.5 | 0.2~1 | 0.1~0.2 | 0.6~1.7 | 0.04~0.06 | 0.08~0.1 | 0.125~0.46 |
| 5 | 77~95 | 0.1~1 | 0.1~0.9 | 0.1~1.5 | 5~20 | 0.03~0.1 | 0.02~0.2 | 0.005~0.05 |
| 6 | 70~80 | 1.5~5 | 1~10 | 0.1~2 | 4~15 | 0.01~0.05 | 0.02~0.2 | 0.1~1.5 |

绝大多数地区产出的粗锡,都需经过精炼除去杂质,满足要求后方能使用。我国 1998 年颁布的锡锭产品标准(GB/T 728—1998),规定了锡锭产品所允许的各杂质成分最大含量,见表 5-8。粗锡精炼主要是除去粗锡中常见的铁、砷、铜、铋、铅、锑等杂质,提高锡的纯度,达到工业上所需品级的精锡,同时得到各种副产物(如浮渣、阳极泥等),作为综合回收伴生金属的原料。

表 5-8 按化学成分各类锡品号的规定

| 牌号 | | | Sn99.90 | Sn99.95 | Sn99.99 |
|---|---|---|---|---|---|
| 化学成分（质量分数）/% | Sn | 不小于 | 99.90 | 99.95 | 99.99 |
| | 杂质不大于 | As | 0.008 | 0.003 | 0.0005 |
| | | Fe | 0.007 | 0.004 | 0.0025 |
| | | Cu | 0.008 | 0.004 | 0.0005 |
| | | Pb | 0.040 | 0.010 | 0.0035 |
| | | Bi | 0.015 | 0.006 | 0.0025 |
| | | Sb | 0.020 | 0.014 | 0.002 |
| | | Cd | 0.0008 | 0.0005 | 0.0003 |
| | | Zn | 0.001 | 0.0008 | 0.0005 |
| | | Al | 0.001 | 0.0008 | 0.0005 |
| | | 总和 | 0.10 | 0.050 | 0.010 |

B 粗锡精炼方法

粗锡精炼包括火法精炼和电解精炼两大类，两类方法各有特点。

火法精炼在锡熔点以上的温度中进行，一般由一系列作业组成，每个作业除去一、两种杂质。例如，根据锡对某些杂质的溶解度随温度而变的性质进行精炼的有：降温凝析法，升温熔析法和过滤法等除去砷和铁；利用锡与某些元素生成低熔点合金以分离杂质的精炼方法有：结晶法和区域熔炼法去除铅和铋；加入某些元素或化合物与锡中杂质生成难熔于锡的化合物而分离去除，如加铝除砷、锑，加硫除铜，加氯化亚锡除铅，加钙、镁除铋等；此外，还可以利用各元素在一定温度下的蒸汽压不同，使用真空蒸馏法除去铅、铋。

在粗锡电解精炼时，阳极上：电位序在前者，容易氧化成离子进入溶液，电位序在后者，不容易氧化而留在阳极上。在阴极：电位序在后者，容易在阴极板上还原，电位序在前者因不易还原，仍存在电解液中。利用这些性质，可使锡与其他杂质分开，达到精炼的目的。电解精炼可以一次除去多种杂质。电解精炼粗锡一般与火法精炼相结合，先用火法精炼制成适应电解使用的阳极，而后在电解槽中进行可溶阳极电解，再将阴极产物熔铸成合格锡锭，杂质集中在阳极泥中，再处理阳极泥分别提取各种金属。

我国工厂一般采用火法精炼，但也有工厂采用电解精炼。将电解精炼与火法精炼相互配合，相辅相成，可以解决生产中的许多实际问题，因此实际生产中两种方法的选择应因地制宜，具体分析。

粗锡电解精炼始于20世纪初期，为使粗锡中的杂质全部除去，电解作用能顺利进行，曾尝试了许多种电解液。生产中使用过的电解液有两大类，即酸性电解液和碱性电解液。其中，酸性电解液包括硅氟酸电解液，氨基磺酸电解液，硫酸－甲酚磺酸－硫酸亚锡电解液，氯化物电解液和硫酸亚锡－硫酸钠－硫酸电解液等。碱性电解液有硫化碱电解液和苛性碱电解液等。两种电解液各有优缺点，采用酸性电解液的优点是：阴极锡结晶致密，质量高。缺点是：酸性电解液对设备和管道腐蚀，阳极溶解不良，使槽电压升高，电解液中锡离子浓度不大，电流密度不能提很高，使用硅氟酸电解液时，存在硅氟酸价格高、易分解等问题，导致成本增加。碱性电解液的主要缺点是生成海绵状阴极沉积物，熔化很困难，必须在高温（80～

90℃)下电解,才能获得致密阴极锡产品,但又导致水分蒸发大,劳动条件变差,同时,对含砷、锑高的阳极,只能采用低电流密度($D_K < 50A/m^2$),否则电锡的质量降低。

C　粗锡碱法电解精炼

国内外的一些工厂曾采用过硫代锡酸钠碱性溶液作为粗锡精炼的电解液,关于其他碱性电解液如锡酸钠($Na_2SnO_3$)溶液或 $SnCl_2$ 在苛性钠中的溶液,目前还未见在粗锡电解精炼中使用。硫代锡酸钠是化学性稳定的盐类,易溶于水中,并可在其水溶液中利用电解技术使锡从阴极上电积出来,而 Fe、Cu、Bi、Pb 等的硫化物在碱性溶液中都不溶解,从而达到电解精炼锡的目的。

该法将粗锡阳极在 $Na_2S$ 碱性溶液中电化溶解,生成的 $SnS_2$ 与 $Na_2S$ 结合生成 $Na_4SnS_4$,反应如下:

$$SnS_2 + 2Na_2S = Na_4SnS_4$$

当电流密度达到 $200A/m^2$ 时,锡除了受电化作用溶解外,还发生化学溶解,使得阳极电流效率可达 124%,反应如下:

$$Sn + 4Na_2S + 2H_2O + O_2 = Na_4SnS_4 + 4NaOH$$

或

$$Sn + 4S^{2-} + 2H_2O + O_2 = SnS_4^{4-} + 4OH^-$$

在该过程中也可能发生下述反应:

$$Sn + 3Na_2S + 2H_2O + O_2 = Na_2SnS_3 + 4NaOH$$

$SnS_3^{2-}$ 离子再与 $Na_2S$ 作用,即:

$$SnS_3^{2-} + S^{2-} = SnS_4^{4-}$$

对于该法电解过程的反应,特别在阴极的反应,有不同的解释:

第一种,$Sn^{4+}$ 在阴极放电

$$Sn^{4+} + 4e \longrightarrow Sn$$

第二种,$SnS_4^{4-}$ 在阴极放电

$$SnS_4^{4-} \longrightarrow Sn + 2S^{2-} + 4e$$

综合比较,在阴极的反应可以认为是:

$$Na_4SnS_4 + 4Na^+ + 4e = Sn + 4Na_2S$$

实验表明,只有在电解液中有足够高的硫代锡酸钠(Sn > 20g/L)时,电解才能得到较高的电流效率,同时可以采用较高($300A/m^2$)的电流密度。

可以用某厂的实践作为这种粗锡电解精炼的例子。该厂曾有 300 个电解槽,年生产 3000t 精锡,所用的电解液为 10% $Na_2S$ 溶液,含 Sn 50g/L。电解槽为铁制的,尺寸 3000mm × 1200mm × 800mm,槽壁用 40mm 厚压缩软木板绝热,槽内有蛇形管道蒸汽加热电解液。每槽阳极板 30 块,阴极板 31 块,同极距 80 ~ 100mm,阳极板尺寸 800mm × 600mm × 12mm,重 40 ~ 45kg。阳极成分(质量分数)如下(%):Sn,95 ~ 97;Bi,2 ~ 3;Fe,0.005;Pb,1 ~ 2;Sb,0.5。阴极由厚 2 ~ 3mm 铁板制造。

电解条件如下:电解液温度 80 ~ 90℃,电解液不循环,电流密度 50 ~ $100A/m^2$,由阳极纯度而定,槽电压 0.1 ~ 0.3V。阴极经过一昼夜取出,用水冲洗、干燥后,沉入熔融锡中,使电解锡脱离母极片。成分(质量分数)如下(%):Sn 99.85 ~ 99.9;Bi 0.02 ~ 0.05;Fe 0.005;Sb 0.015 ~ 0.05。需要指出,阳极含锑应不超过 0.5%,如果阳极含锑高(1.5% ~ 2%),阴

极锡含锑甚至可达0.5%。阳极寿命12d，阳极泥产出率8%～12%，其中含Bi 25%～30%，Pb 15%～20%，残极率20%，没有出现钝化现象。电解液可用8个月之久。

#### 5.4.3.2 再生锡生产

A 含锡废料来源

锡的主要用途有三种类型，即镀锡、焊锡、轴承合金。含锡废料的主要来源就是这三种产品的生产过程中产生的废锡料及其循环再生的废旧器件，可分以下几种：

a 马口铁废料

马口铁废料的主要来源是工厂边角废料和旧罐头盒等各种容器。随着镀锡技术的发展，马口铁含锡量已经很低，一般只有0.5%～2%，但由于马口铁的消耗量大和所含锡的纯度高，故很有回收利用价值。回收锡以后的废铁皮，由于含硫磷均在0.03%以下，还可以作为生产优质钢的原料。

b 热镀锡废料

即马口铁生产中的废料，包括熔剂渣、油脂渣和铁锡合金渣等，含锡量约为30%～90%。根据操作不同，这些渣中锡量占总生产锡量的15%～20%。由于马口铁生产量的日增，故从这些渣中回收锡也有很大价值。

c 含锡合金废料

含锡合金废料的种类很多，有的以锡为主要成分，有的含锡少些，但大都在2%～5%以上。无论哪一种类型的合金废料，均系多金属组成，除含锡外，还含有铜、锌、铅、锑、铋等成分。这些合金废料的来源包括工厂加工后的碎屑以及用过的废旧零件等，因此宜于处理成与原来成分相近的合金，也可以用不同方法回收各种金属。

d 锡管、锡箔废料

这些含锡废料一般含锡高，不低于80%，可直接用于制造合金。

碱介质湿法冶金技术在再生锡生产中，主要用于自马口铁废料中回收锡。

B 自马口铁废料中回收锡

自马口铁废料（边角废料和废旧罐头盒等）回收锡的方法很多，早先用火法（加热熔出）和机械法（用砂摩擦脱锡）等，由于马口铁中锡含量逐渐降低，现已不再采用。碱性电解液电解法与碱性溶液浸出法，是目前工业上常用的两种从马口铁废料中回收锡的方法，此外还有氯化法等。

a 碱性电解液电解法

碱性电解液电解是当前工业上采用的最广泛的方法，它是用马口铁废料作阳极，铁板作阴极，以NaOH和$Na_2SnO_3$的水溶液作为电解液，通直流电，阳极上的锡溶解生成$SnO_2^{2-}$和$SnO_3^{2-}$，由于$SnO_2^{2-}$和$SnO_3^{2-}$不稳定，容易氧化和水解生成$HSnO_2^-$和$Sn(OH)_6^{2-}$，故阳极上锡的溶解反应可能有：

$$Sn + 4OH^- = SnO_2^{2-} + 2H_2O + 2e$$

$$SnO_2^{2-} + H_2O = HSnO_2^- + OH^-$$

$$2SnO_2^{2-} + O_2 = 2SnO_3^{2-}$$

$$SnO_3^{2-} + 3H_2O = Sn(OH)_6^{2-} = Sn^{4+} + 6OH^-$$

又因为下列反应容易进行：

$$2HSnO_2^- + 2H_2O = Sn + Sn(OH)_6^{2-}$$

所以在电解液中,锡主要成4价离子形式[$Sn(OH)_6^{2-}$]存在。

在阴极,由于氢离子超电压大及其在电解液中浓度小,故主要是$Sn(OH)_6^{2-}$接受电子,锡被还原:

$$Sn(OH)_6^{2-} + 4e = Sn + 6OH^-$$

对于生成致密阴极锡的唯一障碍是电解液中除了4价锡离子外,还可能存在2价锡离子,即使是少量的2价锡离子,如电解液中含0.1~0.2g/L $Sn^{2+}$离子时,也足以导致生成海绵锡。许多研究认为是,当阴极表面的极小的凸出处(该处电流密度大于附近区域)含有$Sn^{2+}$离子时,会进行毫无阻碍的离子放电:

$$Sn^{2+} + 2e = Sn$$

其晶体生成速度超过结晶中心形成速度,锡的结晶向着阳极方向长大而生成多孔性的海绵锡。

为了获得致密阴极锡,必须防止2价锡$Sn^{2+}$产出或减少其含量至不形成海绵锡的程度。研究主要分两方面进行:

(1)在电解液中加入有机氧化剂如硝基苯甲酸($NO_2C_6H_4COOH$)的方法,它能够将锡氧化变成$Sn^{4+}$,本身又能夺取空气中的氧再生。

(2)采用使阳极钝化生成氧化薄膜,又不致妨碍阳极溶解的方法,使$Sn^{2+}$不能产出。当电流密度很低时,碱性槽中进行阳极过程时锡溶解成$Sn^{2+}$,当电流密度提高时,阳极附近的$Sn^{2+}$浓度先开始提高,同时在阳极上生成一层金黄色的钝化膜,然后就使得锡进入溶液中成为$Sn^{4+}$,反应如下:

$$Sn = Sn^{2+} + 2e$$

$$Sn^{2+} = Sn^{4+} + 2e$$

不少研究者对此进行了解释,认为随着电流密度的增大,$Sn^{2+}$离子的浓度也逐渐增大直至阳极附近$Sn^{2+}$达到饱和。由饱和溶液中析出薄膜状的氢氧化锡$Sn(OH)_2$结晶于阳极表面上,然后电化学过程的方向即开始改变,阴离子自溶液中经过在阳极上生成的薄膜的毛孔渗透到阳极的金属,每一个阴离子都失去其电子,与金属的结晶格子的原子结合成固体盐的分子。这样就确定了不断溶解去阳极上的薄膜而生成锡酸盐与不断在阳极表面上生成薄膜的过程。

据报道,这两种方法的研究都曾获得了致密的阴极锡产品。

碱性电解液电解提取锡的流程如图5-16所示。经过预先准备(分类、切开、洗涤和包装等)的马口铁废料,重约25~30kg,装入铁丝篮中作为阳极,篮子尺寸800mm×600mm×160mm,阴极为厚2~2.5mm的铁板,大小与阳极相近,一起放入铁板做成的电解槽中,极间距离55~60mm。

电解液的配制是在每立方米($m^3$)水中加入100kg氢氧化钠,溶解热可使溶液自动升温到40℃左右,然后用蒸气间接加热,使溶液维持在65~75℃。锡的加入可以用马口铁废料不通电溶解,或是用金属锡通电溶解,但必须达到规定的电解液含锡为止。经过工厂实践和研究,电解液成分大多趋向于采用如下成分:5%~6%游离NaOH,1.5%~2.5% $Na_2SnO_3$和$Na_2CO_3$小于2.5%,总碱度为10%。在此情况下,电流密度采用100~300A/$m^2$。

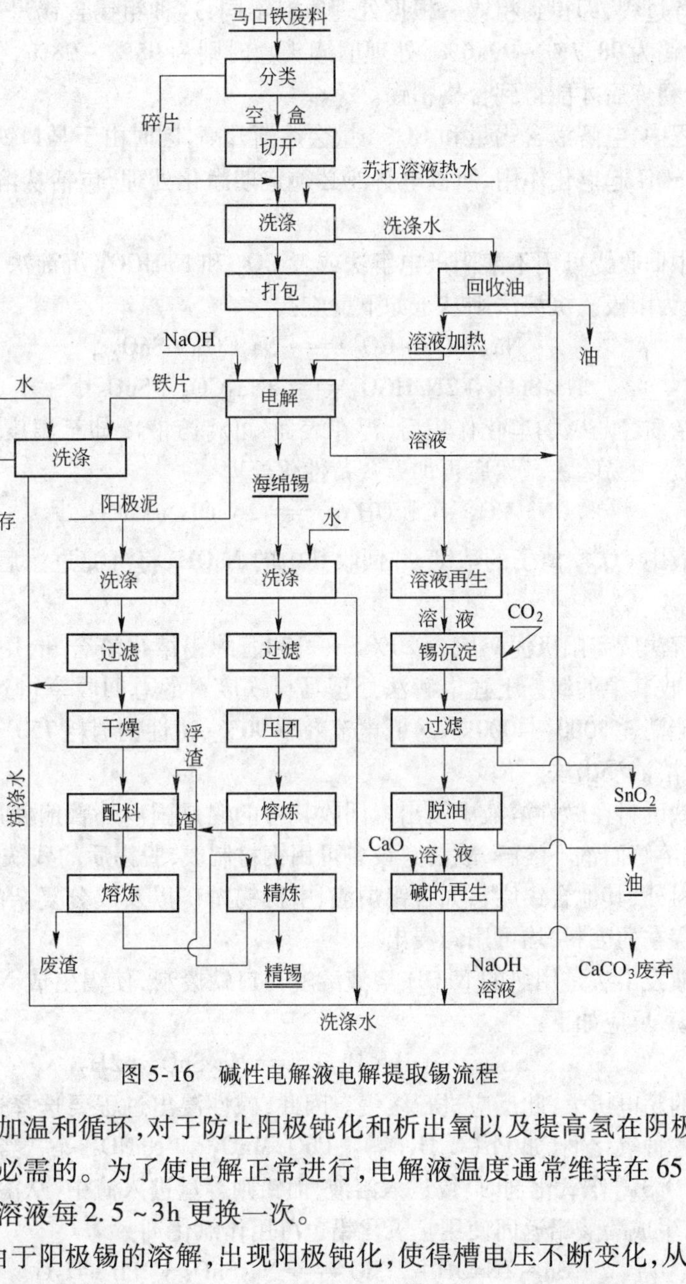


图 5-16　碱性电解液电解提取锡流程

对电解液进行加温和循环，对于防止阳极钝化和析出氧以及提高氢在阴极的超电压和保证阴极质量都是必需的。为了使电解正常进行，电解液温度通常维持在 65 ~ 75℃，电解液循环使电解槽中溶液每 2.5 ~ 3h 更换一次。

电解过程中，由于阳极锡的溶解，出现阳极钝化，使得槽电压不断变化，从 0.5 ~ 2.5V。槽电压升高也与 NaOH 吸收空气中 $CO_2$ 有关，当电解液中 $Na_2CO_3$ 含量超过 2.5% 时，会使电解液电阻增加。槽电压升高超过 3V 时，发生水的分解反应，在阴极放出氢气，阳极产出氧气，氢和氧的气泡停留在电解液表面的由马口铁表面未洗去的有机物皂化生成的肥皂泡中，遇火容易爆炸，因此实际操作中必须避免槽电压过高。

根据槽电压升高和阳极颜色变化可以判断电解过程结束时间。当阳极表面钝化，槽电压升高，生成氧化物层时，颜色由白色变成灰色，即为过程终了标志。电解过程结束后，从阴极板上取下海绵锡。这种海绵锡由于分散性大，在空气中容易氧化，因此应保存在水中，有时也可以加入 0.1% 的酒石酸或 0.05% 的甲酚磺酸，以防氧化。将海绵锡经过洗涤、过滤、压团和熔化等过程，即得到粗锡。根据处理原料不同，这种粗锡含锡量也不同，如处理马口铁碎片时，含锡为98.7%～99.6%，处理旧罐头盒时则为95%～98%，但都含少量铁、铅和铜，要进一步精炼后才能得到合格精锡。

电解过程中，电解液含锡量和 $CO_3^{2-}$ 量会逐渐升高，同时由于马口铁洗涤未净而带进有机物质，与NaOH起皂化作用，所以电解液必须定期净化处理，包括从溶液中回收锡、除杂、苛化回碱等。

从溶液中回收锡可用不溶阳极电解法或者 $CO_2$ 和 $NaHCO_3$ 沉淀法，前者就在电解槽中进行，以铁板为阳极。沉淀法则基于如下反应：

$$Na_2SnO_3 + CO_2 \overset{}{=\!=\!=} Na_2CO_3 + SnO_2 \downarrow$$

$$Na_2SnO_3 + 2NaHCO_3 \overset{}{=\!=\!=} 2Na_2CO_3 + SnO_2 \downarrow + H_2O$$

有机物杂质经与碱的皂化作用后，浮在表面，可将溶液冷却至温度6℃以下，则形成一层棉絮状物质，很易除去。然后再加石灰苛性化处理

$$Na_2CO_3 + Ca(OH)_2 \overset{}{=\!=\!=} 2NaOH + CaCO_3 \downarrow$$

以便降低溶液中 $CO_3^{2-}$ 离子的浓度，并回收其中的NaOH，将沉淀过滤后滤液继续返回电解使用。

碱性电解法所产阳极泥一般含20% Sn，可和海绵锡熔化渣合并，用还原法或其他方法处理，以便回收其中的锡。上述电解法处理马口铁废料的总回收率可达90%～95%，电解过程吨锡电能消耗3000～4000kW·h，电流效率90%，苛性钠消耗750～950kg/t锡。

b　碱性溶液浸出法

将马口铁废料在碱性溶液中浸出以回收其中的锡是国内外普遍使用的方法，因为在此过程中，锡被溶解而铁不溶解，故溶解设备可用钢材制成，脱锡后的残铁还送去炼钢厂炼铁。除马口铁废料外，其他含锡废料如含锡炉渣、中低锡精矿以及成分复杂的含锡物料等，只要是以金属锡存在的废料，均可用碱浸出。

碱性溶液浸出法是用热的NaOH溶液溶解马口铁废料，使锡生成 $Na_2SnO_3$ 进入溶液从而与铁皮分离，反应如下：

$$Sn + 2NaOH + H_2O \overset{}{=\!=\!=} Na_2SnO_3 + 2H_2$$

由于氢的超电压大，此反应进行缓慢。因此，碱性浸出过程要选择适合的氧化剂，工业上曾经提出各种氧化剂，如 $Pb(C_2H_3O_2)_2$，PbO，$MnO_2$ 和 $NaNO_3$ 等。当用易溶于水的醋酸铅[$Pb(C_2H_3O_2)_2$]作氧化剂时，锡进入溶液，而铅则等量进入渣中，从溶液中分出的铅渣再用醋酸溶解，生成醋酸铅返回使用。氧化铅也可用作氧化剂：

$$Sn + 2NaOH + 2PbO \overset{}{=\!=\!=} Na_2SnO_3 + 2Pb + H_2O$$

实验表明，以 $NaNO_3$（硝石）效果最好，以加速反应的进行。硝石容易分解：

$$2NaNO_3 \overset{}{=\!=\!=} 2NaNO_2 + O_2$$

放出氧和生成亚硝酸钠都具有氧化作用，在浸出时的反应如下：

$$Sn + 2NaOH + O_2 \overset{}{=\!=\!=} Na_2SnO_3 + H_2O$$

$$3Sn + 4NaOH + H_2O + 2NaNO_2 \overset{}{=\!=\!=} 3Na_2SnO_3 + 2NH_3$$

对于碱性浸出过程，有的工厂是在直径1.5～2m、高2～3m的浸出槽中进行的，溶液含NaOH10%～12%，硝石加入量按10份NaOH加1份 $NaNO_3$ 计算，预先准备好的马口铁碎片用铁丝篮装着置于浸出槽中进行化学反应，同时鼓入预热空气搅拌加热溶液，维持温度在

70～80℃，空气中的氧也部分地起着氧化剂的作用。当浸出溶液中锡含量达到15g/L时即可放出，整个过程大致需要3h。

从碱性浸出液中回收锡，一般有两种方法，即沉淀法和不溶阳极电解法。采用沉淀法时，应注意根据具体条件选用不同的沉淀剂，如$CO_2$，$Ca(OH)_2$，$NaHCO_3$或$H_2SO_4$等，各自反应如下：

$$Na_2SnO_3 + CO_2 = SnO_2\downarrow + Na_2CO_3$$

$$Na_2SnO_3 + Ca(OH)_2 = CaSnO_3\downarrow + 2NaOH$$

$$Na_2SnO_3 + 2NaHCO_3 = SnO_2\downarrow + 2Na_2CO_3 + H_2O$$

$$Na_2SnO_3 + H_2SO_4 + 2H_2O = Sn(OH)_4\downarrow + Na_2SO_4 + H_2O$$

反应生成的$Na_2CO_3$溶液，按下述反应苛性化后，可再生80%NaOH，返回浸出过程继续使用：

$$Na_2CO_3 + Ca(OH)_2 = CaCO_3\downarrow + 2NaOH$$

沉淀产物用真空过滤机、压滤机或离心机过滤。若欲获得直接用于陶瓷工业的纯净$SnO_2$，则必须预先净化浸出溶液，一般是加入$Na_2S$以除去少量的铅、铁和锑等杂质。如果只要求得到金属锡，一般则不需净化操作，因为还原熔炼得到的金属锡还可再用火法精炼处理。

除了沉淀法外，也可以用不溶阳极电解法直接从浸出液中回收锡。这时用铁板作阴极和阳极，在含6%～10%Sn、5%～8%NaOH的电解液中，通直流电电解，电解温度65～75℃，电流密度50～150A/m²（根据电解液含锡变化而不同），槽电压为2.5V。在加入$Na_2O$作氧化剂的情况下，可获得致密阴极锡。但采用不溶阳极进行电积锡过程中，溶液中的锡含量迅速降低，为此必须经常调整电解液，溶液的再生非常复杂，因此这一方法一直未得到广泛的应用。

图5-17是某工厂采用的碱性浸出的设备工艺流程。

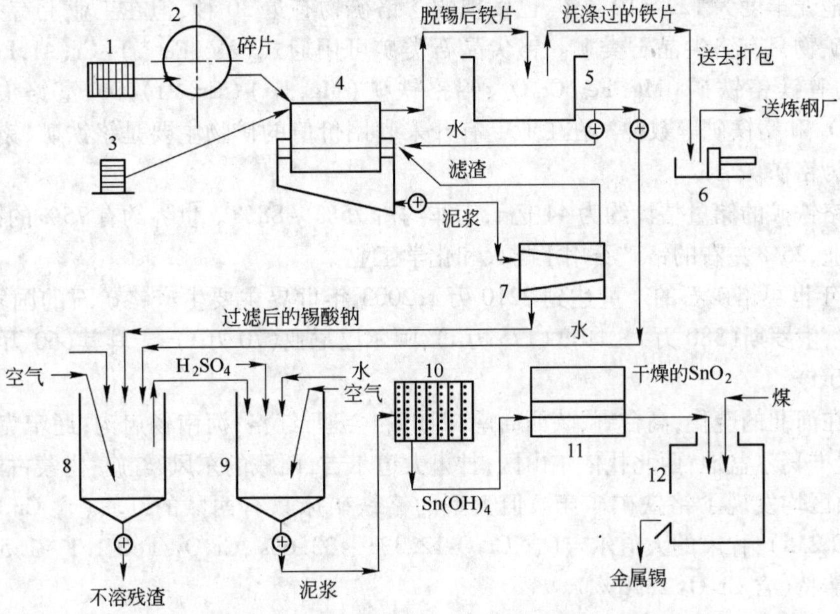


图5-17　某工厂采用碱性浸出设备工艺流程

1—卷材；2—剪碎机；3—碎片；4—转鼓及浸出槽；5—洗涤槽；6—打包机；7—离心分离机；8—溶解槽；9—沉淀槽；10—压滤机；11—气体干燥机；12—还原电炉

该厂马口铁废料平均含锡0.25%～1%，成卷的废料在浸出之前先被剪碎机剪成碎片，然后碎片装入直径2.4m、长3.3m的有孔转鼓中，每次2.3～3t，转鼓本身水平地淹没在加热的碱性溶液浸出槽中，在转动（按1r/min的速度）翻动装料过程中，发生浸出反应。浸出用碱性溶液一般含NaOH 180～200g/L、$NaNO_3$ 28g/L。在该强碱性溶液中，锡可以以$Na_2SnO_3$晶体形式析出。这种晶体一般成泥状，因为常常含有氧化铁和小块碎片杂质，需经过离心机过滤之后，在槽中用水浸出澄清分离之。分离杂质后的$Na_2SnO_3$溶液转入沉淀槽，用硫酸沉淀法产出$Sn(OH)_4$，经过过滤、洗涤和干燥后，在电炉中还原熔炼获得金属锡。

浸出结束后的铁皮废料，在洗涤槽洗去残余碱液，然后打包送往炼钢厂进一步处理利用。据报道，该流程产出的金属锡含：0.01% As，0.018% Sb，0.01% Pb，0.001% Bi，0.003% Al，0.015%～0.027% Cu，其余为锡。每吨金属锡材料消耗（t）为：苛性钠4.25，硫酸2.5，硝石0.85。

应当指出，在有氧化剂存在时锡用碱性溶液浸出并随后以化合物形态沉淀回收锡的方法，虽然设备简单、操作方便，并且可以处理不同类型马口铁废料，但是也存在溶液和洗液体积大、试剂和燃料消耗较多等缺点，此外，在使用一些无机氧化剂时，其还原产物在溶液中会逐渐积累，必须定期加以处理，使流程变得复杂。近些年来，人们尝试了其他一些氧化剂，其中使用含有机氧化剂[如硝基苯甲酸（$NO_2C_6H_4COOH$）等]的碱性溶液浸出锡得到广泛应用，使用有机氧化剂的优点是可利用空气中的氧以氧化被还原的有机物，使其直接再生利用或在电解槽中在阳极氧化再生而使有机氧化物返回利用。

## 5.5　铬的碱介质湿法冶金技术

### 5.5.1　铬冶金原料

铬的地壳丰度为$122 \times 10^{-4}$%，已发现的含铬矿物有近30种，但在工业上有开采利用价值的铬矿物只有铬尖晶石类矿。铬尖晶石类矿可用通式$(Mg, Fe^{2+})(Cr, Al, Fe)_2O_4$表示，常见的有镁铬铁矿$(Mg, Fe)Cr_2O_4$、铝铬铁矿$(Mg, Fe)(Cr, Al)_2O_4$、富铬尖晶石$Fe(Cr, Al)_2O_4$和铬铁矿等数种。在工业上有开采利用价值的矿物主要是铬铁矿、铬镁矿等，它们统称为铬矿。

世界铬铁矿的储量估计约为44亿t，南非约占75%～88%。世界约有75%的铬矿石用于冶金工业，25%左右的铬矿石用于耐火和化学工业。

2003年世界铬矿石的产量达到2210万t，2003年世界主要生产铬矿石的国家为南非（525万t），俄罗斯（380万t），印度（175万t），阿尔巴尼亚（70万t），土耳其（60万t），津巴布韦（60万t）。

我国在河北的遵化，高台寺；陕西商南；四川的会理，红格；河南杨启沟；辽宁克旗；北京密云；新疆准葛尔盆地；西北扎依尔山区；甘肃大道尔吉；西藏的东风，红旗；内蒙古的锡林浩特，索伦山区均发现了铬铁矿矿床。但大型的铬铁矿床只有西藏的红旗（含$Cr_2O_3$ 45%，$Cr_2O_3/FeO$ 2.5），甘肃的大道尔吉（含$Cr_2O_3$ 12.3%～33.6%，$Cr_2O_3/FeO$ 1.1～1.5）和内蒙古的锡林浩特（含$Cr_2O_3$ 23.6%）。

### 5.5.2　铬冶金方法概述

金属铬的生产方法有金属热还原法和电解法。其中电解法生产的金属铬约占总产量的1/3。

#### 5.5.2.1 金属热还原法

金属热还原法一般经铬铁矿氧化焙烧和铬焙烧料浸出,制得铬酸钠,再由铬酸钠制取氧化铬,作为金属热还原法生产铬的原料。其工艺的基本流程如图5-18所示。将铬精矿配于白云石和苏打在1000℃下焙烧,用硫酸浸出得到铬酸钠溶液。铬酸钠溶液用硫黄预还原为氢氧化铬,经煅烧后得到三氧化铬,用金属还原剂在还原炉内还原最终得到金属铬。

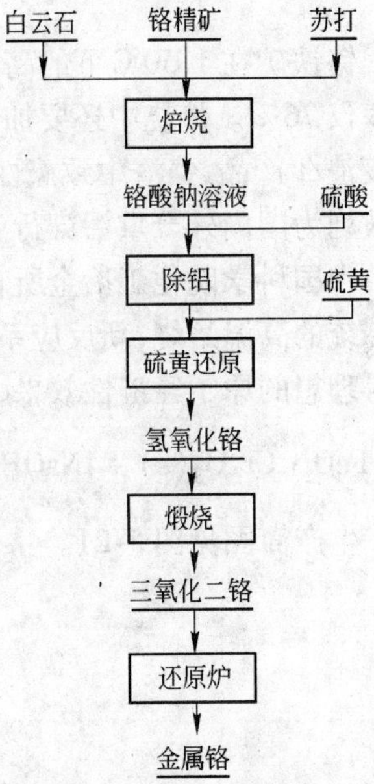


图5-18 金属热还原法生产金属铬的工艺流程

金属热还原法中的金属还原剂有铝粉、镁粉、硅粉等,通常用铝粉作还原剂。由于铝粉价值高,致使金属铬的生产成本高,同时,金属还原法产出的金属铬质量不如电解法生产的金属铬质量。

#### 5.5.2.2 电解法

电解法是以铬铁为原料,用化学处理方法制取铬铵矾,作为电解生产铬的原料。电解法有铬酐电解法和铬铵矾电解法。铬酐电解法的工艺流程如图5-19所示。在铬酐电解法中,铬精矿经焙烧-浸出-酸化,然后得到铬酐,铬酐在水溶液中进行电解,最后得到金属铬。

铬铵矾电解法的工艺流程如图5-20所示。铬铵矾可由铬铁合金、铬精矿或铬镁矿中制取。

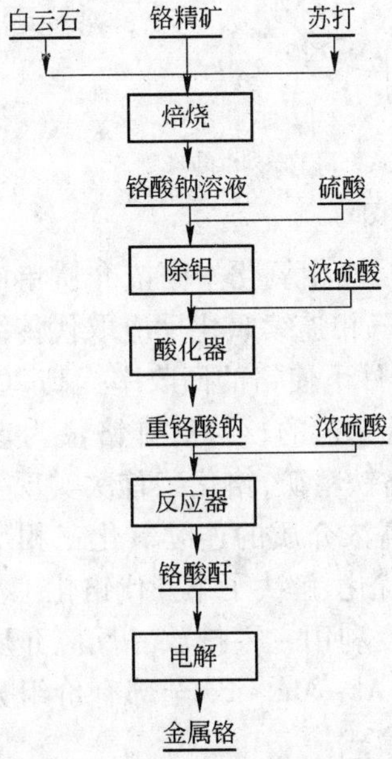


图5-19 铬酐电解法生产金属铬的工艺流程

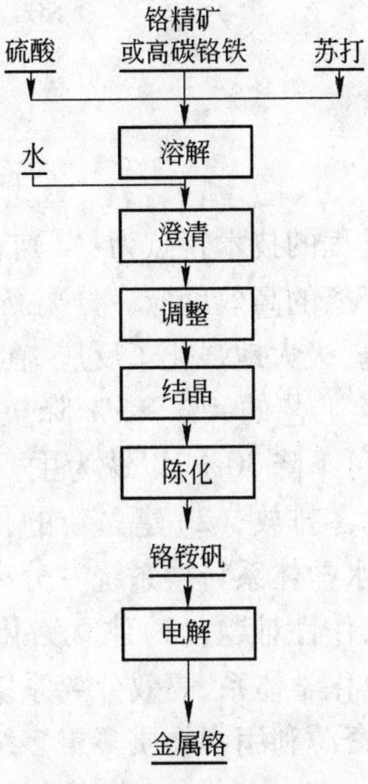


图5-20 铬铵矾电解法生产金属铬的工艺流程

### 5.5.3 氢氧化钠低温熔盐液相铬盐清洁生产工艺

国内外传统铬化工生产方法是按以下反应式进行的:

$$FeO \cdot Cr_2O_3 + 2Na_2CO_3 + \frac{7}{4}O_2 = 2Na_2CrO_4 + \frac{1}{2}Fe_2O_3 + 2CO_2$$

铬铁矿在1150℃下的高温氧化钠化焙烧－水浸－多级酸化与蒸发结晶分离工艺，铬回收率仅76%。焙烧中还要加入矿量2倍的惰性抗烧结填料，而产生大量的高毒性铬渣，达3t废渣/t产品，铬渣中致癌性6价铬对生态环境和人体健康造成严重危害。铬化工行业长期被列为国内外严重污染行业之首，成为世界性环保难题。

中国科学院化工冶金所首次提出低温熔盐－亚熔盐介质中的拟均相高效反应新系统取代传统的高温焙烧，新反应系统与传统高温焙烧比较，在热力学、动力学条件均处于优势，已取得理想的原子经济性效果，反应见下式：

$$FeO \cdot Cr_2O_3(s) + 4NaOH(l) + \frac{7}{4}O_2(g) = 2Na_2CrO_4(l) + \frac{1}{2}Fe_2O_3(s) + 2H_2O(g)$$

生产简图见图5-21。

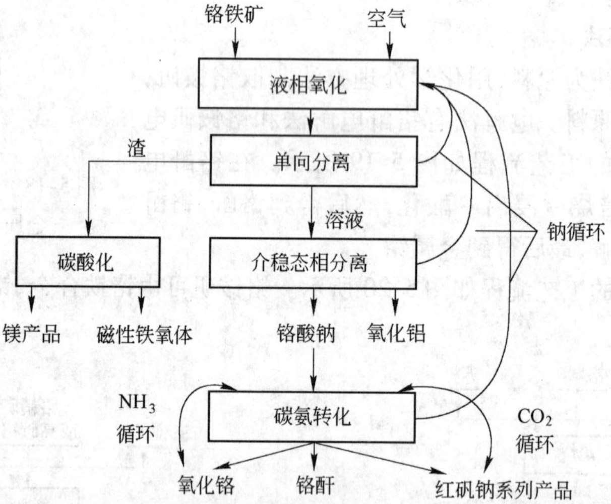


图5-21　铬盐清洁生产简图

该新过程的技术特点为：(1)首次建立低温熔盐连续液相氧化－高浓介质单向分离－介稳态相分离的高效反应－分离新过程，以气－液－固三相连续氧化反应取代传统的高能耗氧化焙烧，极大地强化了反应，在低于老工艺600℃条件下使铬的回收率提高20%，铬渣含总铬由老工艺的4%～5%降至0.5%。渣量仅为老工艺的1/4，渣排铬量为老工艺的1/40，能耗可下降30%，以铁为主要成分的新铬渣为合格铁精矿，铬化工首次实现生产源头控制污染的零排放；(2)建立新的化工操作方式，熔盐高浓介质的连续氧化三相反应器系统，熔盐－水盐体系转换系统－分离系统的设备与操作优化，解决了第三代铬化工清洁技术的工业可操作性难题；(3)建立铬化工的资源全组分深度利用－零排放－反应介质内循环的绿色工业化学体系，高效分离系统使铬铁矿中的Cr－Al－Mg－Fe全部有价组分深度利用，实现了资源利用中物质多重多级循环的生态工业新模式。

## 5.6　锑的碱介质湿法冶金技术

### 5.6.1　锑冶金原料

自然界中的含锑矿物多达120种以上。锑在自然界存在0价、3价和5价三种。0价的锑即自然锑,无单独形成的富矿床被发现,不具有经济意义。3 价和 5 价的锑矿物则有含锑的金属间化合物、硫化矿和氧化矿之分。硫化锑($Sb_2S_3$)矿物按化学成分又可分为单纯的硫化矿(辉锑矿 $Sb_2S_3$)和复杂的硫化矿(辉锑矿与其他金属硫化物的混晶或固溶体,如黝铜矿 $5Cu_2S \cdot 2CuS \cdot 2Sb_2S_3$、脆硫锑铅矿 $Pb_4FeSb_6S_{14}$ 等)。氧化锑矿物也可分为单纯的氧化矿(如方锑矿 $Sb_2O_3$、锑赭石 $Sb_2O_4$ 和黄锑华 $Sb_2O_4 \cdot H_2O$ 等)和复杂氧化矿,后者一般是三氧化二锑或五氧化二锑与其他金属氧化物的混晶或固溶体,如红锑矿 $Sb_2S_2O(2Sb_2S_3 \cdot Sb_2O_3)$等。

虽然很多复杂锑矿均具有一定的工业意义,但目前锑冶炼主要的矿物原料仍然是硫化矿,而其中辉锑矿又是最为常见的工业矿物。辉锑矿的特点是,无论脉矿或层矿,一般都有富集的矿囊和分散的矿带之分。矿囊含锑品位从 40% ~65% 左右不等,接近纯硫化锑的成分含量($Sb_2S_3$ 中含 Sb 71.73%),块大,颜色近似灰蓝,在我国俗称“青砂”;层矿含锑品位由千分之几到 20% 左右,其中的三硫化二锑呈树枝状结晶穿插在母岩内,俗称“花砂”。

青砂多掺配在花砂内以提高花砂含锑品位,但也可用来熔析成商品生锑($Sb_2S_3$),或先焙烧生成四氧化锑($Sb_2O_4$),再经还原熔炼生产纯锑。花砂通常先进行氧化挥发焙烧,使转化为易挥发的三氧化锑($Sb_2O_3$),然后再经还原熔炼以生产纯锑。含锑 15% 左右的花砂可直接进行挥发焙烧,但当品位低于 10% 时,直接进行挥发焙烧在经济上不划算,需要进行富集预处理,一般采用浮选的选矿方法,可获得含锑约 50% 的浮选精矿。现代化炼锑厂大多生产浮选锑精矿作为冶炼原料。硫化锑矿上部常风化为氧化矿,氧化矿不容易用选矿方法分离出来,品位较低时(2% ~3%)可用沸腾炉或烧结机直接进行挥发焙烧加以富集。

此外,主要以废蓄电池和各种硬铅废料为原料的二次锑生产在锑工业中也占有重要地位,在工业发达国家,二次锑的循环量已达到锑总消费量的 30% ~50%。

### 5.6.2 锑冶金方法概述

现代锑的生产方法,有火法和湿法两大类,目前硫化锑矿石和精矿的挥发焙烧 - 还原熔炼、硫化锑精矿的沉淀熔炼以及碱性浸出 - 浸出液电解已形成为工业生产上三种主要的炼锑方法。

火法炼锑主要有挥发焙烧 - 还原熔炼和挥发熔炼 - 还原熔炼两种方法,前者是基于三硫化锑在空气不足的情况下,受热氧化为易挥发的三氧化锑,随炉气进入收尘系统,冷凝为白色粉状结晶沉积下来,实现锑与脉石的分离,然后再与碳质还原剂共热,还原为金属锑。后者是为了克服挥发焙烧时因炉料熔结带来的困难,从普通的鼓风炉熔炼发展起来的,该法是在高温、强氧化气氛及炉料呈熔融体的情况下,使锑最大限度地以三氧化二锑形态挥发、冷凝下来,再进行还原熔炼,生产粗锑。对于硫化锑精矿,则可在低于硫化锑熔点温度和空气充足的条件下进行死焙烧,使之氧化成不挥发的四氧化二锑,然后再还原熔炼产出金属锑,在焙烧过程中砷、汞等易挥发组分可与锑分离。而对于高品位的辉锑矿石、精矿(一般含锑约 45% ~65%)或熔析的生锑也可采用沉淀熔炼法直接产出金属锑,其实质是利用铁对硫化锑的置换作用,使锑沉淀析出而获得金属锑。

对于还原熔炼等方法产出的粗锑通常含有铁、砷、硫等杂质,必须进行精炼方能符合商品要求。一般用硫化锑精矿和硫酸钠作为除铁剂,苛性钠和碳酸钠作为除砷、脱硫剂。但精炼作业产出的高砷碱渣,目前尚无理想的处理方法,一般采用水浸,以砷酸钙形态弃之,我国一般从碱渣副产砷酸钠,或始于制造玻璃的砷酸钠混合盐。粗锑还可进行电解精炼,工业上应用的电解质是氢氟酸和硫酸的混合液。电解精炼除可制取纯度较高的金属锑(阴极锑含锑可达99.9%)外,还可以分离金、银或其他有价金属,得到较好的综合回收效果。此外,近些年来锑的熔盐电解技术也引起人们的注意,例如采用氯化钾和氯化钠的混合盐作为电解质,可有效除去负电性金属杂质而获得高标号锑,锑的回收率可达96%~98.5%,吨精矿产品直流电耗为300~350kW·h。

湿法炼锑,包括碱性湿法炼锑和酸性湿法炼锑两种方法。它们均主要由锑的浸出和电积两个工序组成,"浸出"使锑溶解进入溶液,"电积"是将所得的溶液通过电解产出金属锑。目前湿法炼锑所用浸出剂,主要是硫化钠和苛性钠的混合溶液,称为碱性浸出,锑进入溶液,形成硫代亚锑酸钠,将该溶液电积生产金属锑,电积分为隔膜电积和无隔膜电积两种,采用隔膜电积的电流效率为80%~85%,无隔膜电积仅为45%~55%。碱浸-电积锑冶金的优点是锑的浸出率高,选择性好,可以以硫化钠的形式回收原料中的硫,消除火法"硫烟"的危害,易于工业实施,因而得到推广。对于碱性浸出液,还可采用直接还原(如甲醛、氢还原)或用铁、铝、锌、铜等金属置换等方法生产金属锑,或用$CO_2$、$SO_2$等气体沉淀富集硫化锑沉淀。采用酸性溶剂浸出的湿法炼锑,由于盐酸作溶剂时伴随析出硫化氢等有害气体,很多专利提出采用三氯化铁作为溶剂,浸出所得的三氯化锑溶液,用隔膜电积或铁置换生产金属锑,或进行水解生产锑白,或采用干馏法生产高纯锑品。

总之,湿法炼锑不仅金属回收率高,还可按无渣工艺处理多金属锑矿,浸出渣送炼铅厂处理,渣中的锑以锑酸钠形态回收,锑的碱性浸出回收率可达99%以上,电积回收率也接近99%,综合回收率不低于98%。而火法流程中,鼓风炉挥发熔炼的回收率只有96%,直井炉挥发焙烧仅为93%。碱性浸出-电积法比后两者分别高出2%和5%。

### 5.6.3 锑的碱介质湿法冶金技术

碱介质在锑冶金方面应用广泛,碱性浸出-硫代亚锑酸钠溶液电积法是当前锑冶金的主要工业生产方法之一。碱性湿法炼锑包括硫化锑精矿的碱性浸出、氧化锑矿及其他含锑氧化物料的碱性浸出,以及从硫化碱浸出溶液中利用电积、还原、置换等方法生产金属锑,此外,也有人提出利用碱介质溶液作为粗锑电解精炼或生产高纯锑时的电解液。

#### 5.6.3.1 硫化锑精矿的碱性浸出

A　碱性浸出的热力学

硫化钠碱性溶液是目前工业上硫化锑精矿所用的碱性浸出溶剂,$Sb_2S_3$在硫化钠碱性溶液中主要存在如下反应:

$$Sb_2S_3 + S^{2-} = 2SbS_2^- \qquad \lg K_1 = 8.04$$

$$Sb_2S_3 + 3S^{2-} = 2SbS_3^{3-} \qquad \lg K_2 = 12.606$$

$$Sb_2S_3 + 3S^{2-} = Sb_2S_6^{6-} \qquad \lg K_3 = 12.606$$

$$Sb_2S_3 + 2S^{2-} = Sb_2S_5^{4-} \qquad \lg K_4 = 8.548$$

$$Sb_2S_3 + 12OH^- = 2SbO_3^{3-} + 6H_2O + 3S^{2-} \qquad \lg K_5 = 3.4545$$

这是有固、液两相参加的反应,浸出体系中所含的锑、硫、钠3个组分在水中形成多种复杂的络合离子。我们可以通过对Sb-S-$H_2O$系和Sb-S-Na-$H_2O$系进行热力学分析并找出其中的规律，以保证浸出过程在最有利的条件下进行。

Sb – S – $H_2O$ 系是复杂的络合物体系，在其碱性负电位区的溶液中，存在单一配位体的单核络离子（$SbS_2^-$，$SbS_3^{3-}$，$SbS_4^{3-}$），以及单一配位体的多核络离子（$Sb_2S_4^{2-}$，$Sb_2S_5^{4-}$，$Sb_2S_6^{6-}$），此外，还有部分氧代配位体（如 $SbSO^-$，$SbSO_2^-$ 等）和全部氧代配位体络离子（如 $SbO^+$，$SbO_2^-$，$SbO_3^{3-}$，$SbO_4^{3-}$ 等）。而作为配位体的 $S^{2-}$ 也有多种变价离子（如 $S_2^{2-}$，$S_2O_3^{2-}$，$SO_4^{2-}$，$SO_3^{2-}$ 等）和变体离子（如 $HS^-$ 等）。

图 5-22、图 5-23 是 25℃，$[Sb]_T$ = 1mol，$[S]_T$ 分别等于 2mol、3mol 时，根据同时平衡原理和电中性原理，用电子计算机求解指数方程并经计算后，绘制的 Sb – S – $H_2O$ 系的电位 – pH值图。其中 $[Sb]_T$ 和 $[S]_T$ 分别表示溶液中含 Sb 和含 S 的离子平衡总浓度。

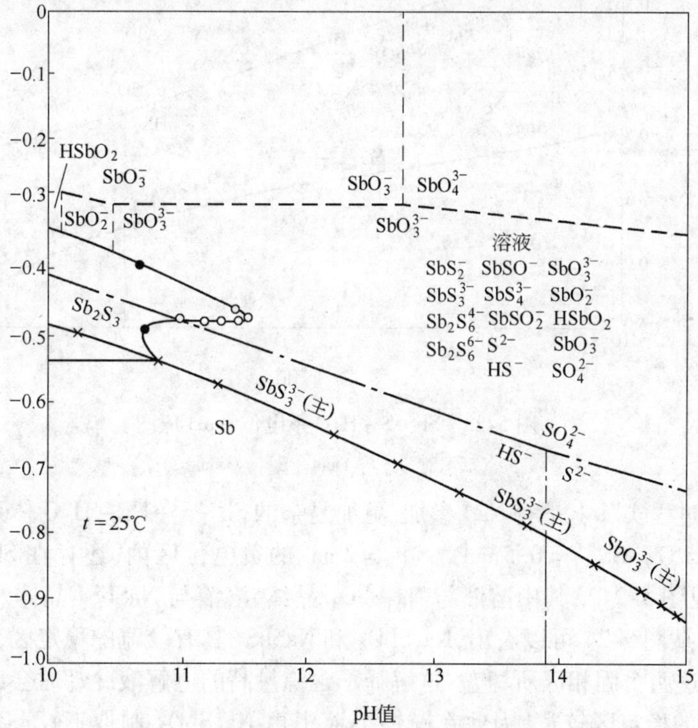


图 5-22 Sb – S – $H_2O$ 系电位 – pH 值图

（25℃，$[Sb]_T$ = 1mol，$[S]_T$ = 2mol）

从图 5-22 可以看出，在固 – 液平衡线上，随着 pH 值升高，电位负向移动，溶液中含锑络离子的配位数由少到多，当 pH 值小于 13.6 时，以 $SbS_2^-$ 为主；当 pH 值为 13.6 ~ 14.2 时，以 $SbS_3^{3-}$、$Sb_2S_6^{6-}$ 为主；当 pH 值大于 14.2 时，以 $SbO_3^{3-}$ 为主，即随着电位的升高，氧代配位体的个数增加，以致最后变成全部氧代的 $SbO_2^-$、$SbO_4^{3-}$、$SbO_3^-$ 或 $SbO_3^{3-}$ 等离子。而被氧取代的 $S^{2-}$ 则变成 $S_2O_3^{2-}$ 等，说明浸出液易被氧化，生成各种含硫钠盐，如 $Na_2S_2O_3$、$Na_2SO_3$、$Na_2SO_4$，等等，这些含硫钠盐不但能降低 $Sb_2S_3$ 在 $Na_2S$ 溶液中的溶解度，还会降低电解作业的电流效率，影响副产品硫化钠的产量和质量，因此工业上必须注意防止这种情况发生。

从图 5-22 和图 5-23 可看出，随着 $[Sb]_T/[S]_T$ 比值的减少，锑固相和 $Sb_2S_3$ 固相稳定区缩小，溶液稳定区扩大。计算表明，当$[Sb]_T/[S]_T \leqslant 1/4$时，图中的$Sb_2S_3$固相稳定区会消失，表明硫化锑精矿的适宜浸出条件是$[Sb]_T/[S]_T \leqslant 1/4$。

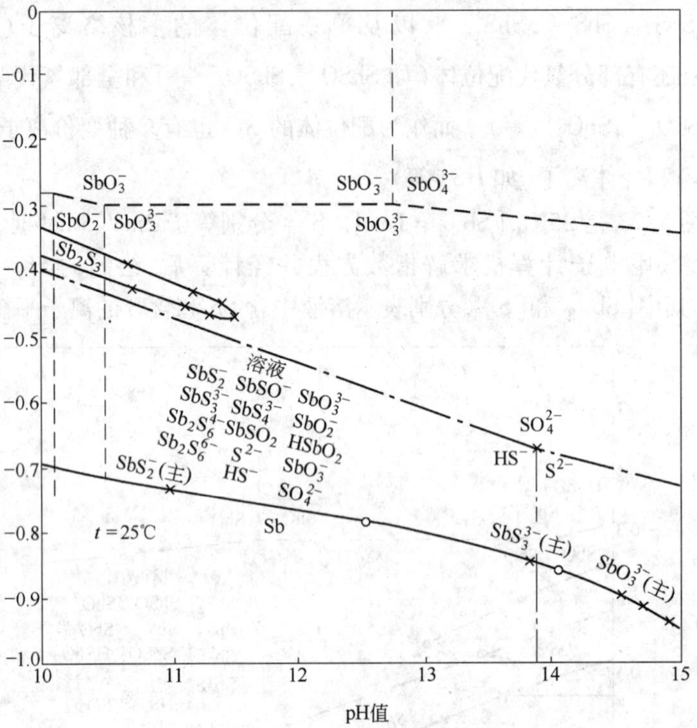


图 5-23　$Sb-S-H_2O$系电位 - pH 值图

（25℃，$[Sb]_T = 1mol$，$[S]_T = 3mol$）

碱性浸出过程实际上是有$Na^+$参加、更加复杂的$Sb-S-Na-H_2O$体系，除上面所述平衡关系外，在25℃，$[Sb]_T = 0.5mol$，$[S]_T = 2mol$的负电位区内，还存在$Sb-S-Na-H_2O$碱性负电区（见图5-24），其中溶液与$Na_3SbO_4$晶体、溶液与$NaSbS_2$晶体及固体Sb与固态$NaSbS_2$平衡。从图5-24可以看出，$Na_3SbO_4$和$NaSbS_2$具有较宽的稳定区，实际存在的大片溶液稳定区被这两个固相区所覆盖，这解释了含锑量高的电解液冷却时会出现结晶的原因。由于$Na_3SbO_4$的稳定区较宽，因此在碱性溶液中由$Na_3SbO_3$制取$Na_3SbO_4$结晶很容易进行，这对生产锑酸钠产品具有一定的指导意义。

B　碱性浸出的动力学

硫化锑精矿在硫化钠碱性溶液中浸出起始反应速度可用下式表示：

$$V_o = KC_{Na_2S}^n$$

式中　$C_{Na_2S}$——$Na_2S$的起始浓度；

$n$——反应级数。

两边取对数：

$$\lg V_0 = \lg K + n\lg C_{Na_2S}$$

以$\lg V_0$对lg作图可得一直线，其斜率即为反应级数$n$。

浸出过程主要由3个阶段组成：溶剂分子向固体表面扩散；固相与溶剂发生化学反应生成易溶化合物；生成物离开相间界面向溶液中扩散。锑的硫化物在硫化钠溶液中溶解的动

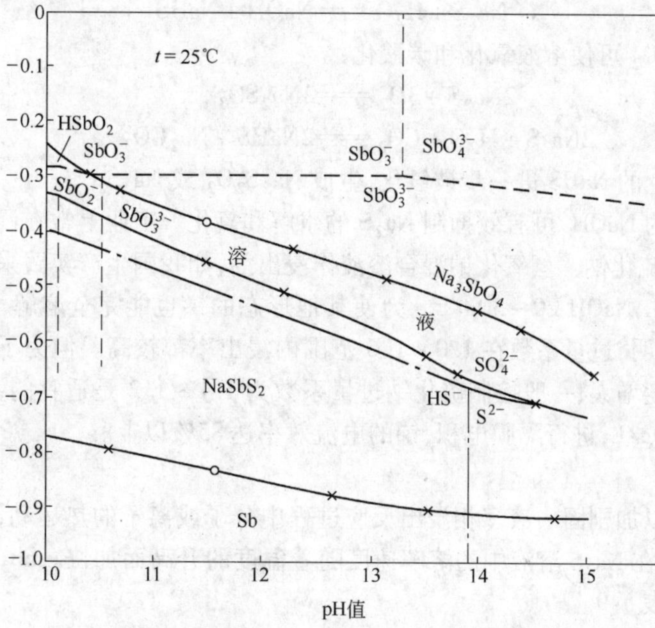


图 5-24 Sb－S－Na－$H_2O$ 系电位－pH 值图

(25℃,$[Sb]_T$=0.5mol,$[S]_T$=2mol)

力学研究结果表明,浸出过程速度与硫化钠浓度成直线关系,特别是初期第 2 ~ 6min 内,硫化钠浓度愈高,反应愈快,达到平衡的时间愈短,此时浸出反应受扩散步骤控制,即扩散步骤是控制步骤。升高温度(如从 25℃升至 95℃),整个过程速度增加,从而可以判断浸出过程是在由化学反应和扩散联合控制的过渡区内进行的。

C 精矿中伴生金属在浸出过程中的行为

锑原料中大多含有不同形态的砷,砷的硫化物在硫化钠－氢氧化钠混合溶液中的溶解速度比三硫化锑高得多,而呈毒砂(FeAsS)形态的砷则不溶于硫化钠溶液。铜、铁、锌硫化物的溶解度相当小,镉、铅、铋、钼硫化物的溶解度更低,有色金属氧化物在硫化钠溶液中的溶解度也不大,一般在 $0.18\times10^{-5}$ ~ $5.54\times10^{-4}$ g/L 之间。在浸出过程中,矿物中的锑进入溶液,而伴生金属银、铜、铅等都不溶解,富集于滤渣中,能够达到很好的分离,并分别有效回收。这种选择性溶解,是碱性浸出的一个显著优点。

D 浸出过程的影响因素

硫化锑精矿碱性浸出过程的影响因素很多,主要包括:$Na_2S$ 浓度、NaOH 浓度、浸出温度、搅拌强度、浸出时间及精矿粒度大小等。

a $Na_2S$ 浓度

三硫化锑在 $Na_2S$ 溶液中的溶解度随 $Na_2S$ 浓度的增加而增大,在 25 ~ 100℃范围内,硫化锑在硫化钠溶液中的溶解度均与硫化钠的浓度成正比,温度提高,$Sb_2S_3$ 的溶解度增大。但研究发现,当 $Na_2S$ 浓度大于 120g/L 后,锑浸出率会有所下降,与溶解度曲线不完全相符。原因是随着 $Na_2S$ 浓度的提高,其氧化程度加大,氧化生成的 $Na_2S_2O_3$ 和 $Na_2SO_3$(特别是前者)使 $Sb_2S_3$ 在 $Na_2S$ 溶液中的溶解度下降,从而使锑浸出率降低。$Na_2S$ 在水中发生强烈水解反应:

$$Na_2S + H_2O \longrightarrow NaOH + NaHS$$

空气中的 $O_2$ 及 $CO_2$ 可使溶液氧化和碳酸化：

$$2Na_2S + 3O_2 \longrightarrow 2Na_2SO_3$$

$$2Na_2S + H_2O + CO_2 \longrightarrow 2NaHS + Na_2CO_3$$

水解和副反应产生的 NaHS 进一步被氧化，生成 $Na_2S_2O_3$ 或 $Na_2S_2$。

添加一定量的 NaOH，可有效抑制 $Na_2S$ 的水解和氧化。工业上常在浸出时添加一定量的 NaOH，即采用硫化钠－氢氧化钠混合溶液作浸出剂，如我国生产实践采用的浸出溶剂含 $Na_2S$ 120～140g/L，NaOH 20～30g/L。为使其他形态的锑也能完全溶解，浸出溶剂应适当过量，条件试验表明，过量系数在 1.0～1.6 范围内浸出率都较高。但为了防止因游离硫化钠过多而氧化程度增大，一般控制硫化钠过量系数为 1.1～1.2 是适宜的，此时制备的阴极液含游离 $Na_2S$ 20g/L，进行隔膜电积，锑的电流效率达 85%以上。

b　浸出温度

提高温度可以加剧固－液多相浸出反应过程中分子或离子的热运动，同时减少扩散层厚度，因此 $Sb_2S_3$ 在 $Na_2S$ 溶液中的溶解速度随着温度的升高而加快。$Sb_2S_3$ 溶解速度常数与温度的关系见表 5-9。

**表 5-9　$Sb_2S_3$ 的溶解速度常数与温度的关系**

| 浸出温度/℃ | $K$ | $\lg K$ |
|---|---|---|
| 30 | $7.8\times10^{-4}$ | −3.1079 |
| 70 | $1.183\times10^{-3}$ | −2.9270 |
| 85 | $1.28\times10^{-2}$ | −2.8928 |
| 100 | $1.54\times10^{-3}$ | −2.8125 |

此外，在一定 $Na_2S$ 浓度下，反应温度升高，硫化锑的浸出率亦随着升高（见表 5-10）。由表 5-10 可以看出，当 $Na_2S$ 质量浓度为 80g/L，温度为 100℃时锑的浸出率达到 99.29%。

**表 5-10　温度与锑浸出率的关系**（浸出时间 20min）

| 浸出温度/℃ | $Na_2S$ 浓度，60g/L | | $Na_2S$ 浓度，80g/L | |
|---|---|---|---|---|
| | 锑质量浓度/$g\cdot L^{-1}$ | 浸出率/% | 锑质量浓度/$g\cdot L^{-1}$ | 浸出率/% |
| 30 | 63.4 | 65.12 | 76.5 | 78.65 |
| 50 | 76.0 | 78.05 | 88.1 | 92.00 |
| 70 | 79.0 | 81.13 | 92.1 | 94.67 |
| 85 | 86.1 | 88.48 | 91.8 | 94.28 |
| 100 | 89.5 | 91.96 | 96.6 | 99.29 |

c　NaOH 浓度

研究表明，NaOH 除了上述可抑制 $Na_2S$ 水解的作用外，在 $Na_2S$ 用量不足时，还可以部分替代 $Na_2S$ 起溶解作用。当硫化钠不足，用氢氧化钠取代硫化钠量不超过 40%时，可以取得满意的浸出效果，浸出率可达 99.65%～99.7%。国外研究了 $Na_2S$ 浓度 170g/L 时 NaOH 浓度对 $Sb_2S_3$ 溶解度的影响，结果表明，温度在 25～100℃范围内，均在 NaOH 浓度为 50g/L 时硫化锑的溶解度达到最大值。因此，抑制 $Na_2S$ 水解的 NaOH 浓度一般应低于 50g/L。

d　搅拌强度

当浸出过程受扩散步骤控制时，必须加强搅拌强度，强化对流，使整个溶液的浓度趋于均匀，矿粒表面上的扩散层厚度减少，从而强化传质过程。同时，为减少溶液和空气的接触，降低溶液被氧化的程度，一般应采用机械方式进行搅拌。搅拌速度要求将矿浆搅起，固体物料呈悬浮状态，实践中机械搅拌速度一般约为600r/min。

e 原料粒度

固-液多相之间的反应与固相表面积有很大关系，在其他因素不变时，反应速度与两相界面面积成正比。原料粒度愈小，表面积愈大，反应速度愈快。反之，粒度愈大，浸出所需时间愈长。试验结果表明：粒度小于5mm的矿石，需要5h才能浸出完全；95%小于100目的浮选精矿，需用2h；85%小于200目的硫化锑精矿，仅需15min就能得到很高的浸出率。

f 浸出时间

硫化锑在硫化钠溶液中的溶解速度是很快的，在足够量$Na_2S$并有适当温度和搅拌的情况下，一般浸出15min即可获得较高的浸出指标。但随着浸出时间的延长，浸出率反而下降，这是由于生成的络离子$SbS_3^{3-}$不稳定，易于离解，从而降低了$Sb_2S_3$的溶解度。

浸出时间取决于原料的粒度、孔隙度、在溶液中的溶解度以及原料中锑的含量等。在一定范围内，原料中锑溶解的完全程度随着浸出时间的延长而提高，浸出时间应稍微超过最适宜值。实践中应根据具体情况，根据试验确定浸出时间。

#### 5.6.3.2 氧化锑矿及其他含锑氧化物料的硫化碱性浸出

氧化锑、偏亚锑酸钠、锑酸钠等氧化物和硫化锑一样，并不溶于水。非水溶性化合物只有在与溶剂发生交互反应生成可溶性化合物后才能进入溶液。所以，用硫化钠溶液浸出锑的氧化物时，是在形成水溶性化合物后才进入溶液的，但锑的氧化物料一般比硫化锑难于溶解些。表5-11列出了锑的氧化物在硫化钠和氢氧化钠溶液中各种反应的标准自由焓（$\Delta G^{\ominus}$）。

表5-11 锑的氧化物在硫化钠和氢氧化钠溶液中各种反应的标准自由焓（$\Delta G^{\ominus}$）

| 反应编号 | 反应式 | $\Delta G_{298}^{\ominus}$/kJ | 反应进行的可能性 |
|---|---|---|---|
| 1 | $Sb_2O_3+2Na_2S+H_2O \Longrightarrow NaSbS_2+NaSbO_2+2NaOH$ | -38.66 | 可能进行 |
| 2 | $Sb_2O_3+3Na_2S \Longrightarrow Na_3SbO_3+Na_3SbS_3$ | +502.32 | 不能进行 |
| 3 | $Sb_2O_3+5Na_2S+3H_2O \Longrightarrow Na_4Sb_2S_5+6NaOH$ | -112.18 | 易进行 |
| 4 | $Sb_2O_3+6Na_2S+3H_2O \Longrightarrow 2Na_3SbS_3+6NaOH$ | -149.98 | 易进行 |
| 5 | $Sb_2O_4+7Na_2S+4H_2O \Longrightarrow Na_3SbS_3+Na_3SbS_4+8NaOH$ | -251.16 | 易进行 |
| 6 | $Sb_2O_3+2NaOH \Longrightarrow 2NaSbO_2+H_2O$ | +12.14 | 不能进行 |
| 7 | $Sb_2O_3+4NaOH \Longrightarrow Na_3SbO_3+NaSbO_2+2H_2O$ | +30.14 | 不能进行 |
| 8 | $Sb_2O_3+6NaOH \Longrightarrow 2Na_3SbO_3+3H_2O$ | +1413.20 | 不能进行 |
| 9 | $NaSbO_2+3Na_2S+2H_2O \Longrightarrow Na_3SbS_3+4NaOH$ | -29.72 | 可能进行 |
| 10 | $Na_3SbO_3+3Na_2S+3H_2O \Longrightarrow Na_3SbS_3+6NaOH$ | -65.72 | 易进行 |
| 11 | $2Na_3SbO_3+5Na_2S+6H_2O \Longrightarrow Na_4Sb_2S_3+12NaOH$ | -275.56 | 易进行 |
| 12 | $NaSbO_3+4Na_2S+3H_2O \Longrightarrow Na_3SbS_4+6NaOH$ | -97.12 | 易进行 |

一般认为，三氧化锑的溶解只有在生成$Na_3SbS_3$时才能顺利进行，这种反应可能分两步：

$$Sb_2O_3+3Na_2S+3H_2O \Longrightarrow Sb_2S_3+6NaOH$$

$$Sb_2S_3+3Na_2S \Longrightarrow 2Na_3SbS_3$$

可见，用$Na_2S$溶解$Sb_2O_3$的理论用量比$Sb_2S_3$溶解多一倍。偏亚锑酸钠、亚锑酸钠，甚至锑酸钠的溶解反应都是容易进行的，在硫化钠溶液中的溶解度顺序是：$Na_3SbS_3>Na_3SbS_4>NaSbSO>NaSbS_2>Na_3SbO_3>Na_3SbO_4$，所以，锑精矿炼渣、炼铅厂中间产物中的含氧锑盐等，可以用硫化钠溶液浸出。

三氧化锑在硫化钠溶液中的浸出过程在化学反应和扩散联合控制的过渡区域内进行，因而受温度因素影响较大。相关研究表明，三氧化锑在95℃以上和有过量硫化钠溶剂时才能良好溶解，工业用三氧化锑在98℃下浸出30min即可全部溶解。高价氧化锑（如五氧化锑等）和硫－氧混合精矿中锑的溶解度比三氧化锑低，但可以通过低温还原焙烧等手段使其转变为低价的氧化锑或硫化锑，再进行浸出作业。

#### 5.6.3.3 浸出作业的运行方式

浸出作业的目的是在取得尽可能高的锑浸出率的同时，又要制取适合下步处理的溶液。浸出作业有两种运行方法，即间断运行和连续运行。工业生产中多采用连续运行方式，以便于实现自动化并提高浸出过程的生产率。间断浸出比较适合小型或原料多变的企业，以便于改动和控制操作条件。

#### 5.6.3.4 硫化碱浸出液电积生产金属锑

采用电积方式从硫化钠碱性溶液中提取锑是工业上广泛采用的方法，又称为电解法。该法可生产出优质阴极锑，金属回收率大于火法。从溶液中再生的 $Na_2S$ 除返回浸出锑外，还可制取工业硫化钠，达到对原料中的硫进行综合利用的目的。

目前，工业生产上有隔膜电积和无隔膜电积两种方法，前者操作较麻烦，但电流效率高，一般为85%～90%，而无隔膜电积仅为45%～65%。我国工厂大多采用隔膜电积生产优质阴极锑。在电解液中，锑主要以 $Na_3SbS_3$ 形式存在于溶液中，除硫代锑酸盐、硫化钠和苛性钠外，还有不同浓度的其他盐类，如硫酸钠、碳酸钠、硫代硫酸钠、亚硫酸钠以及多硫化钠等。隔膜电积时阴极液的主要含锑成分是 $Na_3SbS_3$，阳极液为 NaOH 溶液；无隔膜电积时直接使用硫化碱浸出液，而不另外补加 NaOH。电积析锑的主要过程可以用下式表示：

$$4Na_3SbS_3 + 12NaOH = 4Sb + 12Na_2S + 6H_2O + 3O_2$$

除这一主要反应外，同时还存在其他复杂的电化过程。

A　阴极过程

采用电积方式从硫化碱浸出液中生产金属锑时，阴极上可能发生3个过程，即金属锑的沉积，氢及伴生金属的析出，溶液的还原等。

a　金属锑的沉积

关于金属锑沉积的机理，比较公认的说法是电负性的锑络离子在阴极上放电。计时电位法及极谱法试验表明浸出液中的 $Sb^{5+}$ 首先会被还原为 $Sb^{3+}$，然后析出金属锑，这符合多电子过程分阶段放电的动力学理论。一般认为3价锑还原成金属锑的反应过程，即 $SbS_3^{3-}$ 络离子在阴极上放电，可能需要一个前置转化步骤。至于转化为何种络合离子在阴极上放电，有研究者认为存在如下反应：

$$SbS_3^{3-} \longrightarrow SbS_2^- + S^{2-}$$

$$SbS_2^- + 3e \longrightarrow Sb + 2S^{2-}$$

即 $SbS_3^{3-}$ 首先转化为 $SbS_2^-$，再由 $SbS_2^-$ 放电析出金属锑。但有文献指出，在溶液中存在可观的 $SbS_2^-$ 的观点是不对的，因为该化合物难溶于水，只有在 $Na_2S$ 存在时，与 $Na_2S$ 反应生成 $SbS_3^{3-}$，才可溶，故 $SbS_2^-$ 可溶于 $Na_2S$ 溶液中。我国有研究者利用计时电位法进行了相关研究，提出了 $SbS^+$ 离子这一前置转化物，认为 $SbS_3^{3-}$ 在阴极放电时，发生以下反应：

$$SbS_3^{3-} \longrightarrow SbS^+ + 2S^{2-}$$

$$SbS^+ + 3e \longrightarrow Sb + S^{2-}$$

即 $SbS_3^{3-}$ 首先经过前置反应得到 $SbS^+$，然后由 $SbS^+$ 直接还原为金属锑，其中前置转化反应进行得慢，是阴极过程的控制步骤。

b 氢及伴生金属的析出

氢的析出电位较锑负，但氢在锑上存在超电压，并较好地符合塔菲尔方程（图 5-25）：

$$\eta = 0.73 + 0.131 \lg I$$

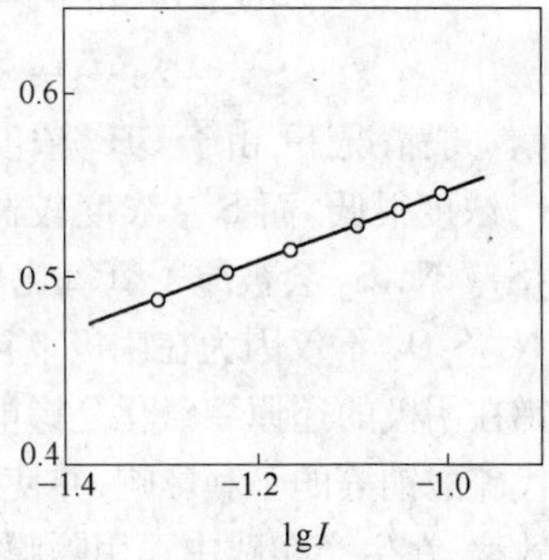

图 5-25 氢超电压与 lg*I* 的关系

由图 5-25 可以看出，氢在锑上的超电压随着电流密度的增加而提高。研究指出，当 $Na_2S$ 浓度及电解液温度提高时，氢的超电压会降低，同时溶液中的 $Sb^{5+}$ 含量越高，氢的超电压降低越多。随着电积的进行，溶液中的锑络离子浓度降低，锑的析出电位负向移动，特别是当溶液中 5 价锑离子较多时，使得氢的超电压大大降低，氢在阴极析出量增大，导致电解过程的电流效率下降。有研究发现，在阴极析出小的氢气泡的同时，溶液中出现一薄层像镜子一样的金属锑，表明在氢析出的同时，可能存在次生还原过程：

$$H^+ + e \longrightarrow H$$

$$SbS_3^{3-} + 3H \longrightarrow Sb + 3HS^-$$

由于采用硫化钠碱性溶液浸出，锑矿石中除锑外的大部分杂质金属如铜、锌、铁、铅等进入渣中，伴生金属中仅有部分砷、锡和汞等随锑进入溶液。它们在阴极的还原沉积将严重影响析出的阴极锑的质量。工业生产实践表明，在一般电积锑的条件下，锡离子并不析出，但升高温度或控制阴极电位为 −1.10V 电积电解废液[锑含量（质量浓度）约为 3g/L]时，可显著提高锡的析出率。在一般电积锑条件下，砷会析出，但可通过降低电解液中的含砷量、提高电解液的 Sb/As 值，或预先将砷氧化为高价态等方法，可明显降低阴极锑的含砷量。

c 溶液的还原

溶液的还原主要有：$SbS_4^{3-}$ 还原成 $SbS_3^{3-}$；$S_2O_3^{2-}$ 和 $S_2^{2-}$ 还原成 $S^{2-}$；砷、锡在阴极上的还原析出等。由于硫化碱浸出液易被氧化，5 价锑络离子在阴极上还原成 3 价后，在电解液中又氧化成 5 价，白白浪费了电能，是降低锑电流效率的主要因素之一。无隔膜电积的电解液 5 价锑离子很多，因此该法电流效率相当低。从电积后阴极液中 $Na_2S_2O_3$ 和 $Na_2S_2$ 等组分浓度较电积前相比大幅度降低的变化中，可以看出一部分电流消耗在 $S_2O_3^{2-}$ 和 $S_2^{2-}$ 还原成 $S^{2-}$ 的过程中。

在阴极上的 3 个过程（金属锑的沉积，氢及伴生金属的析出，溶液的还原）中，根据电解液成分和控制的技术条件，可能发生两个或 3 个过程。在工业生产实践中，由于锑络离子浓度很高，氢离子浓度很低，氢在锑上的超电压较高，因此一般是锑络离子首先放电，金属锑在阴极沉积。溶液的还原会同时进行，消耗一部分电流。当溶液中锑络离子浓度很低（如锑质量浓度低于 20g/L）时，在阴极上开始有大量氢气泡析出。有研究指出：当阴极电流密度高、温度低和锑含量少时，约有 5% ~10% 的电流消耗于形成和析出氢气，70% ~75% 的电流用于析出锑,约有15%～20%的电流消耗于溶液的还原过程。工业上采用锑起始质量浓度为90～100g/L,电积最终质量浓度为10g/L,能保证较高的电流效率和浸出车间工作的经济合理性。

B　阳极过程

在 $Na_2S-NaOH$ 电解液中,阳极上主要发生两个电化学过程:

$$4OH^- - 4e \longrightarrow 2H_2O + O_2\uparrow \qquad E^0 = +0.40V$$

$$S^{2-} - 2e \longrightarrow S \qquad E^0 = -0.59V$$

一般情况下,由于 $OH^-$ 浓度很高,析出电位较低,所以阳极上主要是 $OH^-$ 的放电。当 $OH^-$ 浓度很低,而 $S^{2-}$ 浓度较高时,$S^{2-}$ 会放电,生成元素硫。后者可与 $Na_2S$ 反应生成 $Na_2S_2$。$Na_2S_2$ 会被原子氧氧化成 $Na_2S_2O_3$,同时也会将部分3价锑氧化成5价锑。$Na_2S_2$ 和 $Na_2S_2O_3$ 不仅因为在阴极上被还原成 $Na_2S$ 而浪费电能,还可以使阴极锑重新溶解。而5价锑在阴极的还原-氧化是锑电积电流效率降低的主要原因之一。因此,为消除多硫化钠、硫代硫酸钠等的不利影响,并使3价锑络合阴离子尽可能少地移向阳极进而被氧化,提高电流效率,在生产实践中采用隔膜电积的方法。

在隔膜电积中,阳极上 $OH^-$ 离子放电产生的原子氧可以使阳极液中的盐被氧化,同时也可使 $S^{2-}$ 氧化成 $SO_3^{2-}$、$S_2O_3^{2-}$、$SO_4^{2-}$ 等离子,并最终呈现 $SO_4^{2-}$ 的增长。$SO_4^{2-}$ 浓度如果过高,将影响电积的正常进行,同时 $Na_2SO_4$ 也容易在隔膜袋内、循环管道和高、低位槽中结晶析出,给操作带来困难,工业生产中一般控制在45g/L以下为好。

虽然不断补充的新的NaOH溶液含有一定量的 $Na_2CO_3$,同时阳极液在循环过程中也可能会与空气中的 $CO_2$ 作用生成 $Na_2CO_3$,但实际阳极液中没有发现碳酸钠的持续增长(一般在20～50g/L范围内波动),说明阳极过程中也可能存在 $CO_3^{2-}$ 放电:

$$2CO_3^{2-} - 4e \longrightarrow 2CO_2 + O_2$$

随碱液进入阳极液的 $Cl^-$,也未见在阳极液中累积,始终在15～20g/L之间波动,可能是 $Cl^-$ 积累到一定程度后,也会在阳极放电:

$$2Cl^- - 2e \longrightarrow Cl_2$$

C　电积过程的影响因素及主要指标

隔膜电积过程中的影响因素主要包括电解液组成、电流密度、电解液温度、电解液循环速度和极间距离等。

电解液组成又包括阴极液的含锑浓度、$Na_2S_2$ 及 $Na_2S_2O_3$ 的含量、$Na_2S$ 的含量、NaOH 的浓度,以及阳极液中NaOH浓度等因素对电积过程的影响,这些影响已在上面的浸取和阴极、阳极过程等部分中作了介绍,这里不再赘述。

电流密度包括阴极和阳极电流密度两种。采用高的阴极电流密度可以提高电解槽的生产能力和劳动生产率,但同时增加了槽电压和电能消耗。实践表明,电积锑的阴极电位一般应控制在-1.10V以下,超过该电位,氢会析出,从而降低锑的质量和电流效率。这个电位是阴极电流密度选择的重要依据之一,此外,最佳阴极电流密度的确定还与锑离子浓度、温度以及电解液的循环速度等因素有关。当其他条件不变时,锑的浓度愈高,使锑的电流效率达到最大值的阴极电流密度愈大。随着电积的进行,溶液中的锑含量逐渐降低,因此适当降低电流密度是合理的。工业上一般采用两段阴极电流密度,第一段为300A/m²,第二段为150A/m²。阳极电流密度对阳极过程影响重大。阳极电流密度过低(200～250 A/m²)会发

生以 $S^{2-}$ 为主的放电过程，并使铁阳极部分溶解，电流效率降低。研究发现，随着阳极电流效率的提高，阳极电位也相应升高，能克服气态氧析出的超电压，有利于阳极过程析出氧，抑制元素硫和多硫化物的形成，从而提高了锑的电流效率和析出率。但阳极电流密度过高，可能会在阳极表面生成硫化铁薄膜和硫酸盐残渣，引起阳极电化学绝缘。相关研究和工业实践表明，阳极电流密度保持在 1000～1500A/$m^2$ 是合理的。

温度对阴极和阳极过程的影响不同。温度对锑的析出电位影响不大，但阴极极限电流会随着温度的升高而增大。研究表明，在同一锑浓度下，温度由 40℃升至 60℃时，极限电流密度相应由 30mA/$cm^2$ 增至 40mA/$cm^2$。反应速度的温度系数为每度 1.6%。但随着温度的升高，氧的析出电位和阳极溶解电位降低，会促使阳极钝化膜的溶解，加速阳极腐蚀。同时，温度过高会加大溶液蒸发量，恶化劳动条件。而温度过低时，溶液电阻增大，槽电压升高，电极极化增大，溶液中组分的溶解度下降。在我国工业实践中，一般控制电解液温度为 50～55℃，隔膜电积能够获得满意的电积指标。

电解液的循环可以促使阴极和阳极附近的溶液经常更新，并使电极附近溶液层中的锑离子和 $OH^-$ 离子保持必要的浓度。因此，电积时电解液要有一定的循环速度。循环速度过低，浓差极化增大，会使电流效率下降，电能消耗升高，甚至会使阳极表面被不导电的盐类覆盖，导致电化学绝缘，槽电压急剧上升，电解液温度大大升高，电解过程中断。电解液循环速度与阴极电流强度有关，阴极电流强度愈大，单位时间析出的锑愈多，电解液循环速度应该愈大。此外，循环速度还与极间距和电解液含锑浓度有关。极间距越小，电解液含锑量越低，要求循环速度越大。

在电解生产中，一般都倾向于缩小极间距，因为极间距越大，槽电压越高，电能消耗越大。电积锑时，为了减少电耗，应尽量减小极间距，但为方便操作，极间距也不能过小，隔膜电积工业设计采用 140mm。

电流效率、槽电压和电能消耗是锑电积过程最重要的 3 个指标。电流效率的影响因素前面已经作了介绍，其中最主要的因素是电解液中 5 价锑离子、多硫化钠、硫代硫酸钠等组分的浓度以及氢的析出等。槽电压中，除分解电压外，电极极化电压占有较大比例，这与铁阳极钝化膜导电不良和浓差极化有关，因此研制新型电极材料、改善电极表面结构具有重要意义。此外，电解液电阻电压降、接触电压降等在槽电压中也占有一定比例。实际生产中，可以通过加强电解液的循环、控制适当电流密度、适当提高电解液温度、改善电解液组成、保持导体材料与接触点表面的清洁等有效措施，降低槽电压，工业上槽电压一般在 2.7～3.0V 之间。槽电压和电流效率决定了整个电积过程的电能消耗，上面所分析的导致电流效率下降、槽电压升高的因素也是电耗增高的原因。锑电积理论电耗为吨阴极锑 1140kW·h，而实际吨阴极锑电耗高达 2200～4000kW·h，降低电耗的潜力很大。如何降低湿法炼锑的电耗是锑冶金的一个重要课题。

D 电积作业的工业实践

电积作业分为隔膜电积和无隔膜电积两种，由于隔膜电积能获得较高的电流效率，我国一般采用隔膜电积。下面用一个工厂的试验实例为代表来说明隔膜电积作业，其流程如图 5-26 所示。

隔膜电积使用的阴极液主要成分 Sb 90～100g/L，$Na_2S$ 20g/L；阳极液主要是 NaOH 溶液，质量浓度 100～120g/L。阴极板为普通钢板，阳极用扁钢或圆钢焊成栅

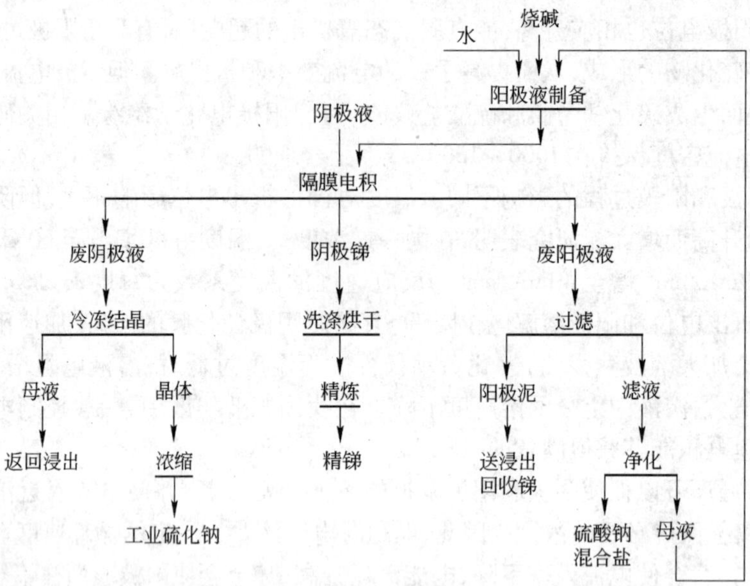


图5-26　隔膜电积流程

状。用工业帆布或棉维帆布制成隔膜袋，装入阳极液。阴、阳极液分别循环。4只电解槽串联，成阶梯配置，阴极液由高位槽按1→2→3→4号电解槽顺序流入，最后流至低位槽。阴极液采用下进上出的循环方式，循环速度按阴极液初始锑浓度和终了锑浓度及电流强度和电流效率调整，一般控制在约45L/h。阳极液为各槽各袋并联流动，与阴极液流动方向垂直，流出的阳极液经过滤后返回，阳极泥送浸出液回收其中的锑。电积消耗的NaOH在高位槽内以碱液补充。阳极液流速应尽可能大一点，每袋流速一般控制在12～18L/h。

用GDS型硅整流器供电，电流强度1100A。采用两段阴极电流密度，第一段(1、2号槽)阴极电流密度300A/m$^2$，第二段(3、4号槽)阴极电流密度150A/m$^2$。阳极电流密度均为1200A/m$^2$。同极间距130～140mm，电解液温度50～55℃。终了阴极锑浓度10g/L左右，$Na_2S$ 170～190g/L。

阴极沉积锑结构随电流密度和溶液成分的变化而不同，第一、二槽阴极沉积物致密，第三槽为片状或粗粒状，第四槽为粉状结构，部分粉锑落入槽底。可以通过添加烃基短、极性基团多、介电常数较大的有机化合物作为表面活性物质，增加放电反应的电化学极化，改善阴极沉积物质量。研究表明，$HOCH_2RnCH_2OH$是一种有效添加剂，能增加阴极极化，抑制粉锑产生，使粉锑由原来的10%降低到1.07%。

电积过程中，由于阳极过程中主要是$OH^-$放电析出氧气，带出部分碱，同时由于阳极液温度较高，蒸发的水分也带出部分碱，因而在电解槽上形成“碱雾”，刺激人的鼻喉，恶化劳动操作条件。一般应加入覆盖剂，如变压器油、泡沫塑料、石蜡等，降低“碱雾”量，但操作较麻烦，且效果不佳，应探索防止“碱雾”的新方法。

隔膜电积主要技术经济指标为：槽电压2.65～3.00V，电流效率82%～85%，直流电耗(不包括母线损失)2050～2200kW·h/t锑，碱耗1.05t/t锑。每3～4d剥取阴极锑一次，厚度为3.5～5mm，剥离的阴极锑洗涤后送精炼。所产阴极锑杂质少，加热熔融，将粘附的钠盐以浮渣形式去掉后即得精锑（达到国标1号标准），见表5-12。

**表5-12　阴极锑主要成分**（质量分数）　　（%）

| 元　素 | | Sb | As | S | Fe | Pb | Cu |
|---|---|---|---|---|---|---|---|
| 未熔的阴极锑 | | 98.05～98.29 | 0.018～0.117 | 0.15～0.36 | 0.0048～0.010 | 0.00059～0.0013 | 1.0038～0.0046 |
| 熔融去浮渣后 | 阴极锑1 | 99.93 | 0.014 | 0.03 | 0.13 | 0.0012 | 0.0021 |
| | 阴极锑2 | 99.89 | 0.014 | 0.085 | 0.014 | 0.0022 | 0.0026 |
| | 阴极锑3 | 99.83 | 0.614 | 0.14 | 0.003 | 0.0022 | 0.0024 |
| | 阴极锑4 | 99.93 | 0.014 | 0.038 | 0.0099 | 0.0010 | 0.0022 |
| 1号精锑标准 | | 99.85 | 0.03 | 0.04 | 0.02 | | 0.01 |

E　废电解液的处理

$SbS_3^{3-}$电积过程中，在阴极上析出金属锑，而$S^{2-}$留在阴极液中，同时阳极液中的$OH^-$在阳极上放电析出氧而留下$Na^+$，在电场作用下，这些$Na^+$会通过隔膜渗透到阴极区，与$S^{2-}$结合，生成$Na_2S$。因此，硫化碱浸－电积生产金属锑过程中不仅不消耗$Na_2S$，而且还副产$Na_2S$。电积消耗而需要补充的只是作为阳极液的NaOH。

硫化碱浸出液锑电积过程总反应式：

$$4Na_3SbS_3 + 12NaOH = 4Sb + 12Na_2S + 6H_2O + 3O_2$$

计算表明，每析出1kg锑，溶液中将有1.92kg$Na_2S$生成，在浸出过程中溶解1kg锑只需消耗0.96kg$Na_2S$，因此在整个硫化碱液浸出－电积过程中有0.96kg$Na_2S$增生。但在整个生产循环过程中，由于部分$Na_2S$被氧化或与其他金属杂质结合等，实际上每析出1kg金属锑，增生的$Na_2S$量约为0.4～0.8kg。

提取这些增生的$Na_2S$，不但可以实现硫和钠的综合利用，还可以减少溶液的氧化程度，有利于碱性浸出过程的顺利进行。如有工厂将增生的$Na_2S$溶液用于铅矿或铜矿的精选，或将贫化电积后的废电解液送去中和低浓度的$SO_2$废气。我国一般通过降低废液温度，使硫化钠处于过饱和状态而结晶析出。电积后阴极液中$Na_2S$质量浓度170～190g/L，温度降至15～18℃时，增生的硫化钠以$Na_2S \cdot 9H_2O$晶体形态从废液中冷冻结晶析出，再进一步浓缩生产工业硫化钠。结晶后母液含$Na_2S$ 130～140g/L，再经净化后返回浸出。

在浸出－电积循环过程中，由于阳极的氧化和空气中氧的氧化，溶液中的$Na_2S_2O_3$、$Na_2SO_4$、$Na_2SO_3$等惰性盐逐渐积累，影响进一步的浸出和电积，如隔膜电积试验研究发现，阴极液中$Na_2SO_4$积累到45g/L时即对电积产生不利影响。因此，应该对循环电解液进行净化后才能进一步循环利用，一般有两种方式：对结晶后的阴极液进行净化后返回浸出工段，或对阳极液进行净化后返回电积工段。

阴极液净化方法主要包括：电积贫化法、还原净化法以及低温两次结晶净化法等。电积贫化就是抽出部分返回电解液至贫化电解槽进行第二次电积，使溶液中锑含量从10g/L降至3～5g/L或1～2g/L，脱锑后的废液作废弃或其他处理，用洗水补充从过程中引出的电解液体积，随着补充的洗水增加，溶液中惰性盐含量减少，溶液得到净化。还原净化主要是考虑到电解液中除了惰性盐积累外，在电积和浸出过程中硫代亚锑酸钠还被深度氧化成硫代锑酸钠，从而降低锑的电流效率，因此可用金属锑或铁屑还原电解液，改善锑电积过程的指标。用金属锑还原时因消耗量过大而尚未在工业上广泛应用,生产中一般用灰口生铁屑作为还原剂。实践表明:送去还原的电解液占返回液体积的30%左右是适宜的,还原过程温度控制在94~97℃,硫代锑酸钠含量(质量浓度)由18~25g/L降至7~8g/L。还原后溶液经澄清过滤后送去电积,过滤的铁渣除硫后可用于沉淀熔炼的熔剂。低温两次结晶净化的目的是保持阴极液中$Na_2SO_4$浓度在一定范围内,消除其对电积过程的危害。第一次结晶温度为12℃,提取硫化钠,第二次结晶温度为6℃,使杂质钠盐同二次晶体一道结晶,从而达到净化的目的。试验表明两次低温结晶虽可使阴极液中$Na_2SO_4$浓度保持在极限浓度以下,过程也简单,但产生的晶体含杂盐较多,不利于后续处理利用,同时二次结晶需要的温度低,蒸汽消耗量大,不经济,因而工业上没有采用。

系统中的惰性盐主要是在阳极区氧化产生的,因此直接净化阳极液应该更为有效。BaS因可与$Na_2SO_4$、$Na_2CO_3$等惰性钠盐生成溶解度很小的相应钡盐,并易于以沉淀形式析出,因此是很好的阳极液净化剂。将需要净化的阳极液加热至90~95℃后,加入热的BaS溶液,保温并充分搅拌30~40min,然后放出滤液。滤液部分返回阳极液循环系统,部分返回浸出,以利用其再生的硫化钠。但硫化钡的加入,会使阳极液体积膨胀,不利于电积操作,且净化需要消耗大量的硫化钡,而所产钡渣的回收利用又使流程变得复杂化,因此我国工业上没有采用。

实践证明,阳极液真空蒸发结晶净化是碱法提锑工艺中一种比较合适的净化方法。其原理是:阳极液水分蒸发后,$Na_2SO_4$、NaOH浓度增高,而$Na_2SO_4$在NaOH溶液中的溶解度随着NaOH浓度的增高而减少,当$Na_2SO_4$达到过饱和状态时便结晶析出,放出过滤后,滤液返回阳极液循环系统,副产的以硫酸钠为主的混合晶体钠盐可以作为制造玻璃和生产工业硫化钠的原料。净化技术条件及技术经济指标为:阳极液$Na_2SO_4$质量浓度45~50g/L;阳极液处理量4.5~6.0$m^3$/t锑;在75~85℃及真空度(5.73~6.67)×$10^4$Pa的条件下,使阳极液中水分大量蒸发,蒸发率43.2%;$Na_2SO_4$结晶率68.43%;$Na_2CO_3$结晶率52.86%;硫酸钠结晶带走金属锑损失9.54kg/t锑。真空蒸发结晶净化阳极液,不仅可以保证阴极液中$Na_2SO_4$浓度处于极限浓度45g/L以下,同时还由于阳极液得到净化而流动性变好,给操作带来方便。与阴极结晶废液两次冷冻结晶相比,真空蒸发结晶过程简单,蒸汽消耗量大幅度降低,副产晶体质量高,工业硫化钠可全部达一级品,且浓缩时不用捞渣,不存在新渣问题。因此,该法在工业上得到推广应用。

#### 5.6.3.5 硫化碱浸出液的直接还原或置换方法生产金属锑

对于硫化锑精矿,工业生产上采用的碱性湿法提锑工艺中,对生产成本、环境卫生等影响最大的是电积工序。电积过程不仅产生"碱雾"使劳动条件恶化,部分硫氧变成惰性盐使得约20%的工业$Na_2S$产品等级降低,并且电耗也较大,吨锑为2200kW·h。因此,不少人研究了从硫代亚锑酸钠溶液中回收锑的先进技术或方法,以取代电积,其中氢还原法比较值得关注,也有用甲醛还原硫代亚锑酸钠溶液同时产出金属锑和硫化钠的研究。此外,也有用铁、锌、铝、铜等较负电性金属从含锑碱性(或酸性)溶液中置换锑,或用$CO_2$、$SO_2$等气体使硫代亚锑酸盐溶液中的锑形成硫化锑沉淀,起到富集作用。

用氢还原硫代亚锑酸钠的总反应如下:

$$2Na_3SbS_3 + 3H_2 + 6NaOH = 2Sb + 6Na_2S + 6H_2O$$

其主要技术条件包括:还原前溶液含Sb 85~90g/L,游离$Na_2S$ 10~30g/L,NaOH含量为锑量的1.2倍；溶液还原温度180～220℃，系统总压力$5.88\times10^6$Pa；还原后溶液含Sb约20 g/L，$Na_2S$ 120～140g/L；结晶温度5.5～7℃。所得粉锑的杂质含量符合下一步火法精炼的要求。结晶时锑损失取决于结晶前溶液的残锑含量，残锑含量（质量浓度）在22～28g/L时，晶体中锑含量（质量分数）约0.4%～0.5%。氢气还原法结晶母液返回浸出，渣含锑（质量分数）在0.28%～0.46%，与电积法一致。但用氢还原时还原速度较慢，且反应管壁有粉锑粘结、堵塞管道等技术问题还没有得到彻底解决，因此目前主要还处于试验研究阶段。

用铝、锌、铜等将锑从硫代亚锑酸盐碱性溶液中置换出来的反应分别如下：

$$Na_3SbS_3+Al+4NaOH \xlongequal{} Sb+NaAlO_2+3Na_2S+2H_2O$$

$$2Na_3SbS_3+3Zn \xlongequal{} 2Sb+3ZnS+3Na_2S$$

$$2Na_3SbS_3+6Cu \xlongequal{} 2Sb+3Cu_2S+3Na_2S$$

其中，用铝置换锑是硫化碱浸出液提锑的著名方法，金属锑以粉锑状态析出，易于澄清并实现固液分离。在80℃以下，锑的沉淀速度随着温度的升高而增加，延长置换过程的时间、提高溶液中硫化钠和氢氧化钠的浓度，可增加锑的置换率。溶液中积累的铝酸钠可加入石灰乳形成沉淀净化除去。用铜置换锑时，置换速度随着温度的升高而急剧增加，在25℃时只能置换出6.5%的锑，在60℃时可全部置换，继续升高温度，则置换时间大大减少，在97℃时只需10min。铜的过量系数为1.1时，可以保证锑的完全析出，但溶液中硫化钠质量浓度不应超过100g/L，否则会增加置换后溶液中锑的剩余含量。用与硫亲和力更大的金属直接置换含锑溶液中的锑，虽然操作上比电积方法简单，但也都有其缺点，如用铝置换锑，伴随铝酸钠在溶液中的积累需要脱铝，用铜或锌等置换锑时，这些金属的硫化物和锑一起进入沉淀。因此，置换沉淀法提锑尚未在工业上得到推广应用。此外，也有文献利用$CO_2$、$SO_2$等气体使含锑溶液中的锑以$Sb_2S_3$形态从溶液中析出，显然这是一种锑的富集方法，反应如下：

$$2Na_3SbS_3+3CO_2+3H_2O \xlongequal{} Sb_2S_3\downarrow+3Na_2CO_3+3H_2S$$

$$2Na_3SbS_3+3SO_2+3H_2O \xlongequal{} Sb_2S_3\downarrow+3Na_2SO_3+3H_2S$$

#### 5.6.3.6 锑的碱介质湿法精炼

水溶液电解精炼可以用来制取高纯度的金属锑，并可通过阳极泥的处理回收其中的有价金属（如金、银）和其他在电化序中较锑为正的金属。现代工业生产中，粗锑的电解精炼一般采用氢氟酸和硫酸组成的电解液。虽然有些条件下也可采用碳酸钠和氢氧化钠组成的碱性电解液，但因缺点较多，没有得到进一步推广应用。在锑的硫化碱浸出溶液中电解粗锑主要存在以下两个缺点：阴极锑产品不致密，电解后期多呈粉锑析出，导致阴极沉积厚度不能大于2mm；当粗锑阳极含铅、金时，铅会使锑阳极很快生成钝化盐，导致槽电压升高，而金以硫代钠盐（$Na_3AuS_2$）形式进入溶液，而后在阴极上与锑一起析出。

同时，也有研究用不同碱性电解液两段电解对精锑进一步精炼生产Cy000和Cy000M标号高纯锑的方法，第一段是硫化物－碱电解液，第二段用碱－木糖醇电解液，并已做过工业规模的试验。第一段电解精炼用标号Cy000精锑铸成阳极，获得的阴极锑重熔并铸成锑阳极后，在碱－木糖醇电解液中进行第二段电解精炼，阴极均采用钛板。第一段电解精炼主要技术经济参数：锑回收率（阳极到阴极金属）59%；阴极电流效率85%～91%；硫化钠消耗量0.1～0.15kg/kg阴极锑；电耗0.7～1.0kW·h。第二段电解精炼主要技术经济参数：锑回收率63%；阴极电流效率90%；木糖醇消耗量0.15kg/kg阴极锑，氢氧化钠0.020kg/kg阴极锑,碳酸钠0.075kg/kg阴极锑;电耗1.1kW·h。

## 5.7 镓的碱介质湿法冶金技术

### 5.7.1 镓冶金原料

#### 5.7.1.1 镓的原料来源

镓在地壳中的平均含量约为0.0004%,高于锑、银、铋、钨、钼的含量,与锡的含量接近,不算太少。但与锡矿的相对富集不同,镓在自然界中的分布非常分散,几乎没有单独存在的镓矿,星云母($CuGaS_2$)是目前仅知的一种镓的矿物。镓经常以同晶形的杂质状态存在于铝的许多矿物和闪锌矿中,是一种典型的稀散金属元素。

由于镓和铝都处在元素周期表第$Ⅲ_A$族,这两种元素的化学性质相近,且它们的离子半径也相近,因此镓和铝容易结合,在铝土矿和霞石矿等矿中的主要工业铝矿物晶格中铝离子有可能被镓离子替代。镓在这些矿物中的含量约0.001%~0.04%。又由于闪锌矿ZnS和硫化镓GaS是同晶形的,且镓原子和锌原子大小也接近,因此镓也易于跟锌结合,在某些闪锌矿中镓含量甚至高达0.1%,但一般情况下镓在闪锌矿中的含量很少超过0.002%。此外,煤炭中也含有镓,煤的灰分中常含有0.01%~0.1%的镓,在煤的气化过程中,由于镓的低价氧化物$Ga_2O$在650~700℃时的升华导致镓在灰尘中富集。在煤气厂的灰尘中,镓的含量常可达到0.3%~0.5%。另外,锗石中也含有一定量的镓,同时在某些铁矿物和其他一些矿物中也发现有镓的存在。

目前,工业实践中制取镓的原料主要来源于铝生产的残渣。一些企业也从锌生产厂和煤气厂的残渣中提取镓,但只是顺便提取。在生产氧化铝的过程中镓被作为一种重要的副产品进行回收,铝酸钠溶液是制取镓的主要来源。此外,在电解生产铝时镓在残渣中富集,例如用三层电解法精炼铝时,镓浓集在残存的阳极合金中,含量可达到0.2%,电解时生成的碳渣中镓含量也可达到0.02%~0.04%,但由于镓在这些产物中的分量浓集不大,现在还不能从这些铝精炼产物中提炼镓。

#### 5.7.1.2 镓精矿的生产

在本书前面介绍氧化铝生产的相关章节中已提及,铝矿中镓含量虽然较少,但在氧化铝生产过程中镓会逐渐在分解母液中积累,从而可进行有效的回收。例如,当按拜耳法分解铝土矿(含Ga约0.0025%)时,在分解后的循环母液中$Ga_2O_3$和$Al_2O_3$的比例可达到0.15%~0.30%,比起始原料中的比例约高出30~50倍以上。当用苏打-石灰法分解铝土矿时,进入碳酸化的溶液大约含100~120g/L $Al_2O_3$和0.05~0.07g/L $Ga_2O_3$。在碳酸化的第一阶段过程中,有85%~90%的Al和低于20%的Ga从溶液中析出进入沉淀,这就导致了母液中镓的富集。

为从铝酸钠溶液中析出镓精矿,必须将镓和大量的铝分开,同时又不给处理铝矿的工艺流程带来实质性的变化。因此,提取镓精矿的方法与所用的铝生产工艺流程有关。下面以从苏打-石灰溶液法提铝工艺流程中析出镓精矿为例,对镓精矿的制取方法进行介绍。

如图5-27所示,苏打-石灰法处理铝土矿所得铝酸盐溶液的碳酸化过程分成两个阶段进行。

第二次碳酸化使母液中残留的铝和富集的镓全部以水合物沉淀形式析出。水合物沉淀为铝代碳酸钠,其中夹带着镓。为使该沉淀中的镓和铝分开,一般是在90℃温度下(或在

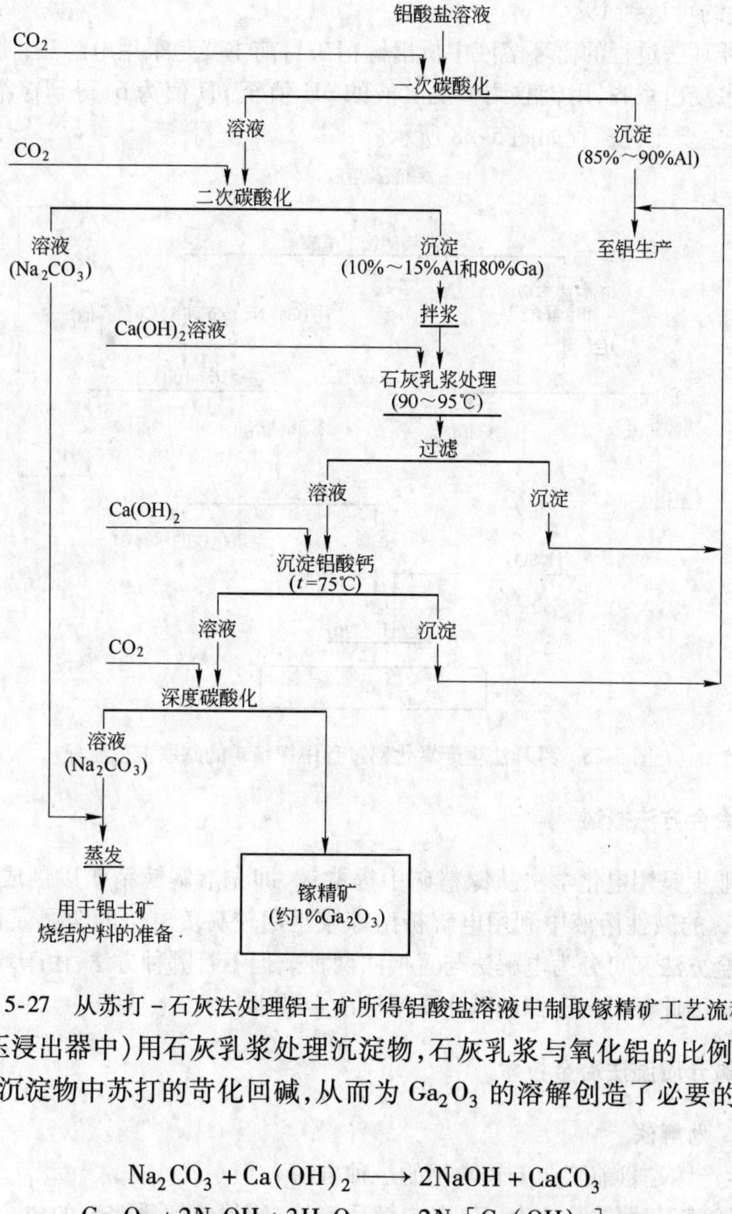


图 5-27 从苏打－石灰法处理铝土矿所得铝酸盐溶液中制取镓精矿工艺流程

140℃下的热压浸出器中)用石灰乳浆处理沉淀物,石灰乳浆与氧化铝的比例约为4∶1。部分石灰耗费于沉淀物中苏打的苛化回碱,从而为 $Ga_2O_3$ 的溶解创造了必要的碱度,主要反应如下:

$$Na_2CO_3 + Ca(OH)_2 \longrightarrow 2NaOH + CaCO_3$$

$$Ga_2O_3 + 2NaOH + 3H_2O \longrightarrow 2Na[Ga(OH)_4]$$

在该阶段中加入石灰乳浆的目的是为了苏打的苛化以及镓的重新溶解,在温度90～95℃,时间1.5～2h之内,约85%～95%的镓转入溶液,而大部分铝则留在沉淀中,过滤后即可将镓和大部分的铝分离。但在该阶段,仍会有少量的铝进入溶液:

$$Al_2O_3 + 2NaOH + 3H_2O \longrightarrow 2Na[Al(OH)_4]$$

为使这部分铝形成沉淀必须用过量的石灰,以保证下面的反应能够顺利进行:

$$2Na[Al(OH)_4] + 3Ca(OH)_2 = 3CaO \cdot Al_2O_3 \cdot 6H_2O + 2NaOH$$

因此在分离沉淀后,在75℃下向溶液中再次添加石灰乳浆,按 $CaO:Al_2O_3 = (3 \sim 3.2):1$ 的比例投加,以使铝以铝酸钙形式补充沉淀。

对过滤分离沉淀后的溶液,再用深度碳酸化的方法将镓沉淀出来,即可得到镓精矿,其

中 $Ga_2O_3$ 含量约可达到1%。

另外，从拜耳法过程的循环溶液中析出镓精矿目前主要是采用电解法，使镓在汞阴极上析出，然后用水浸出汞齐，用硫酸调节浸出液的 pH 值至 pH 值为 6，得到镓精矿（即镓的氢氧化物沉淀），主要工艺流程如图 5-28 所示。

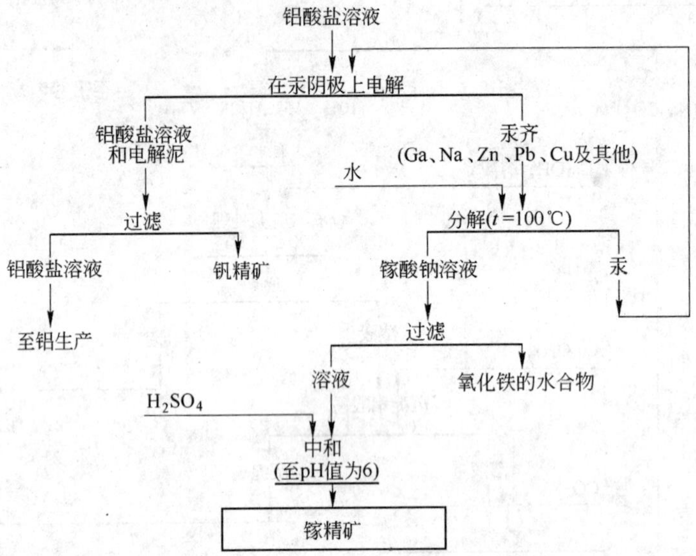


图 5-28　拜耳法生产氧化铝过程中镓精矿的制取工艺流程

### 5.7.2　镓的冶金方法概述

目前，工业上是用电化学法从镓精矿中提取镓，即先溶解镓精矿以制成含镓的碱性溶液，然后从含镓的碱性溶液中利用电解析出镓或是用较高负电位的金属或合金来置换镓。因此，镓的冶金方法又可分为电解法与置换法两种。但不管哪种方法，由于均是在碱液条件下进行的操作，因此都可归于镓的碱介质湿法冶金技术。

### 5.7.3　镓的碱介质湿法冶金技术

#### 5.7.3.1　电解法

电解法生产镓是目前工业上较常用的一种方法。

将镓精矿溶于苛性钠溶液中以制备电解质溶液，所得电解质溶液的成分与初始镓精矿的组成相关，一般含 $Ga_2O_3$ 5～100g/L，$Al_2O_3$ 70～100g/L，$Na_2O$ 100～200g/L。镓在溶液中主要以络合物阴离子形态 $[Ga(OH)_4]^-$ 存在，但同时也存在着与络合物阴离子的离解作用相互平衡的少量镓离子，可用下式表示：

$$[Ga(OH)_4]^- \longrightarrow Ga^{3+} + 4OH^-$$

镓离子在阴极上放电：

$$Ga^{3+} + 3e \longrightarrow Ga$$

导致平衡向右移动，使得全部镓在阴极上析出，整体反应可用下式表示：

$$[Ga(OH)_4]^- + 3e \longrightarrow Ga + 4OH^-$$

在阳极上，$OH^-$ 离子放电，析出氧：

$$4OH^- - 4e \longrightarrow 2H_2O + O_2$$

镓在碱性溶液中的标准电位是 -1.22V，电解析出镓时，铝并不从水溶液中析出，因为它的电位是 -2.35V。当镓从固态转入液态时，其电位往正值方向移动，可加速镓的电解析出，所以电解是在高于镓熔点的温度下（50 ~ 70℃）进行的。

电流效率与溶液的碱度有关，电解质碱度的增长会使镓电位往负向移动，例如当镓质量浓度为 5g/L 时，碱含量（质量浓度）从 20g/L 增加到 100g/L，将把镓的均衡电位往负区推移 0.1V。由于氢和镓的析出电位值相近，因此碱度的显著增长将降低镓析出的耗电分数。电流效率在较小程度上还与电流密度有关。随着阴极电流密度的增长，氢析出速度比镓析出速度增长得快一些，因而镓电流效率下降。与此同时，当镓在电解质中的浓度较低时，这一因素表现得更为突出。

电解过程在矩形的衬聚氯乙烯的金属槽内进行，阴极为不锈钢片，与钢或镍阳极交替放置。电解得到的液状镓从阴极流到槽底，槽底有一倾角，以保证金属镓流进贮槽。电解工艺参数：阴极电流密度 0.3 ~ 1.5A/$cm^2$，阳极电流密度 0.05 ~ 0.15A/$cm^2$，阳极表面积比阴极表面积大 3 ~ 10 倍，温度 50 ~ 70℃；当镓浓度为 5 ~ 100g/L 时，在 6 ~ 10h 内析出 97% ~ 99% 的镓，电流效率 30% ~ 60%，电能消耗为 100W · h/g 镓。

电解过程中，锌、铅、铜、锡、铁等杂质和镓一起沉淀，硅、铝进入镓的数量不多，而钒、钼等离子的高价氧化物被还原到低价氧化物并在阴极上形成一层薄膜，从而妨碍镓的析出。

镓 - 镓酸钠溶液系统的标准电位为 -1.31V，也就是说，若以液体镓阴极代替钢阴极，比用钢阴极时的电位要负一些，电析出镓的条件要好一些。在使用镓阴极时，即使是低浓度的镓溶液，其电流效率也将提高。电解流程如图 5-29 所示，在电解槽中，阴极置于阳极之上，均浸入电解质。阴极空间为电解罐，阳极是一些放置于阴极之下的水冷镍管。电解罐本身即为带有机玻璃壁的小船，其中充满镓，底部绷有隔膜（工业卡普纶），借助钨馈电线向罐供应电流。

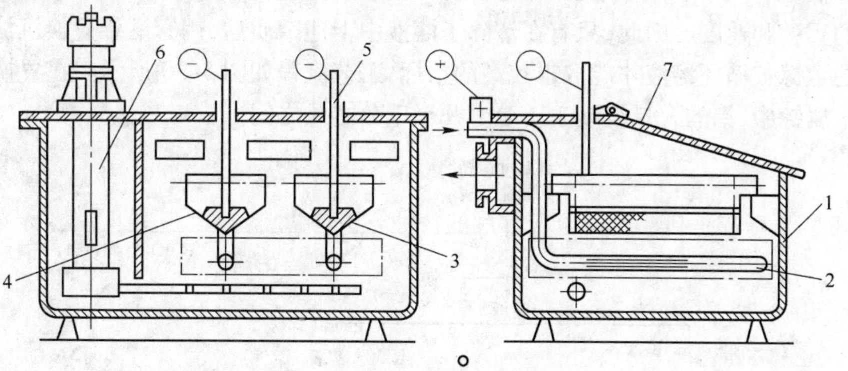


图 5-29 带镓阴极电解槽示意图

1—槽（聚氯乙烯）；2—水冷阳极；3—镓阴极；4—镓电解罐；5—馈电线；
6—保证电解质循环的涡轮；7—电解槽顶盖

### 5.7.3.2 置换法

由于铝比镓具有较负的电动势，且用铝置换时其他离子不进入镓酸盐 - 铝酸盐溶液，此溶液在析出镓后还可用于生产铝，因此采用铝作为置换沉淀的金属是适宜的。置换沉淀时的两个主要反应如下：

$$[Ga(OH)_4]^- + Al \longrightarrow Ga + [Al(OH)_4]^-$$

$$2Al + 2OH^- + 6H_2O \longrightarrow 2[Al(OH)_4]^- + 3H_2$$

由于氢在铝上具有超电压(-1.36V),其电动势和镓析出的电动势相近。因此,铝的消耗大大增加。用镓酸铝来进行置换沉淀,在经济上比较有利,因为氢在镓酸铝上的超电压要比在铝上的超电压大,例如Al含量为0.3%的镓酸铝其氢的超电压为-1.82V,这将降低置换沉淀时铝的消耗。镓酸铝是在置换器中将铝直接溶于液态镓中,并在碱溶液层下搅拌而得到的。铝在镓中的溶解度微小:在30℃时为0.62%;45℃时为0.9%;60℃时为1.28%(质量分数)。

实践表明,当镓酸盐中铝含量(质量分数)为0.5%~1.0%时,镓的析出速度和析出率最高,且置换沉淀时析出的镓无限度地溶于镓酸盐。因为不需要排除置换沉淀物,这就简化了工艺流程,而在过程中获得轻微夹杂铝的镓。同时,置换沉淀动力学研究表明,在镓酸盐表面的扩散和往表面供给镓酸盐离子是最慢的过程,即整个反应过程受扩散反应步骤控制,所以搅拌可以强化反应过程。

镓酸铝置换沉淀法可应用于处理苏打-石灰法沉淀镓精矿所得的含镓碱性溶液中,当溶液中含有$Ga_2O_3$ 3.0g/L、$Al_2O_3$ 66.0g/L、$Na_2O$ 116g/L、$SiO_2$ 0.1g/L时,在3.5h内,当铝的消耗系数为1.4时,镓的置换沉淀回收率将达到97.5%。

镓酸铝置换沉淀法原则上也适用于处理拜耳过程中含0.1g/L镓和50g/L铝的贫循环溶液。但是,这些溶液中含有的钒、铬、硅等杂质将显著降低过程的效果。钒酸盐离子$VO_3^-$会被镓酸盐还原至微溶的水合氧化物$V_2O_3 \cdot nH_2O$,且此还原过程的进度比$[Ga(OH)_4]^-$还原成镓的速度快得多,不溶的沉淀物将镓酸盐表面覆盖,形成矿化泥,使镓酸盐分散和部分镓进入矿泥。与钒相似,铬杂质也影响置换沉淀过程。由于$SiO_3^{2-}$离子部分地还原至单体硅,硅杂质降低置换沉淀率,例如硅含量从0.05g/L提高到1.5g/L时,将使置换沉淀率降低8%。此外,有机物杂质使溶液产生泡沫,减慢镓酸盐离子的扩散,从而降低置换沉淀的程度和速度。因此,只有在清除了溶液中上述杂质后,用镓酸铝置换沉淀法处理拜耳过程的含镓贫循环溶液才能取得较高的指标,工艺流程如图5-30所示。在置换沉淀结果所得的金属镓中,铝的含量波动于万分之几至千分之几之间。

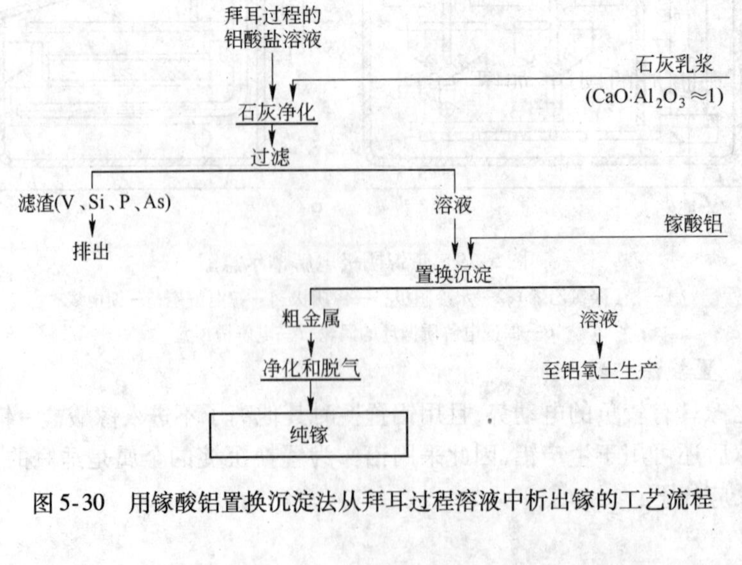


图5-30 用镓酸铝置换沉淀法从拜耳过程溶液中析出镓的工艺流程

#### 5.7.3.3 高纯镓的生产

由于原始电解质组分的影响，不管是采用电解还是置换的电化学方法，所制取的金属镓中均含有相当数量的杂质。同时，受镓精矿来源的影响，一般从苏打－石灰法分解铝原料产品中所得的金属镓比从分解拜耳过程铝酸盐溶液所得的金属镓的纯度高些。进入金属镓中的杂质以可溶、不可溶镓化合物、氧化物或机械杂质等形式存在。对于用电解或置换法生产的金属镓，用热水洗涤并用带多孔玻璃挡板的真空过滤器上过滤后，便得到工业镓（含 Ga 约 99.9%）。

为制取用于半导体材料生产的特纯镓（纯度 99.9996%），工业上需要配用各种更精细的方法来提纯工业镓，主要包括以下几种方法：

（1）酸和双蒸馏水洗涤：清除部分 Zn、Cd、Na、Mg、Co 和 Al；

（2）真空处理：清除 Hg、Cd、Zn、Mg、Al、Ca、Cu、Pb 等；

（3）电解精炼：减少 Fe、Co、Ni、Mn、Cr 和 Al 的含量；

（4）区域熔炼：清除 Cu、Bi、Sn、Zn 和 Pb。

其中，电解精炼的实质就是将粗制镓的阳极在碱性电解质中电解，使纯金属镓在阴极上析出。在碱性溶液中，负电位比镓高的杂质（如 Al、Mn、Mg 和碱金属等）和镓一起在阳极溶解，当镓在阴极沉积的电位下（－1.22V），这些杂质离子不放电，仍以离子形态留在电解质中。Cu、Fe、Pb、Hg 有着较正的电位，聚积在阳极金属中逐步转入电解泥。电化学性质相近的 Zn 则在阳极和阴极过程中都伴随镓共存。

在电解精炼过程中，所用到的水和试剂应当都是高纯的，并通常采用有机玻璃、聚氯乙烯等聚合物作为电解槽的材料或内衬材料。阳极是工业镓，可用镍棒作为工业镓阳极的馈电线，阴极是纯镓，用钨棒作为阴极的馈电线。阳极镓和电解质借助机械搅拌器搅拌。阳极和阴极之间用隔膜分开，槽内设有排放阴极纯金属镓和阳极渣的阀门，如图 5-31 所示。

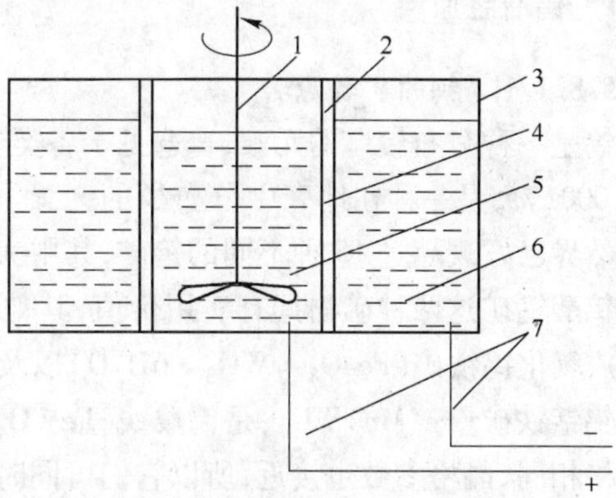

图 5-31 镓精炼电解槽原理图

1—搅拌器；2—挡板；3—槽体；4—隔膜；5—工业镓阳极；6—纯镓阴极；7—馈电线

镓电解精炼的最佳条件如下：电解质含 Ga 70g/L、NaOH 200g/L；阴极电流密度 0.25A/$cm^2$，阳极电流密度 0.05A/$cm^2$；温度 50～55℃。经精炼可将纯度 99.99% 的金属镓提高到 99.999%。电流效率 99.0%～99.8%，电能消耗 7kW · h/kg 镓。

在实际生产中，应结合所含杂质离子的具体情况，选用多种方法进行组合搭配，以生产出符合工业要求的高纯镓。图 5-32 是制取高纯镓金属的一种提纯工艺流程。

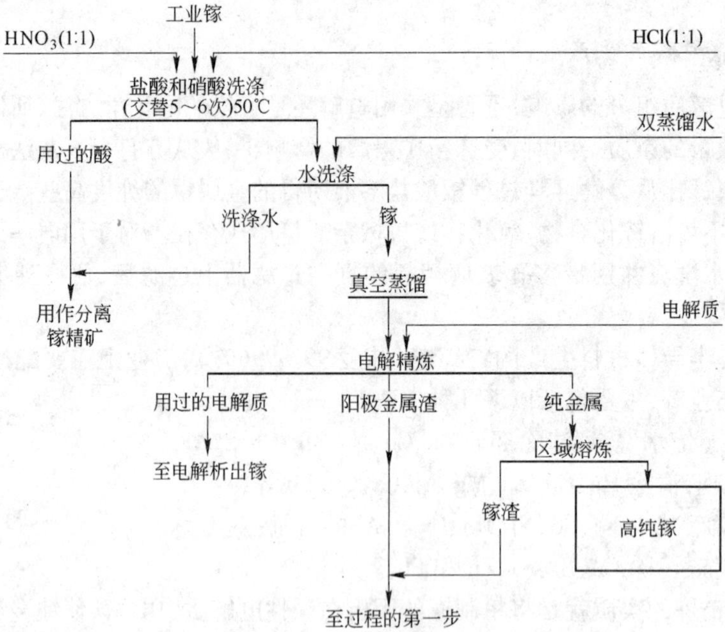


图 5-32　制取高纯金属镓的提纯工艺流程

## 5.8　钨的碱介质湿法冶金技术

### 5.8.1　钨冶金原料

#### 5.8.1.1　钨的矿物原料

钨是一种分布较广的元素，普遍见于各类岩石中，但含量较低。钨在地壳中的平均含量约0.0001%，是一种在地壳中分布少的元素。在自然界，尚未发现有天然状态的钨存在。在自然界已发现超过15种不同的钨矿，其中大部分为钨酸盐矿。但在工业上，只有钨锰铁矿和钨酸钙矿这两种矿物具有实用价值，其他如：钨华（$WO_3 \cdot H_2O$）、钨酸铜矿（$CuWO_4 \cdot H_2O$）、氧化钨铁矿（$Fe_2O_3 \cdot WO_3 \cdot 6H_2O$）以及硫化钨矿（$WS_2$）等的工业价值较小。

钨锰铁矿（Fe、Mn）$WO_4$，是钨酸铁（$FeWO_4$）和钨酸锰（$MnWO_4$）的类质同晶混合物，它们晶格相同，晶格参数也接近，所以它们可同时结晶，且铁和锰的原子在晶格结点上能彼此置换。矿物中钨酸锰含量超过80%的称为钨酸锰矿，矿物中钨酸锰含量低于20%（主要为钨酸铁）的则称为钨酸铁矿。组成含量在上述两个极限之间的通称为钨锰铁矿。钨锰铁矿密度约7.1～7.9g/$cm^3$，矿物硬度5～5.5，矿物颜色有黑色、棕色和棕红色等，三氧化钨含量在76.3%～76.6%之间。钨锰铁矿属弱磁性矿物。

钨酸钙（$CaWO_4$）矿物几乎是由纯钨酸钙组成的，这种矿物密度约5.9～6.1 g/$cm^3$，矿物硬度为4.5～5.0，矿物颜色有黄色、白色、灰色以及褐色等。钨酸钙矿中常含有钼酸钙（$CaMoO_4$）杂质。钨酸钙矿在紫外光照射下发出蓝色荧光，但若矿石中钼含量大于1%，则发出黄色荧光。钨酸钙矿无磁性。

#### 5.8.1.2　钨精矿的生产

钨矿石中钨的含量不高，其中最富集的矿石中 $WO_3$ 含量也不过0.5%～2%，矿石中常含有辉钼矿、黄铁矿、锡石、黄铜矿以及其他一些矿物，因而需要采取一定的预处理手段，对矿石中的钨进行富集操作，生产出适宜冶金的钨精矿。工业上常采用重力选矿法、浮选法、磁选法、静电选矿法或化学选矿法等选矿方法，从钨矿石中富集得到含 55% ~65% $WO_3$ 的标准钨精矿，矿石富集度一般在 30 ~120 之间。

### 5.8.2 钨的冶金方法概述

工业生产上，从钨精矿到最终金属钨产品生产的全过程可大致分成两个阶段：第一阶段，从钨精矿中生产 $WO_3$；第二阶段，还原 $WO_3$ 生产钨粉，并进而生产致密金属钨。

在第一阶段，处理钨精矿并最终制取三氧化钨的工艺流程很多。钨精矿的具体处理工艺主要是由原料类别（是钨锰铁精矿还是钨酸钙精矿）、生产规模、对三氧化钨纯度和物理性能（如粉末颗粒度）的技术要求，以及一系列影响原料加工成本的具体条件等决定的。钨精矿的各种处理工艺流程，一般都可以分为以下几个阶段：精矿分解、制备工业钨酸和除杂然后得到所需商品。一般根据提取方法，钨精矿处理工艺流程又可分为两类：

(1)钨精矿的苏打烧结 - 水洗浸出法，或在高压釜中用碱液处理钨精矿（即加压碱浸法），有时还用 NaOH 溶液分解钨锰铁矿精矿。

(2)用酸分解精矿，得到工业钨酸，然后再从工业钨酸中清除杂质。

即在第一类中，在所有情况下用碱性试剂分解钨精矿都得到钨酸钠水溶液，然后再从该溶液中沉淀钨酸或其他钨化合物。图 5-33 是钨精矿苏打烧结 - 水洗浸出的典型工艺流程。钨精矿经过碱性试剂处理后得到钨酸钠溶液中一般含有硅、磷、砷、钼、硫等杂质，预先从溶液中清除这些杂质，通常就可得到相当纯的钨酸。钨酸钠溶液的处理有两种方法：一是向钨酸钠溶液中加入盐酸直接析出钨酸；另一种方法是先沉淀钨酸钙再随后用酸分解，以制取钨酸。现在又提出对钨酸钠溶液进行萃取处理，随后从有机相中用氨液反萃取，最后将仲钨酸铵从氨液中分离出来，从而使钨酸钠溶液的处理大大简化。不管用哪种方法，最后得到的钨酸或仲钨酸铵再通过氨法反复净化后，得到纯净的钨酸或仲钨酸铵。最后，对钨酸或仲钨酸铵进行焙烧，得到三氧化钨产品。

在第二阶段中，工业上主要是用氢还原 $WO_3$ 生产钨粉，因为用碳还原 $WO_3$ 制得的钨粉含有能使金属变脆和使坯料加工性能变坏的碳化夹杂物。致密金属钨则是用粉末冶金法处理还原后的钨粉得到的，近些年来也有许多人在探索用现代真空熔炼法（如电子束熔炼、电弧熔炼等）生产致密金属钨的可能性。用不同纯度的原料和还原剂，可制得不同纯度的钨粉。钨粉对致密钨的性质影响很大，在钨粉转化为致密金属钨的加工过程中，钨的行为以及致密金属钨的性能不仅与钨粉的化学纯度有关，而且还与钨粉的物理结构（如粉末粒度、形状、分布、堆积度等）有关。

### 5.8.3 钨的碱介质湿法冶金技术

在钨冶金中，碱性试剂起着极其重要的作用，包括苏打烧结处理钨锰铁精矿和钨酸钙精矿、加压碱浸处理钨酸钙精矿或用碱直接分解钨锰铁精矿，以及后续从钨酸钠溶液中除杂并生产钨酸或仲钨酸铵等过程均是在碱介质环境中进行的。其中苏打烧结属于火法冶金，这里不作介绍。

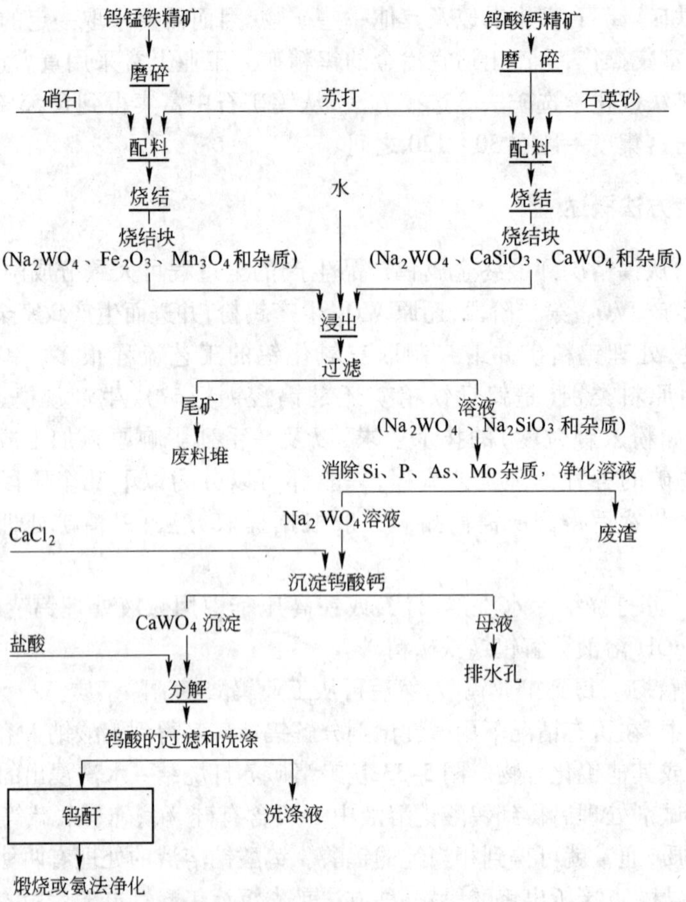


图5-33　钨精矿苏打烧结－水洗浸出工艺流程

#### 5.8.3.1　加压碱浸法处理钨酸钙精矿

加压碱浸法处理钨酸钙精矿主要是基于下面的置换反应：

$$CaWO_{4(固)} + Na_2CO_{3(液)} \longrightarrow Na_2WO_{4(液)} + CaCO_{3(固)}$$

在200～225℃、有相当过量苏打存在时，上述反应进行得相当迅速和充分。为保证钨在溶液中的高溶解率，溶液中必须有相当过量的苏打。如在200℃时，所需苏打摩尔比（即与1mol $CaWO_4$ 反应所需的苏打摩尔数）最小值为2.5（即苏打过量150%），225℃时为2.0（苏打过量100%）。为弥补接近平衡时反应速度的减慢，实际操作过程中苏打过量还要稍高一些。此外，苏打过量也与精矿中 $WO_3$ 含量有关，如在225℃处理含 $WO_3$ 45%～55%的钨酸钙精矿，所需苏打的当量值为2.5～3，若精矿中 $WO_3$ 含量15%～20%，则苏打摩尔比必须达到4～4.5才能保证钨的高提取率，因为有相当一部分苏打消耗在与脉石等的相互作用上。

加压碱浸处理钨酸钙精矿反应的动力学，由若干顺序进行的过程组成：反应剂从溶液中通过溶液界面层向固体表面迁移；反应剂通过反应生成的固体产物表面层（即生成的$CaCO_3$层）扩散；在矿物表面发生化学反应和产物向溶液中迁移。整个过程的反应速度取决于这些阶段中最慢的速度。

研究表明，在强烈搅拌的条件下，钨酸钙精矿分解速度主要取决于化学反应速度，即反应过程在动力学区域中进行,反应比速和 $Na_2WO_4$ 与 $Na_2CO_3$ 在溶液中物质的量浓度比的增加成反比,这就限定必须使用过量的苏打。采用两次对流浸出是比较合理的,可以降低苏打的消耗量。在这种情况下,第一次浸出后的尾矿,其中还含有少量的钨[为原含量(质量分数)的15% ~20%],为保证钨向溶液中充分转移,再用大量的苏打浸出,得到的溶液循环使用,返回过程的第一阶段重新处理。

工业上,加压碱浸钨酸钙精矿的过程在立式高压釜中进行,苏打用量和处理时间与被处理的材料组分有关。通常钨酸钙精矿浸出是在液固比3.5 ~4 的情况下进行的,温度225℃,处理时间一般在3 ~5h。在处理含45% ~50% $WO_3$ 和5% ~6% Mo、8% ~10% $CaF_2$、6% ~8% $CaCO_3$、2% ~3% $SiO_2$ 的钨酸钙精矿时,苏打摩尔比在2.6 ~3 之间,可使钨进入溶液的总提取率为98% ~99%。

与苏打烧结法相比,加压碱浸法省去了炉内过程,且所得钨酸盐溶液中的杂质含量略低(特别是砷和磷)。但加压碱浸法苏打消耗量大,使得在后续中和溶液中的高浓度过量苏打时酸耗量也增加。因此,从高压釜溶液中回收苏打就非常重要。工业上,一般采用冷却结晶法可从溶液中析出50% ~70% 的苏打回收再利用。此外,也可用电渗析法从钨酸盐溶液中分离并回收剩余苏打。

加压碱浸法原则上也适用于钨锰铁精矿的处理,但反应比较复杂,因为置换后生成的碳酸铁和碳酸锰盐在水解时放出 $CO_2$ 气体,而 $CO_2$ 与苏打 $Na_2CO_3$ 反应生成 $HCO_3^-$,会消耗溶液中苏打的含量。因此,工业上在采用加压碱浸法处理钨锰铁精矿时用 NaOH 替代苏打,这就是下面将介绍的钨锰铁精矿的碱分解法。

#### 5.8.3.2 钨锰铁精矿的碱分解法

苛性钠 NaOH 与钨锰铁(记为 $MeWO_4$)精矿发生置换反应,生成钨酸钠和铁与锰的低价氢氧化物,反应如下:

$$MeWO_4 + 2NaOH \rightleftharpoons Na_2WO_4 + Me(OH)_2$$

在110 ~120℃,用25% ~40% 的 NaOH 溶液处理钨锰铁细精矿(0.03 ~0.04mm),可以达到98% ~99% 的分解率,碱的实际用量比理论计算值多50% 或更多一些。分解过程在带有搅拌器的钢制密闭反应槽中进行。先将空气通入溶液,将低价氢氧化铁和氢氧化锰氧化成高价氢氧化物,以加快分解过程。若分解过程在球磨机中进行,由于钢球的摩擦作用可除去矿物颗粒表面上的氢氧化物薄膜,因此既可以降低碱的消耗,又可以加快反应。但应注意,这种方法只有在处理氧化硅含量较低的高品位钨锰铁精矿(含65% ~70% $WO_3$)时经济上才合理。若处理低品位矿石,得到的溶液中含杂质太多,会导致沉淀物过滤困难,这也是钨酸钙精矿加压碱浸处理时不采用苛性钠溶液的一个重要原因。

#### 5.8.3.3 钨酸或仲钨酸铵的制取

无论用哪种钨精矿分解处理方法,最后制得的钨酸钠溶液中均含有从精矿中进入溶液的各种杂质。传统的钨酸钠溶液处理工艺流程如图5-34 所示,包括:去除杂质(如 Si、P、F、As、Mo 等),沉淀钨酸钙,得到人造钨酸钙;用酸分解人造钨酸钙,制得工业钨酸;钨酸用氨法净化,得到纯净的钨酸或仲钨酸铵(用蒸发或中和的方法从氨液中析出)。该工艺的主要缺点是工序多,且多为间歇操作,使生产效率较低。

现在一般采用以下工艺方法:从钨酸钠溶液除去杂质后,用液体萃取法将钨酸钠溶液转化成 $(NH_4)_2WO_4$ 溶液,然后再从溶液中用浓缩和结晶的方法析出仲钨酸铵。下面,对传

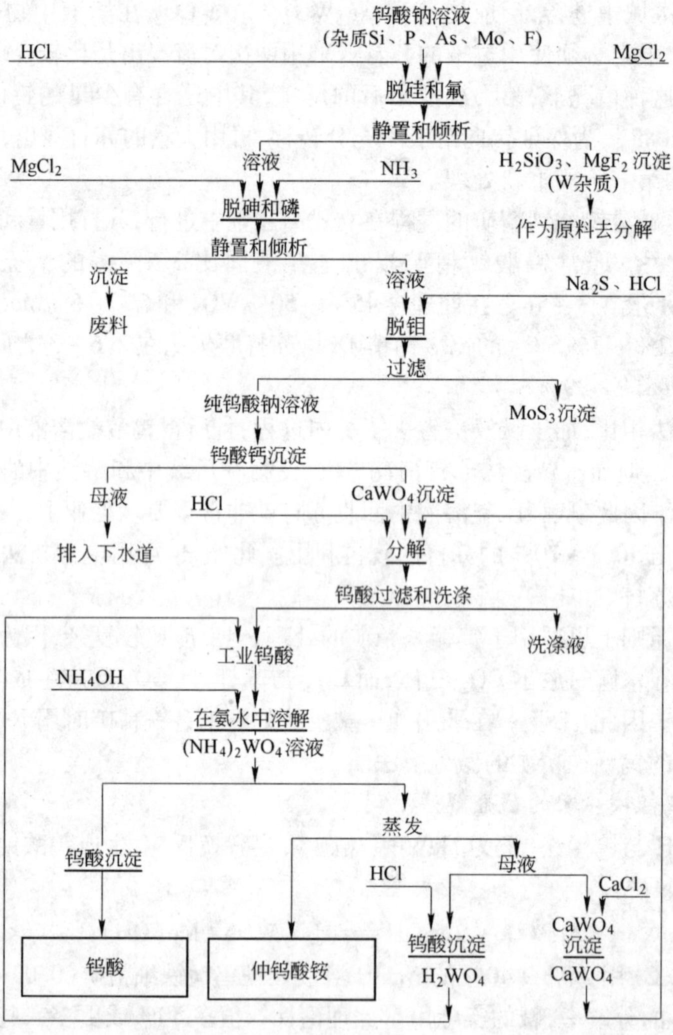


图5-34　钨酸钠溶液处理的传统工艺流程

统工艺的主要处理方法和各种萃取方案进行简单介绍。

A　钨酸钠溶液的净化

钨酸钠溶液中一般含有硅、磷、砷、钼、硫、氟等杂质，需要预先从溶液中将这些杂质清除，以方便后续的萃取处理或制取较纯的工业钨酸。

当溶液中 $SiO_2$ 含量超过 $WO_3$ 含量的0.1%时，必须预先脱去溶液中的硅。一般是利用硅酸在特定pH值区间内发生沉淀的特性，先将溶液中和至pH值为9～8，使硅酸钠水解为硅酸 $H_2SiO_3$，然后将溶液煮沸，硅酸便凝聚成体积很大的沉淀物而析出。工业上一般利用盐酸来中和碱溶液，向加热到沸腾的钨酸钠溶液中注入盐酸时应注意缓慢加入且不停搅拌，以避免局部酸度过大而引起生成硅钨酸盐和偏钨酸盐，并进而降低钨从溶液中提取的百分比。

溶液中的磷和砷杂质可以利用铵镁净化法去除，该方法主要是利用磷酸铵镁 $Mg(NH_4)PO_4 \cdot 6H_2O$ 和砷酸铵镁 $Mg(NH_4)AsO_4 \cdot 6H_2O$ 常温下在水中的溶解度非常小且容易从溶液中沉淀的原理。为防止生成的磷酸铵镁和砷酸铵镁水解使磷和砷重新进入溶液,同时也为了防止生成氢氧化镁沉淀,除杂时必须加入过量的氨。将氯化氨和氯化镁按一定配比加入到溶液,经过长时间(长达48h)静置后,析出铵镁酸盐沉淀,同时还有部分凝胶状正磷酸盐和正砷酸盐沉淀。

当钨酸钠溶液中钼含量超过0.3g/L时,必须采取脱钼措施,若钼含量(质量浓度)为8~10g/L时,从溶液中除钼的意义更为重要,因为脱钼的同时还可以获得钼精矿。在工业上分离钨钼的方法是沉淀三硫化钼($MoS_3$),利用生成磺酸钼和磺酸钨的条件不同,使加入到溶液中的$Na_2S$的量只够与钼相互作用并主要生成钼磺酸盐$Na_2MoS_4$,随后溶液酸化至pH值为2.5~3.0时,磺酸钼便分解并析出溶解度很小的三硫化钼,达到除钼的目的。

若原精矿中萤石含量较高,在钨酸钠溶液中的$F^-$离子浓度可达5g/L,一般采用向中性溶液中加入$MgCl_2$的方法,使氟以氟化镁的形式从溶液中沉淀,借此去除氟离子。

从钨酸钠溶液中除硅、磷和砷等都是在有搅拌器的钢制反应器中进行的。为防止酸对反应器的腐蚀,脱钼需要在衬有耐酸垫板或裹有橡胶的反应器中进行。为排出反应过程中产生的硫化氢气体,反应器必须有良好的局部抽风装置。

B 从钨酸钠溶液中制取钨酸

在工业生产上,从钨酸钠溶液中制取钨酸有两种方法,即直接沉淀法和先沉淀钨酸钙再用酸分解法。其中,第一种方法用盐酸直接从钨酸钠溶液中沉淀钨酸的方法看起来比较简单,但该法所生成的细粒沉淀物有形成胶体的倾向,为后续操作带来一系列困难,同时钨酸沉淀物中钠离子剩余量太多,在随后制取仲钨酸铵的操作过程中不能将钠离子全部去除,最终会影响到金属钨产品的纯度。因此,工业上广泛采用第二种方法,即先沉淀钨酸钙再用酸分解的方法从钨酸钠溶液中制取钨酸。

钨酸钙沉淀和酸分解法主要基于如下两个反应:

$$Na_2WO_4 + CaCl_2 \longrightarrow CaWO_4 + 2NaCl$$

$$CaWO_4 + 2HCl \longrightarrow H_2WO_4 + CaCl_2$$

将氯化钙水溶液倒入钨酸钠溶液中,便析出易于澄清的钨酸钙晶体沉淀物。沉淀的充分程度取决于钨酸钠溶液的浓度和碱度等因素,一般在加热至沸腾的、含$WO_3$ 120~130g/L、含碱0.3%~0.7%的溶液中进行沉淀,这时约99%~99.5%的钨从溶液中沉淀。应注意碱度太小会使沉淀不充分,碱度太大则析出沉降缓慢且夹有杂质的大体积沉淀物。

用热水洗涤糊状沉淀物,可以将绝大部分随钨酸钙同时析出的$CaSO_4$、$CaCO_3$、$CaF_2$、$CaMoO_4$等钙盐沉淀清除,然后在热状态下用盐酸分解钨酸钙。分解操作一般在裹有橡胶或衬有耐酸板的钢制分解槽中进行,分解槽中装有橡胶包覆的机械搅拌器。在不断搅拌的情况下,将钨酸钙矿浆倒入60~65℃的盐酸中进行酸分解,最后将制取的钨酸洗涤干净。钨的总提取率在98%~99%之间。分解时保持较高的最终酸度(90~100g/L HCl),这样可使制取的钨酸杂质含量不超过0.2%~0.3%。母液中$WO_3$含量(质量浓度)一般在0.3~0.5g/L,可用石灰沉淀钨酸钙的方法加以回收,得到的$CaCl_2$溶液可用于沉淀人造钨酸钙精矿。

C 钨酸钠溶液的萃取处理

钨酸钠溶液除杂后,可用萃取法从溶液中提取钨,然后再从有机相中用氨液反萃取,最后将仲钨酸铵从氨液中分离出来,具体工艺流程如图5-35所示。与传统工艺相比,钨酸钠溶液的萃取处理减少了制取仲钨酸铵的操作工序，省去了人造钨酸钙精矿的沉淀和酸分解、钨酸的洗涤和对洗涤液及母液的处理等工序，并能从钨酸钠溶液中连续制取钨酸铵溶液，大量减少了生产占地面积和试剂消耗。因此，钨酸钠溶液的萃取工艺在工业上得到了广泛应用。

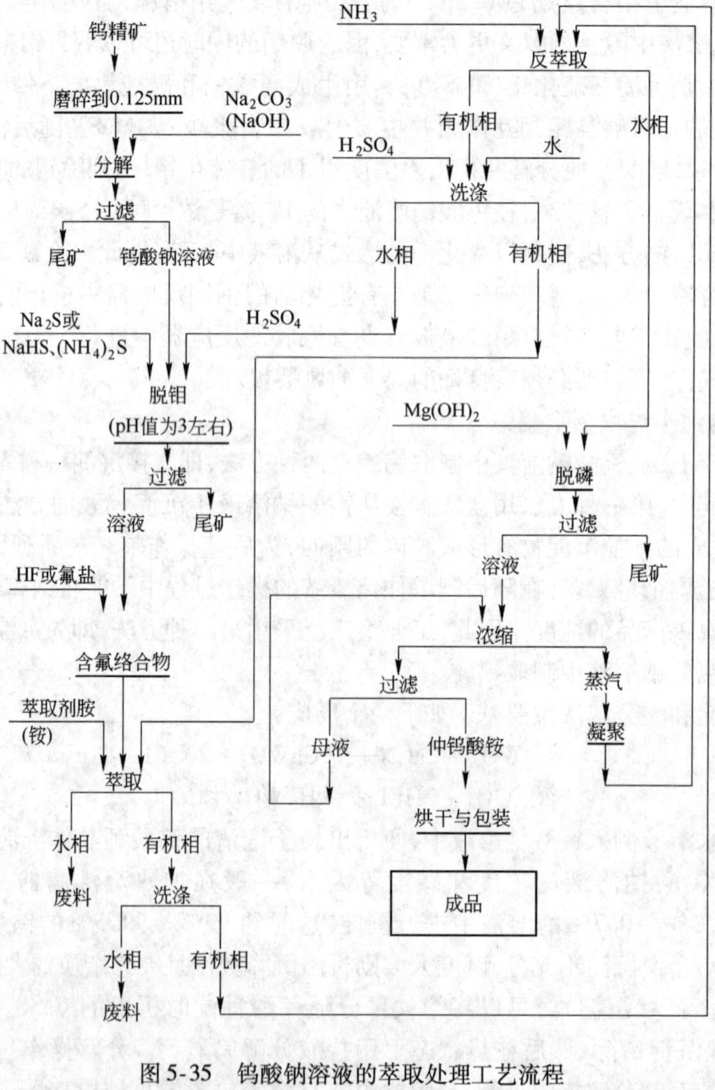


图 5-35　钨酸钠溶液的萃取处理工艺流程

在工业上，萃取过程使用的离子交换萃取剂一般是胺盐和季胺碱盐。用煤油作有机溶剂，为改善相之间的分离和防止析出第三相（因为铵盐在煤油中的溶解度较低），可向煤油中加 15% ~30% 多元醇（如辛醇或醇 $C_7-C_9$ 工业混合物）或磷酸三丁酯。用含氨 2% ~4% 的氨水从有机相中反萃钨，得到钨酸铵溶液，再从溶液中用蒸发浓缩和结晶的方法析出仲钨酸铵。

萃取和反萃取操作可以在带有搅拌的沉淀池中进行。根据初始溶液的成分不同，胺在煤油中的浓度在 2% ~10% 之间，多元醇的浓度在 20% ~25% 之间。反萃取过程在较高的温度（约 50℃）中进行。两次萃取和两次反萃取即可获得令人满意的结果。另外，萃取时向溶液中加入可溶性磷酸盐和过氧化氢等能有效屏蔽硅、磷等杂质，显著改善钨的萃取效果。

D 钨酸的净化

在工业上，无论是通过哪种方法制得的工业钨酸，一般都含有0.2%～0.5%的杂质，杂质包括钙盐、钼酸、硅酸、钠盐、吸附的铁盐、锰盐、铝盐、磷和砷的化合物等。

构成杂质主要成分的$SiO_2$、碱金属和碱土金属总含量，通常用“氯化残渣”来表示。所谓“氯化残渣”，是指在800℃下用干燥氯气或氯化氢气体氯化标准称重的钨酸（或钨酐）的结果。氯化过程中，具有挥发性的钨、锰、铁、铝、磷等氯化物都跑掉了，剩余物中只有$SiO_2$、碱金属和碱土金属氯化物。不同部门对“氯化残渣”的要求不同，如生产钨丝的“氯化残渣”不得超过0.1%，生产碳化钨的“氯化残渣”可在0.1%～0.15%之间。

钨酸净化一般采用氨法。将钨酸溶于氨水并生成钨酸铵溶液，而钨酸中大部分硅酸盐、氢氧化铁、氢氧化锰和以$CaWO_4$形式存在的钙杂质等都留在沉淀中。工业上，预先将钨酸制成悬浮液并加热到80～85℃，然后将悬浮液倒入盛有25%氨液的反应器中，静置8～12h后，用分层卸液法将氨液与沉淀物（硅等）分开。钨酸或仲钨酸铵再从氨液中结晶析出，从而达到净化除杂的效果。

钨从氨液中可以钨酸$H_2WO_4$形态析出，也可以仲钨酸铵$(NH_4)_2O \cdot 12WO_3 \cdot nH_2O$形态析出。当以前者形态沉淀析出时，过程与钨酸从钨酸钠溶液直接析出的过程类似，可以采取在氨液中反复溶解和沉淀的方法，以制取更纯的钨酸。若以仲钨酸铵形态析出，则又有两种方法，即中和法和浓缩法。

中和法是将盐酸缓慢而仔细地加入到冷氨溶液中，并不断搅拌，使钨以针状仲钨酸铵结晶形态$(NH_4)_2O \cdot 12WO_3 \cdot 11H_2O$从溶液中析出，反应如下：

$$12(NH_4)_2WO_4 + 14HCl + 4H_2O \longrightarrow 5(NH_4)_2O \cdot 12WO_3 \cdot 11H_2O + 14NH_4Cl$$

经过长达24h静置后，85%～90%的钨以针状仲钨酸铵形式从溶液中析出。该法所得的仲钨酸铵纯度很高，但由于过程中需要消耗纯盐酸，而且不能从流程中回收氨，因而该法已被浓缩法取代。

浓缩法是利用氨液浓缩时，由于部分氨挥发而生成仲钨酸铵，冷却后钨以片状仲钨酸铵结晶形态$(NH_4)_2O \cdot 12WO_3 \cdot 5H_2O$析出，反应如下：

$$12(NH_4)_2WO_4 \longrightarrow 5(NH_4)_2O \cdot 12WO_3 \cdot 5H_2O + 14NH_3\uparrow + 2H_2O$$

在工业生产中，在连续式或间歇式的设备中将溶液浓缩到一定体积，为防止结晶体被杂质污染，一般不希望过分地进行结晶（约析出80%的钨），在压滤机上挤出结晶物，然后在离心机上用水洗涤，最后烘干包装。蒸浓时逸出的氨气在洗涤塔中收集，得到的氨水重新用于钨酸溶解。工业实践表明，用氨法净化两次后，所得仲钨酸铵的“氯化残渣”杂质含量可降到0.04%。

## 5.9 钼的碱介质湿法冶金技术

### 5.9.1 钼冶金原料

#### 5.9.1.1 钼的矿物原料

钼在地壳中的平均含量约为0.0003%，是一种在地壳中分布稀少的元素。在地球化学分类中，钼属于过渡性的亲铁元素。在内生成矿作用中，钼主要与硫结合，生成辉钼矿

($MoS_2$)。辉钼矿是自然界已知的30余种含钼矿物中分布最广并在工业上最重要的钼矿物,其他较常见并具有工业应用价值的含钼矿物还有钼酸钙矿($CaMoO_4$)、钼酸铁矿[$Fe_2(MoO_4)_3 \cdot nH_2O$]和钼酸铅矿($PbMoO_4$)等,它们都是由于辉钼矿风化而生成的次生矿物。

辉钼矿质地柔软,按矿物硬度计测得的硬度为1~1.5,密度约4.7~4.8g/cm$^3$,具有铅灰色金属光泽,外观与石墨相似。辉钼矿矿物具有层状六角形晶格,钼离子层处于两层硫离子之间,组成三层离子排列。由于S-Mo-S三层之间结合力微弱,所以在隔绝空气并加热到1300~1350℃时,辉钼矿矿物开始部分离解。当在空气中加热到500~600℃时,辉钼矿矿物很容易氧化成$MoO_3$。硝酸和王水等都能氧化辉钼矿矿物。辉钼矿多埋藏在石英脉石中,常与钨酸钙矿、锡石、钨锰铁矿、黄铜矿、黄铁矿、辉铋矿及其他一些矿物伴生。在辉钼矿矿石中常含有以同晶杂质形态存在的稀散金属铼(含量约0.0001%~0.04%)。由于风化作用,矿床上部的钼被氧化成钼华、钼酸铁矿、钼酸钙矿和钼酸铅矿。

钼酸钙矿($CaMoO_4$),是在自然界中常见的一种由辉钼矿氧化生成的次生矿物,常以薄膜形式覆在辉钼矿上。钼酸钙矿的颜色由白到灰不等,密度为4.35~4.52g/cm$^3$,按矿物硬度计测得其硬度为3.5。钼酸钙矿中常含杂质钨。

钼酸铁矿[$Fe_2(MoO_4)_3 \cdot nH_2O$],也是由辉钼矿风化时生成的一种次生矿。钼酸铁矿矿物的成分是变化的,可用通式$xFe_2O_3 \cdot yMoO_3 \cdot zH_2O$来表示。钼酸铁矿也是提取钼的重要原料。

钼酸铅矿($PbMoO_4$),多产于铅矿床的氧化带。由于所含杂质不同,钼酸铅矿有黄色、鲜红、橄榄绿、浅灰等颜色,其密度约6.7~7.0g/cm$^3$,按矿物硬度计测得其硬度为2.5~3。目前,这种矿物在工业上的使用价值不大。

#### 5.9.1.2　钼精矿的生产

含钼矿石中钼的含量并不高,如常见开采的石英钼矿、石英辉钼钨锰铁矿、矽卡岩矿、铜辉钼矿等矿石,钼在其中的含量只有千分之几甚至万分之几。因此,工业上常采取一些选矿方法对含钼矿石进行预先富集,生产钼精矿。

目前,含钼矿石的富集几乎全用浮选法,因为浮选完全可以将辉钼矿与脉石和伴生矿物分离。磁选法有时作为最终工序用来从辉钼矿矿物中清除铁杂质。

不同含钼矿石的具体浮选工艺不同。辉钼矿属于容易浮起的矿物,工业上从矿石中矿物总提取率为90%的条件下,从含千分之几到万分之几的辉钼矿矿石中可以得到含85%~95% $MoS_2$的精矿。其他一些含钼矿石通过不同选矿方法的组合也可获得满意的结果,相比之下,氧化矿石的富集精选比较困难,且往往得到不合格、含钼很低的精矿,这些低品位精矿,随后需经水发处理制成“人造精矿”才能使用。

### 5.9.2　钼的冶金方法概述

与钨冶金相似,工业上从辉钼矿精矿到最终金属钼产品生产的全过程也可大致分成两个阶段:第一阶段,从精矿中生产三氧化钼$MoO_3$;第二阶段,还原$MoO_3$生产钼粉,并进而生产致密金属钼产品。

第一阶段,从辉钼矿精矿中生产三氧化钼,有两类处理方法:

(1)对辉钼矿进行氧化焙烧,得到含一系列杂质的三氧化钼焙烧矿,然后采用升华法或湿法处理焙烧矿即可制取三氧化钼。当然,三氧化钼焙烧矿还可用于冶炼钼铁和生产各种纯度的其他钼化合物。

(2)用纯粹的湿法处理辉钼矿精矿,无需进行预先氧化焙烧。例如,在碱溶液中加压使辉钼矿氧化、用次氯酸钠碱溶液处理辉钼矿以及硝酸分解法等都属于此类方法。

在第二阶段中,用氢、碳和含碳气体以及用铝或硅所进行的金属热还原方法都可以将三氧化钼还原成金属钼。其中,用氢还原三氧化钼制得的钼粉纯度高,适于生产致密金属钼。工业生产上,主要是用粉末冶金法或电弧炉熔炼和电子束炉熔炼法处理钼粉来生产致密金属钼。在粉末冶金法中,为改善金属钼的物理性能和力学性能,可加入钽、锆、钒等金属粉末作为合金添加剂,搅拌均匀后压成坯块进行烧结。对于大型钼锭(质量近 2000kg 甚至更大),则需要在电弧炉或电子束炉中进行真空熔炼。

### 5.9.3 钼的碱介质湿法冶金技术

同钨冶金类似,在钼冶金过程中,碱性试剂同样起着极其重要的作用。例如,从三氧化钼焙烧矿中湿法提取钼,主要就是指氨法处理。此外,辉钼矿精矿的加压碱浸处理或次氯酸钠－碱液氧化处理、采用氧化焙烧－苏打碱浸法从低品位辉钼矿精矿中制取钼酸钙产品以及对浸取三氧化钼焙烧矿后的尾矿采取苏打烧结或高压碱浸等方法来提取钼,等等,均属于碱法。其中,氧化焙烧－苏打碱浸法处理低品位辉钼矿精矿是为了制取钼酸钙产品,这里不作介绍。

#### 5.9.3.1 三氧化钼焙烧矿的氨法处理

三氧化钼焙烧矿的氨法处理在工业上获得了广泛应用。其基本工艺流程如图 5-36 所示,用氨液浸出焙烧矿后,对浸出液进行除杂净化,然后从净化后的氨液中将钼以仲钼酸铵或其他组成的聚钼酸盐形式析出,最后热解仲钼酸铵制取三氧化钼。

A 浸出

用氨液浸出三氧化钼焙烧矿时,发生如下反应:

$$MoO_3 + 2NH_4OH = (NH_4)_2MoO_4 + H_2O$$

使焙烧矿中的钼酐转移到溶液中。钼的浸出率与焙烧矿的成分有关。焙烧矿中除了主要成分三氧化钼以外,可能还含有钙、铜、锌以及 2 价铁等的钼酸盐,二氧化钼和未氧化的辉钼矿,硫酸铜和硫酸钙,二氧化硅,碱金属盐,钨矿物,铁的氧化物以及其他杂质等。

铜、锌、镍的钼酸盐和硫酸盐能溶于氨水并生成铵的络合物:

$$MeMoO_4 + 4NH_4OH \longrightarrow [Me(NH_3)_4]MoO_4 + 4H_2O$$

$$MeSO_4 + 6NH_4OH \longrightarrow [Me(NH_3)_4](OH)_2 + (NH_4)_2SO_4 + 4H_2O$$

钼酸铁也能被氨水分解,但一般反应较慢,因为在钼酸铁表面有一层不溶于氨水的氢氧化亚铁和氢氧化铁薄膜。钼酸钙、二氧化钼和辉钼矿不溶于氨水,这些化合物中存在的钼留在浸出渣中。在使用氨水浸出时,焙烧矿中的硫酸钙与钼酸根反应生成钼酸钙:

$$CaSO_4 + MoO_4^{2-} \longrightarrow CaMoO_4 + SO_4^{2-}$$

一般向溶液中加入碳酸铵,可使硫酸钙反应生成碳酸钙,从而避免生成 $CaMoO_4$,提高了钼的浸出率。此外,加入的碳酸铵与硫酸铁和钼酸铁发生反应生成吸附能力比氢氧化铁小的碱性碳酸盐沉淀,因此可降低浸出渣中钼的含量。

氨水浸出焙烧矿可在带机械搅拌装置的钢制浸出器或筒形旋转浸出器中进行。用 8% ~10% 氨液在常温或加热到 50 ~60℃,并在固液比为 1:(3 ~4)的条件下浸出三氧化钼

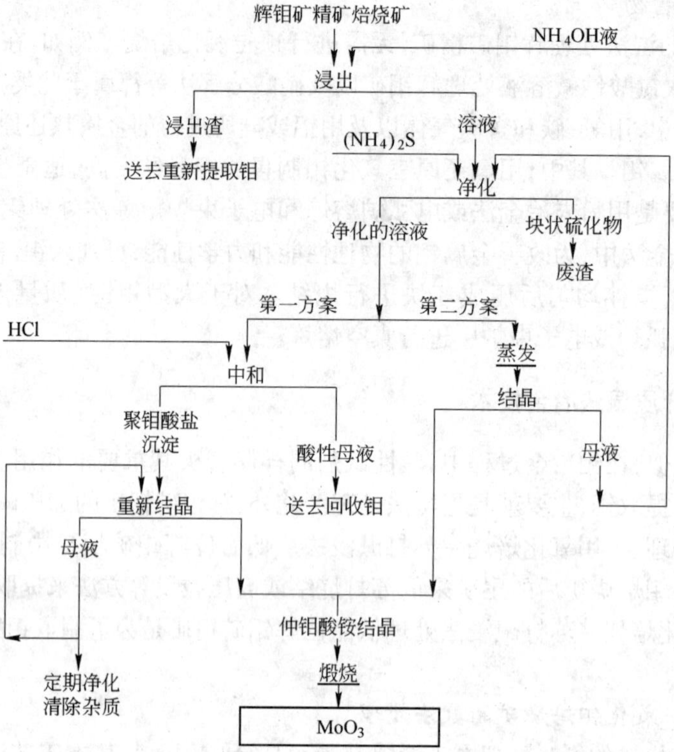


图 5-36　三氧化钼焙烧矿氨法制取 $MoO_3$ 工艺流程

焙烧矿。氨的用量为理论用量的 120% ~140%，这里考虑了为防止生成聚钼酸盐和氨在最终溶液中必须保持一定的剩余浓度(25 ~30g/L)。浸出操作分 3 次或 4 次进行。由于具体焙烧矿的成分不同，钼的浸出率在 80% ~95% 之间，出渣量(浸出渣与焙烧矿质量之比)在 10% ~25% 左右，钼在浸出渣中的含量(质量分数)在 5% ~25% 之间。因而，还需要从浸出渣中继续回收钼，这部分内容将在下面介绍。

B　浸出液的净化

在氨液浸出焙烧矿过程中，焙烧矿中的一些杂质离子随钼一起进入溶液，浸出液中含有铜、铁离子杂质，有时还有锌、镍、碱金属离子以及硫酸根离子等杂质。

虽然铜离子在氨液中能结合成稳定的络合物，但存在的以下离解反应：

$$[Cu(NH_3)_4]^{2+} \rightleftharpoons Cu^{2+} + 4NH_3$$

使溶液中总还是有一些铜离子。当向溶液中加入硫化铵 $NH_4HS$ 时，由于铜离子 $Cu^{2+}$ 能结合成硫化物：

$$[Cu(NH_3)_4](OH)_2 + NH_4HS + 3H_2O \longrightarrow CuS + 5NH_4OH$$

所以，上述反应平衡一直向右移动到铜全部沉淀为止。铁也可以完全沉淀。

硫化物沉淀在衬有橡胶的钢制浸出槽中进行，浸出过程中要不停地搅拌。应注意，必须小心控制硫化铵的加入量，使溶液中自由离子 $S^{2-}$ 的浓度应保持很低，避免生成钼的磺酸盐而沾污最终产品：

$$(NH_4)_2MoO_4 + xNH_4HS \longrightarrow (NH_4)_2MoO_{4-x}S_x + xNH_4OH$$

为此，硫化铵需一点一点地加入到氨液中，且每次加过之后，需从溶液中取样检验沉淀是否完全。如发现溶液有多余的硫化铵,需从焙烧矿浸出工序取一些新鲜氨液投加进去将它冲销。

尽管 ZnS 和 NiS 的溶度积非常小(分别为 $6.9\times10^{-26}$ 和 $7.9\times10^{-26}$),但由于锌、镍形成的铵络合物非常稳定,在溶液中自由离子浓度非常小,同时溶液中的 $S^{2-}$ 浓度也很低,所以加入的硫化铵不足以让它们在溶液中达到硫化物溶度积的常数值,因而锌和镍的杂质都留在溶液中。

C 从氨液中制取仲钼酸铵

从氨液中制取仲钼酸铵有两种方法,即浓缩法和中和法。

a 浓缩法

由于蒸发过程中从溶液中除去了部分氨,所以钼以仲钼酸铵结晶形态[$3(NH_4)_2O\cdot7MoO_3\cdot4H_2O$]从浓缩的钼酸铵溶液中析出:

$$7(NH_4)_2MoO_4 \longrightarrow 3(NH_4)_2O\cdot7MoO_3\cdot4H_2O + 8NH_3\uparrow$$

蒸发过程一般在带蒸汽加热套的不锈钢容器中或在带自然循环加热器的装置中进行,装置中应有搅拌设施。用于蒸发浓缩的溶液约含 120 ~ 140g/L $MoO_3$(溶液密度约 1.09 ~ 1.12g/cm$^3$)。蒸发时,预先将溶液浓缩到密度 1.2 ~ 1.23g/cm$^3$ 并静置过滤,以除去溶液中为数不多的硫化铜、硫化铁和氢氧化铁等杂质,然后再进行正式浓缩,使溶液密度达到 1.38 ~ 1.4g/cm$^3$,最后过滤热溶液并收集在结晶器中进行冷却结晶。为使溶液中的钼尽可能多地析出,一般需要进行多次浓缩结晶。前两批结晶出的仲钼酸铵是高纯产品,后面各批结晶中杂质含量较高,需要进行重复结晶。结晶后的尾母液是富集了各种杂质的含钼溶液,一般是将其蒸干后在 350 ~ 400℃下煅烧,然后把得到含杂质较多的三氧化钼送回焙烧矿浸出工序重新进行处理。

b 中和法

用盐酸中和钼酸铵溶液时,根据溶液最终 pH 值和温度的不同,可析出不同成分的聚钼酸盐。

在工业生产中,一般将盐酸小心翼翼地加入到 55 ~ 65℃、含 $MoO_3$ 约 280 ~ 300g/L 的钼酸铵溶液中,并猛烈搅拌,在溶液 pH 值为 2 ~ 3 的条件下,可将溶液中 96% ~ 97% 的钼以含两个水分子的 4 价钼酸盐形式沉淀。由于碱和碱土金属离子杂质,镍、锌、铜离子杂质和砷、硫、磷的化合物杂质等都留在弱酸性母液中,所以制得的 4 价钼酸盐沉淀物纯度很高。但它却含有约 0.2% ~ 0.4% 的氯离子,这些氯离子不易被水洗掉,需要将聚钼酸盐重新进行结晶。

在 70 ~ 80℃时,将聚钼酸盐沉淀溶解在含 3% ~ 5% 的氨液中,直至饱和,然后冷却溶液到 15 ~ 20℃后,有 50% ~ 60% 的钼以仲钼酸铵结晶形式从溶液中沉淀。母液约可重复使用 10 次左右,当母液中不断积累的杂质富集到一定程度后,便送去进行净化处理。

四钼酸盐沉淀后,酸性母液中一般还含有 0.5 ~ 1.5g/L $MoO_3$ 以及其他杂质。工业上一般用弱碱性阴离子交换树脂作吸附剂从母液中有效地提取钼,然后再用氨水从弱碱性树脂上洗提钼,并最终得到含 60 ~ 120g/L $MoO_3$ 的纯钼酸铵溶液,总提取率约 95% ~ 96%。

D 仲钼酸铵的热分解

将仲钼酸铵加热,在 90 ~ 110℃时,仲钼酸铵脱去 4 个水分子,在约 200℃时仲钼酸铵转化为四钼酸盐,进一步提高温度,在 280 ~ 380℃时仲钼酸铵最终热解生成三氧化钼:

$$3(NH_4)_2O \cdot 7MoO_3 \cdot 4H_2O \xrightarrow{90 \sim 110℃} 3(NH_4)_2O \cdot 7MoO_3 \xrightarrow{约200℃}$$

$$(NH_4)_2O \cdot 4MoO_3 \xrightarrow{280 \sim 380℃} MoO_3$$

在工业生产中，一般将仲钼酸铵于 450 ~ 500℃温度下进行充分热解，可以获得质地均匀的纯三氧化钼。

#### 5.9.3.2 辉钼矿精矿的碱介质湿法提钼

纯粹的用湿法处理辉钼矿精矿最主要的优点是无需进行氧化焙烧，不向大气中排放含硫气体，无环境污染。辉钼矿精矿的直接湿法处理方法包括硝酸氧化、在酸或碱溶液中加压氧化以及用次氯酸钠氧化辉钼矿精矿等。其中，在碱性溶液中加压氧化以及用次氯酸钠氧化辉钼矿精矿的方法均属于碱介质湿法冶金技术。

A 辉钼矿精矿的碱性加压氧化

在碱性介质中，辉钼矿精矿 $MoS_2$ 与氧的反应如下：

$$2MoS_2 + 9O_2 + 12OH^- \longrightarrow 2MoO_4^{2-} + 4SO_4^{2-} + 6H_2O$$

在 130℃和氧的压力为 2 个大气压或空气压力为 10 个大气压（1atm = 0.1MPa）的条件下，用苛性钠 NaOH 溶液浸出辉钼矿精矿（含钼约 20%）7 ~ 8h，其中所含的 98% ~ 99% 的钼都被提取到溶液中。

在上述过程中，精矿中的铼、硫酸盐、铜、硅、砷、锑、磷的化合物等杂质也随钼一起进入溶液中。在溶液 pH 值约为 8.5 和温度 90 ~ 95℃时，溶液中的大部分杂质（如铜、硅、砷、磷）与氢氧化铁从溶液中沉淀。

含硫酸盐离子高的溶液中分离钼不宜采用沉淀钼酸钙的方法。可在高压釜中，在 200℃的弱酸溶液（pH 值为 2）中，用钼粉还原 $MoO_4^{2-}$ 离子，生成二氧化钼 $MoO_2$ 沉淀：

$$2MoO_4^{2-} + Mo + 4H^+ \longrightarrow 3MoO_2 + 2H_2O$$

然后用氢还原 $MoO_2$ 即得工业钼粉。获得的工业钼粉可作冶炼合金钢和各种合金的添加剂，部分钼粉返回相应工序中去沉淀二氧化钼。对沉淀钼后的母液，再用离子吸附法或萃取法提取铼。

该法可保证提取 96% 以上的钼和 85% ~ 90% 的铼，比用一般方法处理低品位钼精矿制取钼酸钙时的提取率要高。

B 辉钼矿精矿的次氯酸钠氧化

在碱性介质中次氯酸钠能氧化全部硫化矿物，尤其是辉钼矿 $MoS_2$：

$$MoS_2 + 9ClO^- + 6OH^- \longrightarrow MoO_4^{2-} + 2SO_4^{2-} + 9Cl^- + 3H_2O$$

铁和铜等杂质（特别是铜）在碱性介质中生成的氢氧化物能催化次氯酸盐分解过程，并析出氧：

$$NaClO \longrightarrow NaCl + \frac{1}{2}O_2$$

特别是当温度提高到 80℃时，次氯酸盐催化分解进行得更快。铁和铜的硫化物在 20 ~ 40℃的氧化速度比辉钼矿小。因此，用次氯酸钠溶液处理辉钼矿精矿一般都在低于 40℃温度下进行，所处理的辉钼矿精矿最好是含铁和铜化合物矿石选矿后的尾矿。

处理辉钼矿的溶液一般含 30g/L 次氯酸钠和 20 ~ 30g/L 游离 NaOH。氧化浸出后的溶液中钼的浓度在千分之几到 3g/L 之间。然后，利用离子交换树脂从浸出液中吸附提取钼。

由于次氯酸钠对辉钼矿的氧化有选择性，因此用次氯酸钠溶液氧化低品位辉钼矿和不合格的精矿较为合适。在用次氯酸钠溶液氧化浸出的条件下，即使处理含0.015%钼的贫矿石，也能使钼的回收率达到93%。一般从含5%～23%钼的钼精矿中提取到溶液中的钼约96%～98%。

该法的不足之处是需要消耗大量的次氯酸盐，理论上原料中1kg钼需消耗7kg次氯酸盐，而实际消耗量比理论值还要大1.5～2倍，而且次氯酸盐成本也比较高。

C 焙烧矿尾矿的高压碱浸法提钼

由于钼精矿的成分和焙烧工艺的不同，在三氧化钼焙烧矿氨液浸出后的尾矿中可能含有5%～25%的钼。它们主要以钼酸钙、钼酸铁、二氧化钼和未氧化的辉钼矿矿物等形式存在，另外还存在部分被氢氧化铁吸附的以 $MoO_4^{2-}$ 离子存在的钼。从尾矿中提取钼的方法包括苏打烧结、高压碱浸和盐酸分解等。

若钼在尾矿中以 $CaMoO_4$ 或其他钼酸盐形式存在，二氧化钼和辉钼矿精矿含量很少，则可以在高压釜中于180～200℃温度下（约12～15大气压）用苏打 $Na_2CO_3$ 溶液直接浸出：

$$CaMoO_4 + Na_2CO_3 \xrightarrow{180 \sim 200℃} Na_2MoO_4 + CaCO_3$$

钼的总回收率为93%～95%，处理后的尾矿中 $MoO_3$ 含量（质量分数）低于1%～1.5%。

## 5.10 硒与碲的碱介质湿法冶金技术

硒（Se）和碲（Te）是稀散金属中最早被发现的元素，它们常共生在一起。迄今为止，在自然界中尚未发现有工业利用价值的硒矿或碲矿存在。硒与碲主要来自斑铜矿、铜黄铁矿等铜矿中。

火法精炼粗铜过程中，粗铜中约85%～90%的硒与碲进入阳极铜，约10%～15%的硒与碲进入烟尘，只有极少量转入渣中。当电解阳极铜时，阳极铜中的硒与碲均全部转入阳极泥，阳极泥中硒与碲的品位可分别达到4%～12%与1.5%～10%。与此同时，阳极铜中的全部金、银及铅，以及约40%的砷也转入阳极泥。因此，在工业生产中从阳极泥中回收硒与碲时，必须考虑综合回收阳极泥中众多的有价金属金与银，以及随着主金属电解而带来的、含量较高的铜、铅和镍等。

工业上提取硒与碲的原料主要是铜电解阳极泥。此外，还有镍或铅电解的阳极泥，以及从生产硫酸或纸浆的烟气中收得的尘泥或淋洗的泥渣等。不同含硒、碲原料，其提取硒、碲的工艺流程不同。即使是同一类原料，也因重点回收的目的金属不同而采取不同的工艺流程。

从铜电解阳极泥中回收硒和碲的方法包括：硫酸化焙烧法、苏打熔炼法、灰吹法、氧化焙烧－碱浸法、硫酸铵法、氯化法、热过滤－精馏法、选冶联合法等。其中，硫酸化焙烧法是工业上应用最多的一种从铜电解阳极泥中提取硒与碲的方法。该法在提取硒、碲的同时，还对其他有价金属（如金、银等）进行综合回收。

由于铜电解阳极泥中硒、碲或其他金属的含量变化很大，针对具体的阳极泥，该法需要在工艺上进行一些调整，因此工业化的硫酸化焙烧法还可细分为：硫酸化综合焙烧法、硫酸化焙烧－碱浸法、分段硫酸化焙烧法以及干式硫酸化焙烧法4种。其中，前两种工艺中均有碱性溶液的参与以及在碱性环境中的操作，碱性溶液被应用到工艺中的某一或几个工序，主要起分离硒、碲或制取碲等作用。

图 5-37 是硫酸化焙烧综合回收法的工艺流程。主要是处理含硒 1.4% ~2.3%、碲约 0.2% 及银 10% ~15% 的阳极泥。在该工艺中，碱性溶液主要用于从苏打渣中浸出并提取碲。

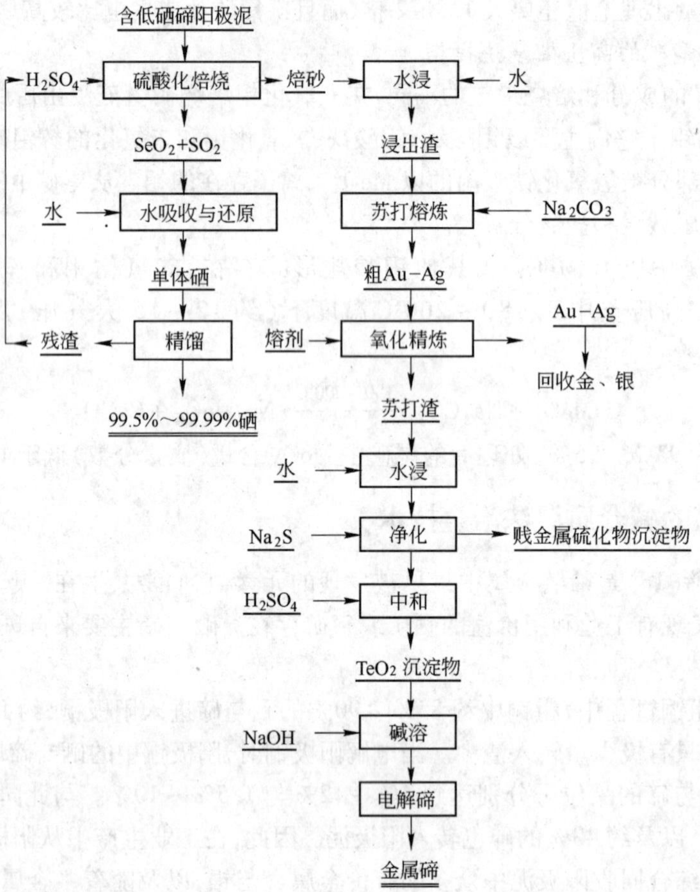


图 5-37　硫酸化焙烧综合回收法工艺流程

苏打渣用热水浸出，控制液固比 5 ~8，在 90℃下浸出数小时后，碲(Te)以 $Na_2TeO_3$ 形式转入碱溶液。向压滤后所得碱液中加入 $Na_2S$ 除去铅等贱金属杂质，过滤除去贱金属硫化物沉淀后，用硫酸中和净化后的碱液至 pH 值为 4 ~4.5，溶液中的碲以白色 $TeO_2$ 形态沉淀析出：

$$Na_2TeO_3 + H_2SO_4 = TeO_2 \downarrow + Na_2SO_4 + H_2O$$

用 NaOH 溶液溶解该沉淀，制取含碲 200 ~300g/L 及游离碱 100g/L 的 $Na_2TeO_3$ 溶液，并以它作电解液进行电积碲。电解过程在电解槽中进行，以不锈钢板作阴极、铁片作阳极，在电流密度 $50A/m^2$、槽电压 1.6 ~1.8V 的条件下电积，在阴极上得到性脆的阴极碲，从阴极上敲下，经水洗后熔铸制得精碲。

硫酸化焙烧－碱浸法的工艺流程如图 5-38 所示。该法比较适合处理含硒、银较高的铜电解阳极泥。

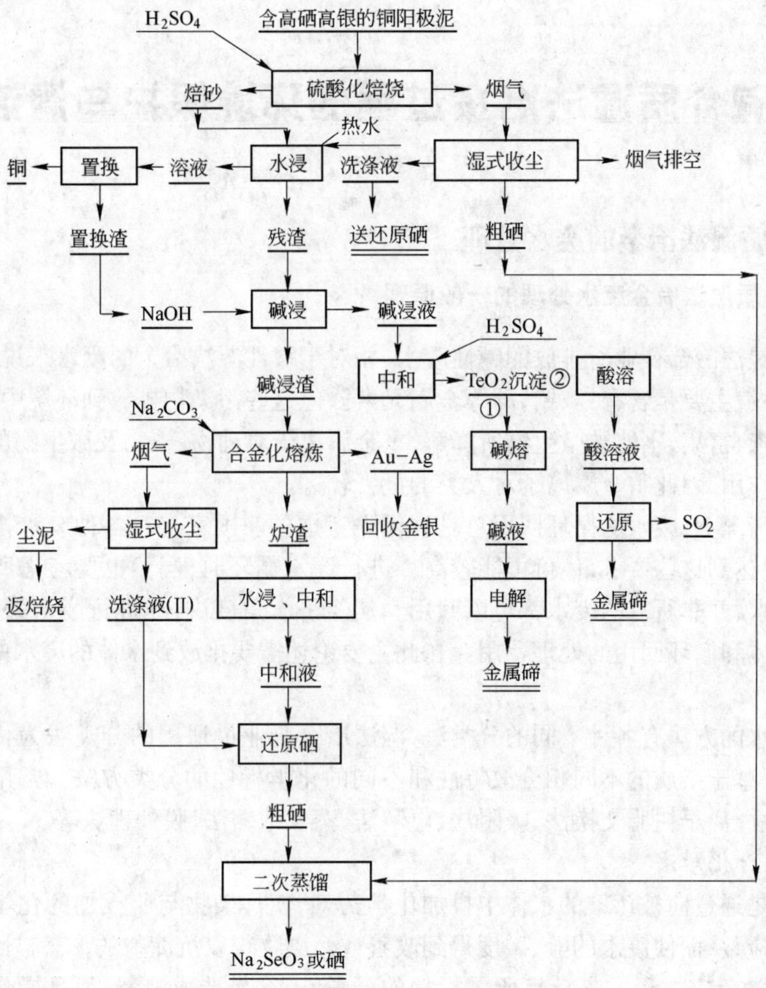


图 5-38 硫酸化焙烧 - 碱浸法工艺流程

如图 5-38 所示,将阳极泥硫酸化焙烧后,接着用碱浸的方法回收其中的硒与碲。在第一步,焙砂经热水浸出脱铜后,将水浸残渣以及铜置换渣(含银及碲)用 NaOH 溶液浸出,此时碲转入碱浸液,而硒则留在残渣中,从而实现硒与碲的分离。用硫酸中和含 Te 的碱浸液至 pH 值为 3.8,碲便以 $TeO_2$ 形态析出。析出的 $TeO_2$ 经碱溶、电解制得纯碲或酸溶后通 $SO_2$ 还原得到粗碲。

# 6 碱介质湿法冶金过程的环境保护与清洁生产

## 6.1 碱介质湿法冶金的废水处理

### 6.1.1 碱介质湿法冶金废水处理的一般原理

碱介质湿法冶金行业所排放的碱性废水，相对于酸性湿法冶金的废水来说，其重金属成分要简单，一般主要是含有锌、铅、砷等金属元素。但这些污染物排放到环境中去会在动物、植物体内积累、富集，不能被微生物所降解，重金属离子对动物、植物及微生物的生命活动有很大的毒害作用，因此重金属离子对人类的危害较大。

在任何情况下，废水的循环回用总是被优先考虑的。国家有对各种废水排放到水体的质量要求，要达到这些要求，代价可能较高。进行废水循环时，当然也要考虑所针对的工艺对水质的要求，并非所有的废水都可以回用。从经济学角度讲，在进行废水处理时，应该比较排放至水体和循环回用的处理费用。在此主要论述需要排放到水体的废水的处理原理和方法。

净化废水的方法有各种不同的分类法，湿法冶金行业最适用的分类法为化学工业所用的分类法，即基于杂质的不同相分散特性和不同的化学特性的分类方法。常用的废水处理方法有化学法、离子树脂交换法、吸附法、电解法、蒸发浓缩法、膜处理法等。

#### 6.1.1.1 化学法

化学法是通过向被污染的水体中投加化学药剂，使污染物与所投加的化学药剂的成分发生化学反应，从而使废水的酸、碱度得到改善或污染物得以沉淀物的形态被除去。化学法可以通过化学反应方程式来计算所需投加的药量，不容易造成浪费，而且操作技术容易实现，水量少时可以进行简单的手工操作，水量大时可以采用大型设备进行自动化操作。化学法包括中和法、化学沉淀法、氧化还原法、铁氧体法等。

A 中和法

对于碱性废水，主要有碱性废水与废酸性物质相互中和、药剂中和两种。

a 利用废酸性物质中和法

废酸性物质包括含酸废水、烟道气等。烟道气中 $CO_2$ 含量可高达 24%，此外有时还含有 $SO_2$ 和 $H_2S$，故可用来中和碱性废水。

用烟道气中和碱性废水一般在喷淋塔中进行，如图 6-1 所示。废水从塔顶布水器均匀喷出，烟道气则从塔底鼓入，两者在填料层间进行逆流接触，完成中和过程。使碱性废水和烟道气都得到净化。根据资料介绍，用烟道气中和碱性废水，出水的 pH 值可由 10 ~ 12 降到中性。该法的优点是以废治废，投资省，运行费用低，缺点是出水中的硫化物、耗氧量和色度都会明显增加，还需进一步处理。

b 药剂中和法

常用的药剂是硫酸、盐酸及压缩二氧化碳。硫酸的价格较低，应用最广。盐酸的优点是反应物溶解度高，沉渣量少，但价格较高。用无机酸中和碱性废水的工艺流程与设备和药剂中和酸性废水的基本相同，在此不再赘述。用 $CO_2$ 中和碱性废水，采用设备与烟道气处理碱性废水类似，均为逆流接触反应塔。用 $CO_2$ 做中和剂可以不需 pH 值控制装置，但由于成本较高，在实际工程中使用不多，一般均用烟道气。

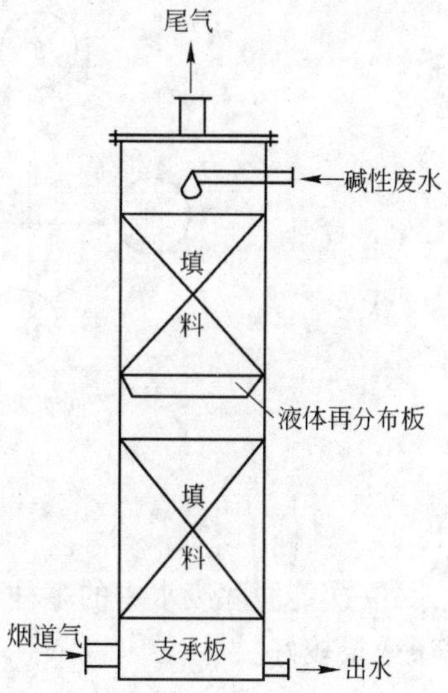

图 6-1 喷淋塔

B 化学沉淀法

化学沉淀法是将要去除的离子变为难溶的、难解离的化合物的过程。化学沉淀法的处理对象主要是重金属离子（铜、镍、汞、铬、锌、铁、铅、锡）、两性元素（砷、硼）、碱土金属（钙、镁）及某些非金属元素（硫、氟等）。主要的化学沉淀工艺有：

（1）投加化学药剂，生成难溶的化学物质，使污染物以难溶性沉淀的形式从液相中分离析出去；

（2）通过凝聚、沉降、浮选、过滤、吸附等方法将沉淀从溶液中分离出来。

C 氧化还原法

氧化还原法是通过投加氧化剂药剂或还原剂药剂使待处理污水中发生氧化还原反应，以达到净化污水的方法。氧化还原法分为药剂氧化法和药剂还原法。

a 药剂氧化法

所投加的药剂作为氧化剂，其作用是将废水中的有毒有害物质氧化为无毒或低毒物质。主要用来处理废水中的还原性离子 $CN^-$、$S^{2-}$、$Fe^{2+}$、$Mn^{2+}$ 等，还可以氧化处理有机物质及致病微生物，等等。常用的氧化剂药剂有 $Cl_2$、$O_3$、$O_2$、$O^{2-}$、$Cl^-$ 等。

b 药剂还原法

所投加的药剂作为还原剂，将废水中的有毒有害物质还原为无毒或低毒物质的一种处理方法。主要是用于处理废水中的 $Cr^{6+}$、$Cd^{2+}$、$Hg^{2+}$ 等氧化性重金属离子。常用的还原剂有：气态，$SO_2$；液态，水合肼；固态，硫酸亚铁、亚硫酸氢钠、硫代硫酸钠及金属铁、锌、铜、锰等。

D 铁氧体法

氧体是具有铁离子、氧离子及其他金属离子所组成的氧化物晶体，是一种复合的金属氧化物，一般为亚高铁酸盐的总称。是一种具有铁磁性的陶瓷半导体，属于立方形的尖晶石结构，图 6-2 为铁氧体的结构图。

铁氧体的化学通式为：$M_2FeO_4$或 $MOFe_2O_3$（M 代表其他金属），最简单常用的是磁铁矿 $FeO \cdot Fe_2O_3 \cdot Fe_3O_4$。能够存在于尖晶石结构中的金属离子有：Cr、Sn、Pb、Hg、Bi、Ag、Na，等等。因此用铁氧体法可以处理含铬、锡、铅、汞、铋、银等离子的废水。

用铁氧体法处理废水是使废水中的各种金属离子形成铁氧体晶粒并一起沉淀析出的方法，形成铁氧体的条件是提供足够量的 $Fe^{2+}$、$Fe^{3+}$，最佳比例是：$Fe^{2+}:Fe^{3+}=1:2$；pH 值的最佳条件是 pH 值为 8 ~ 9。

铁氧体法是近 10 年来发展的一种新型废水处理方法。铁氧体法处理含重金属离子的

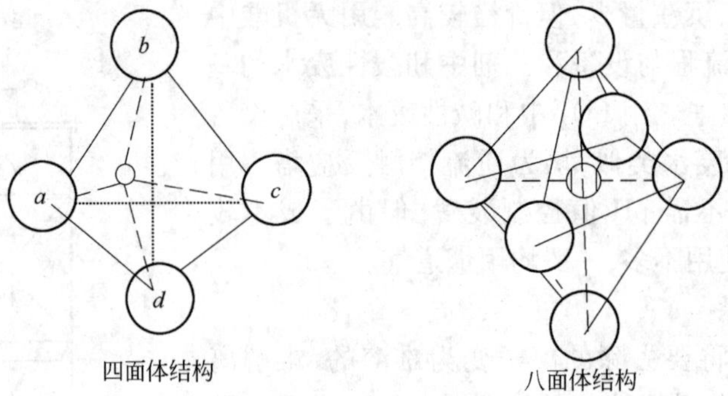


图 6-2　铁氧体结构

废水，一次能脱除废水中的多种金属离子，对于处理 Cr、Fe、As 、Pb 、Zn、Cd、Hg、Cu 、Mn 等离子效果较好。

### 6.1.1.2　离子树脂交换法

离子树脂交换法在湿法冶金行业的重金属离子废水处理过程中有着较为广泛的应用。离子交换树脂是人工合成的高分子聚合物，由树脂本体和活性基团两个部分组成。在废水处理过程中主要用于处理废水中的金属离子。其实质是通过不溶性离子化合物（离子交换剂）上的可交换离子与溶液中的其他同性离子的交换反应来达到去除废水中重金属离子的目的。

离子交换树脂在碱介质湿法冶金废水治理方面的具体应用可以分为以下几种类型。

A　改变溶液中的离子成分

以利用离子交换树脂将溶液中的某种有害离子等物质转换成另一种无害的离子，从而满足人们的某种需要。例如在对水的软化处理过程中，可以利用离子树脂交换法除去天然水中的钙、镁、铁等离子；在对湿法冶金工业重金属离子废水处理过程中，可以利用树脂的离子转换作用，处理废水中的铬、铜、镍、锰等重金属离子，还可以用来回收冶金废水中的贵重金属离子，如黄金等。

B　离子分离提纯

离子交换树脂对含有多种离子成分的废水进行的选择性分离技术，通常可以分为以下几种情况：

a　电性相反的离子的分离

经过阳离子交换树脂处理后，废水中的阳离子被交换，而阴离子留在溶液中；当废水经过阴离子交换树脂处理后，废水中的阴离子被交换，而阳离子被留在废液中。

b　相同电性离子的分离

由于树脂对不同的离子具有不同的亲和力，亲和力较高的离子被交换，亲和力较低的离子留在液相中；这种交换置换作用不断地进行，最后使不同亲和力的离子得以分离。例如，在含铬废水的处理过程中，采用的双阴柱串联全饱和工艺，树脂交换亲和力高的铬酸根离子，而将交换亲和力较低的 $SO_4^{2-}$、$Cl^-$、$H^+$、$NO_3^-$ 排斥在废液中，最后，得到纯度较高的铬酸。

c　对电性相同但半径相差较大的离子的分离

可以采用孔径较小的树脂吸附半径较小的无机离子而同电性相同但半径较大的有机离子分离。

C 浓缩离子性物质

利用离子交换树脂可以将废液中浓度较低的离子进行浓缩，然后再将其洗脱下来。例如利用离子交换树脂对含6价铬的废水进行交换吸附作用，可以将其浓度提高大约500倍，由每升几十毫克浓缩至20~30g/L。

D 碱废液及废水脱盐处理

同时使用阴离子和阳离子交换树脂，使废水中的阳离子全部转化成$H^+$、阴离子全部转化成$OH^-$，$H^+$、$OH^-$结合生成水，从而达到脱盐的目的。经过脱盐后的废水可以循环使用。近年来出现了一些交换容量高、理化性能优良的弱酸弱碱性树脂，用来处理某些碱性废水，让碱废液反复轮流通过树脂，就可以保证出水pH值在排放标准的范围内。

#### 6.1.1.3 吸附法

吸附法是利用吸附剂对废水中某些溶解性物质及胶体物质的选择性吸附，来进行废水处理的一种方法。吸附分为物理吸附和化学吸附。物理吸附是指吸附剂与被吸附物质之间通过分子之间引力而产生的吸附；化学吸附是指吸附剂与被吸附物质之间发生了化学反应，生成了化学键。在实际的废水处理过程中，物理吸附和化学吸附可能同时发生，但是在某种条件下，可能是某一种吸附形式是主要的，在废水的实际处理过程中，往往是几种吸附形式同时发生作用。

一定的吸附剂所吸附某种物质的数量与该物质的性质、浓度及体系温度有关，表明被吸附物质的量与该物质浓度之间的关系式称为吸附等温式，常用的公式有弗劳德利希吸附等温式、朗格缪尔吸附等温式。

根据吸附剂种类的不同，吸附法分为活性炭吸附法、腐殖酸树脂吸附法等。

A 活性炭吸附法

在实际的废水处理过程中，活性炭一般制成粉末状或颗粒状。粉末状活性炭吸附能力强，价格便宜，但其缺点是再生困难，不能重复使用；颗粒状活性炭操作管理方便，并且可以再生并重复使用，但其缺点是价格较粉末状活性炭便宜。在水处理过程中较多采用颗粒状活性炭。

活性炭在使用一段时间后趋于饱和并逐渐丧失吸附能力，这时应该进行活性炭的再生。再生是在吸附剂本身的结构基本上不发生变化的情况下，用某种方法将被吸附的物质从吸附剂的微孔中除去，从而恢复活性炭的吸附能力。活性炭的再生方法主要有：

a 加热再生法

在高温的条件下，使吸附质分子的能量升高，易于从活性炭脱离；而对于有机物吸附质，高温条件使其氧化分解成气态逸出或断裂成较低的分子。

b 化学再生法

通过化学反应的方法使吸附质转变成易溶于水的物质而被解析下来。例如，吸附了苯酚的活性炭，用氢氧化钠溶液浸泡后，形成酚钠盐而解析下来。

c 湿法氧化法

这是一种特殊的化学再生法，主要用于粉末状活性炭的再生。该方法是用高压泵将已经饱和的粉末状活性炭送入换热器,经过加热器到达反应器,在反应器中,被吸附的有机物质在高温高压的条件下,被氧气氧化分解,活性炭得到再生。反应器的温度为221℃,压力达5.3MPa。

B　腐殖酸树脂吸附法

腐殖酸是一组具有芳香结构、性质相似的酸性物质的复合混合物。它的大分子约由10个分子大小的微结构单元组成,每个结构单元由核(主要是由五元环或六元环组成)、连接核的桥键(如—O—、—$CH_2$—、—NH—)以及核上的活性基团组成。

用作吸附剂的腐殖酸类物质主要有:天然的富含腐殖酸的风化煤、泥煤、褐煤等,它们可以直接使用或经过简单处理后使用。这类腐殖酸类物质所包含的活性基团有:酚羟基、羧基、醌基、胺基、磺酸基、醇羟基、甲氧基、羰基等。这些活性基团具有阳离子吸附性能,吸附作用方式包括:离子交换、表面吸附、螯合、凝聚等,其中包含着化学吸附和物理吸附。当金属离子浓度较低时,以螯合作用为主;当金属离子浓度高时,主要是离子交换作用。

另一类腐殖酸树脂吸附剂是将富含腐殖酸的物质用适当的黏合剂制备成腐殖酸树脂,造粒成型,以便用于管式或塔式装置。

腐殖酸树脂吸附法主要用于处理含重金属离子的工业废水,如处理含汞、铬、锌、镉、铅、铜等金属离子,在湿法冶金废水治理中有着广泛的应用。

#### 6.1.1.4　蒸发浓缩法

蒸发浓缩法是一种将废水加热,使其中的水分子汽化逸出,浓缩废水中的溶质,加以回收利用或进一步处理的废水处理方法。

蒸发浓缩法的实质是加热废水,由于水分子大量汽化,使溶质得到浓缩,加以回收利用或进一步处理。故进行蒸发浓缩的必要条件是需要不断供给热能,不断排出蒸汽。浓缩过程中产生的蒸汽冷却、凝结成为蒸馏水。为达到浓缩的目的,蒸发可以在正常大气压、加压或减压的条件下进行,从工艺流程角度,蒸发分为单效、双效或多效蒸发。

单效蒸发是指溶液在蒸发器内蒸发时所产生的二次蒸汽不再利用;多效蒸发是指多次利用二次蒸汽进行蒸发再利用的工艺。在用蒸发浓缩法进行废水处理时,最重要的处理设备是蒸发器,常用的为薄膜蒸发器,主要有单程长管立式薄膜蒸发器、旋转(旋流)薄膜蒸发器,分为金属结构和玻璃结构,普遍使用的为金属结构。图6-3是单效蒸发器示意图。废水从蒸发器底部进入,加热蒸汽从管隙进入,在加热室冷凝排出;二次蒸汽从蒸发器的顶部引出后进入冷凝器。

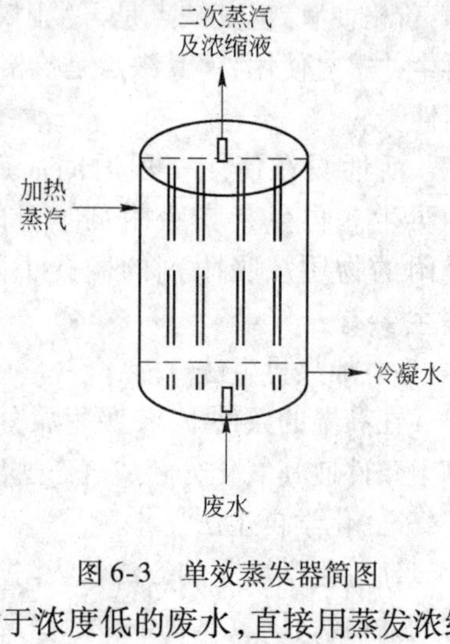

图6-3　单效蒸发器简图

在实际运行过程中,常常是蒸发浓缩法与其他方法联合使用来进行重金属离子废水的处理。主要有离子树脂交换-蒸发回收和逆流漂洗-蒸发回收。一般来说,蒸发浓缩法适于处理浓度较高的重金属离子废水。对于浓度低的废水,直接用蒸发浓缩法进行回收,耗能太大,经济上不合理。这种废水一般先用离子交换树脂浓缩处理,待金属质量浓度达到200~500mg/L时,再经过薄膜蒸发器处理。

#### 6.1.1.5 膜分离技术

膜分离技术是通过一种特殊的半透膜对废水中各组分的选择渗透作用的差异,以外界能量或化学位差为推动力对双组分或多组分混合的液体进行分离、分级、提纯和富集的方法。

从20世纪70年代至今,已有许多利用电渗析、反渗透、离子膜电解、扩散渗析、超滤(纳滤)等膜技术处理碱性废水的成功例子,其中电渗析的应用最为广泛。

A 电渗析法回收利用碱性废水

电渗析(简称ED)技术是膜分离技术的一种,是将阴、阳离子交换膜交替排列于正负电极之间,并用特制的隔板将其隔开,组成除盐(淡化)和浓缩两个系统,在直流电场作用下,以电位差为推动力,利用离子交换膜的选择透过性,把电解质从溶液中分离出来,从而实现溶液的浓缩、淡化、精制和提纯。电渗析技术能量消耗小,经济效益显著,装置设计与系统应用灵活,操作维修方便,使用寿命长,原水回收率高,工艺过程洁净。

张维润等人用国产异相离子交换膜处理氧化铝生产中产生的赤泥碱液,将含NaOH 7g/L的废碱液浓缩为含碱2mol/L,工业用回收率为78.5%,浓碱回收率为12.5%。刘作霖等人用聚乙烯异相离子交换膜处理赤泥碱液,使氧化铝工业实现废液零排放,讨论了预处理应达到的溶液质量指标,并证明:在极稀$NaAlO_2$溶液中,$Al_2O_3$以$Al(OH)_4^-$形式存在,可以透过阴膜迁移至浓液,浓液中NaOH的浓度高,性能稳定,但是淡液中的NaOH含量低,为了不使$Al(OH)_4^-$水解就必须控制淡液的pH值。近年来,诸多电渗析法回收利用赤泥碱液的试验证明了电渗析法能够高效浓缩碱液。由于1992~1999年间双极膜的迅猛发展,在冶金工业如钨、铝的生产中所产生大量的废碱液也可以两张双极膜和两张阳膜所构成的三室电渗析组合来回收碱液。这种过程更适于从弱酸强碱盐特别是从有机酸盐的碱性废液中回收碱。

此外,刘扬林等人研究1价阴离子选择膜从粗钨酸钠溶液中脱除游离碱的可行性,考察了操作电流密度、料液中游离碱浓度、回收碱浓度等工艺参数对过程能耗、电流效率及碱钨迁移速率比等工艺指标的影响。研究表明:1价阴离子选择膜电渗析法从粗钨酸钠溶液中脱除游离碱是经济可行的。薛智怀利用阳膜电解回收废碱液,通电后,工业废碱液中的阴离子如$Cl^-$、$ZnO_2^{2-}$等被阻留在阳极室中,$K^+$或$Na^+$透过阳膜迁移,在阴极室产生高纯度碱液。

B 反渗透法回收利用碱性废水

反渗透(简称RO)是以压力为推动力,利用反渗透膜只能透过水而不能透过溶质的选择透过性,从某一含有各种无机物、有机物和微生物的水体中提取纯水的物质分离过程。反渗透是一种高效节能的技术。该过程无相变,一般不需加热,工艺过程简便,能耗低,操作和控制容易,应用范围广泛。但由于渗透压的影响,该技术应用的浓度范围有所限制,另外对结垢、污染、pH值和氧化剂的控制要求严格。

反渗透技术的关键是反渗透膜的性能,要求具有高选择性、高透水性,机械强度好、化学稳定性好、使用寿命长、性能衰降小、原料易得、价格低、制备简单等。醋酸纤维素及各种衍生物膜是目前使用最多的半透膜,其次是芳香聚酰胺膜。近年来,国内外在研究新型的抗强酸、耐氧化的膜材料。如美国的聚酰复合膜、聚苯并咪唑酮膜,国内的聚砜酰胺膜等。但这些膜的制作没有达到成熟阶段。目前应用于脱盐方面的几种反渗透膜的性能见表6-1。

表6-1　几种反渗透膜的性能

| 品　种 | 测试条件 | 透水性/$m^3 \cdot (m^2 \cdot d)^{-1}$ | 脱盐率/% |
|---|---|---|---|
| $CA_{2.5}$膜 | 1% NaCl, 5066.3kPa | 0.8 | >90 |
| $CA_3$ 复合膜 | 海水,10132.5kPa | 1.0 | 98 |
| $CA_3$ 中空纤维膜 | 海水,6079.5kPa | 0.4 | 98 |
| CA 混合膜 | 3.5% NaCl,10132.5kPa | 0.44 | >92 |
| 芳香聚酰胺膜 | 3.5% NaCl,1032.5kPa | 0.64 | >90 |

常用的反渗透装置有板框型、管型、螺旋卷式型、中空纤维型。近年来,反渗透技术的发展非常迅速。但反渗透法所需的工作压力高,工作压力要比渗透压大几十倍;在反渗透装置前必须装有充分的预处理装置,以保证反渗透装置的正常运行并延长膜的寿命。

C　超滤法回收利用碱性废水

超滤(简称UF)是以压力为推动力,利用超滤膜不同孔径对液体进行分离的物理筛分过程。超滤与其他分离过程相比,有如下特点:过程在常温低压下进行,能耗低,不需加热,也无热效应及相态变化,不需加入任何其他物质即可达到分离、浓缩、纯化及分级等目的;超滤装置结构简单,占地面积小,所需附属设备少,安装方便,费用低,易插入已有生产工艺系统,扩大容易和增加组件容量,且不必担心由此带来技术上的困难;超滤装置操作简单,启动时间短,易维护修理;物质在浓缩分离过程中不发生质的变化,因而适用于保味和热敏性物质的处理;适合稀溶液中微量贵重大分子物质的回收和低浓度大分子物质的浓缩将不同分子量的物质分级分馏;超滤膜是由高分子聚合物制成的均匀的连续体,在使用过程中无任何杂质脱落,保证超滤液纯净。

D　扩散渗析法回收利用碱性废水

扩散渗析依靠浓度差为推动力,利用膜的选择透过性进行分离,而不需外加直流电,能耗很低。由于体系本身条件的限制,工业渗析过程的速度慢,效率较低,同时选择性不高,化学性质相似或分子大小相近的体系很难用渗析法分离,这使其发展受到了很大的限制,而逐渐被借助外力驱动的膜过程如电渗析、超滤等所取代,应用范围日渐缩小。

然而,当使用外力困难或系统本身有足够高的浓度差时,渗析法仍为行之有效的膜分离系统;另外,对少量物料的处理,由于可长时间任其进行,也是渗析法用武之处。目前渗析法应用最大的市场是血液渗析,在工业废水处理中废酸、碱液的回收也是工业应用的一个方面,另外在实验室中用于少量料液的净化等。日本的德山曹达公司开发了耐酸腐蚀的扩散渗析用阳膜,而且成功地开发了从铝蚀刻剂中回收苛性钠的工艺,并在美国的CasPain化工厂投入运行。为了防止 $Al(OH)_3$ 析出堵塞膜孔,可先用扩散渗析回收碱,再在渗析器外使铝析出而加以回收。扩散渗析只能起到分离的作用,无法对废碱性溶液进行浓缩,并且扩散渗析的残液中依然会存在一定量的碱,故而其应用不如电渗析广泛。

### 6.1.2　典型废水处理技术

#### 6.1.2.1　含铅锌废水处理

锌是人体必需的微量元素之一,缺锌会引起人的很多不良反应。但是过量的锌也会对人体造成危害,会引起肠胃的炎症,如恶心、呕吐、腹痛、腹泻等,同时伴有头晕、周身乏力。

误食氯化锌会引起腹膜炎，导致休克而死亡。

铅及其化合物对人体的许多系统都有毒害作用。急性铅中毒会引起腹绞痛、肝炎、高血压、神经炎、中毒性脑炎等疾病；慢性铅中毒会导致神经衰弱症。铅中毒引起的血液系统的症状主要是贫血和铅溶。此外，铅中毒还可以引起泌尿系统的症状。

A 含锌废水的处理方法

含锌废水的处理方法主要有：化学法、离子交换法、超滤法等。

a 化学法

化学法处理含锌废水的主要理论根据是锌的两性元素的性质。锌的氢氧化物同时具有酸性和碱性双重性质。其碱式结构为：$Zn(OH)_2$；酸式结构为：$H_2ZnO_2$。化学法处理含锌废水是调节废水的 pH 值在 8.5 ~ 9 的范围内，使氢氧化锌很快沉淀下来。利用氢氧化锌的两性性质，用碱液溶解氢氧化锌，生成氧化锌并回收使用。

化学法的工艺条件为：进行沉淀处理时，废液的 pH 值严格控制在 8.5 ~ 9 的范围内。反应沉淀时间一般控制在 20min。在设计时应考虑提高设备的自动化程度，以便操作方便并减轻劳动强度；同时，在用自来水进行冲洗时，钙镁离子会形成锌化合物共沉淀析出，影响氢氧化锌的纯度，因此清洗水应用低纯水或循环使用。如果在实际废水处理过程中严格控制 pH 值条件，则出水一般都能达到排放标准。

b 离子交换法

对于酸性含锌废水选用钠型离子交换柱；碱性含锌废水选用氢型离子交换柱。当出水达到控制指标时，将酸性水引入氢型离子交换柱，碱性水引入钠型离子交换柱。继续运转。交替使用多次后，树脂的交换性能会明显下降，需要对树脂进行再生处理。

工艺条件：出水 $Zn^{2+}$ 浓度不大于 1mg/L；钠型离子交换柱控制 pH 值为：pH 值大于 6，氢型离子交换柱控制为：pH 值小于 7.5；钠型交换柱用酸液再生，氢型交换柱用氢氧化钠再生。

B 含铅废水的处理方法

含铅废水的处理方法主要有：沉淀法、离子树脂交换法、活性炭及腐殖酸煤吸附法等。

a 沉淀法

向含铅的废水中投加一定量的化学药剂，与铅直接发生化学反应生成难溶的固体物质从溶液中分离除去的方法称为沉淀法。其中一种方法是向废水中投加石灰乳，与铅生成溶度积很小的（$4.2 \times 10^{-15}$）氢氧化铅，调节废水的 pH 值为 9 ~ 10，使铅以氢氧化铅沉淀的形式去除出去。可以使出水的铅浓度小于 0.03mg/L。

另一种方法是向含铅废水中加入碳酸盐，调节 pH 值为 8 ~ 9.2，使铅形成碳酸铅沉淀加以除去。

还有一种方法是向含铅废水中加入无机絮凝剂，通过吸附沉淀以除去废水中的铅。

b 离子树脂交换法

利用离子交换树脂将废水中的铅富集浓缩，然后洗脱下来。可以用来处理废水中的无机铅和有机铅，一般用于二级处理以保证废水达标排放。

c 腐殖酸煤吸附法

用腐殖酸煤吸附法处理含铅的无机废水和有机废水可以得到较好的处理效果，其饱和吸附容量可以达到 340mg/g。有的含铅废水经前处理后，为保证达标排放，可以在末级加一级活性炭吸附，使出水铅浓度小于 0.1mg/L。

C　含铬废水处理

铬的主要价态为3价铬和6价铬。3价铬是人体所必需的微量元素,有激活胰岛素的作用,同时可以增加人体对葡萄糖的利用。一般认为,3价铬在动物体内的肝、肾、脾等器官不易积累,而在肺内有一定的积累,对肺有一定的伤害作用。研究表明,3价铬对抗凝血活素有抑制作用。相对而言,对人体有较大危害作用的是6价铬。6价铬对人体的危害主要表现为:对皮肤有刺激和过敏作用,6价铬经过伤口进入皮肤,会因腐蚀作用而引起铬溃疡;对呼吸系统有损害作用,主要表现为鼻中隔膜穿孔、咽喉炎和肺炎;损伤内脏,引起肠胃功能降低,胃痛、甚至肠胃道溃疡,对肝脏还可能造成不良影响。

对于碱性含铬废水,可以采用铁氧体法、化学还原法等进行处理。

a　铁氧体法

首先向废水中加入过量的硫酸亚铁,亚铁离子作为还原剂与作为氧化剂的6价铬离子作用,氧化还原反应的结果是生成3价铁离子和3价铬离子,这时加入碱液调节体系的pH值为8~9,使得铁离子和铬离子形成氢氧化物沉淀,最后通入氧气并加热处理,使废水中的各种离子全部形成铬铁氧体。

铁氧体法处理含铬废水工艺分为连续式处理工艺和间歇式处理,处理工艺见图6-4。

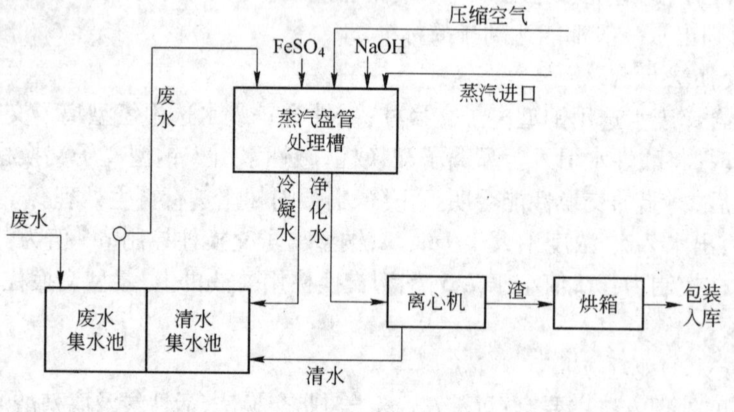


图6-4　铁氧体法处理含铬废水连续式处理工艺

工艺参数如下:

(1)硫酸亚铁投加量。硫酸亚铁投加量取决于废水中$Cr^{6+}$的浓度,当$Cr^{6+}$的浓度小于25mg/L时,$Cr^{6+}$与七水合硫酸亚铁质量比一般为1:(40~50);当$Cr^{6+}$的浓度介于25~50mg/L时,质量比为1:(35~40);当$Cr^{6+}$的浓度大于50mg/L时,投加比值为1:30。

(2)pH值。铁氧体法处理含铬废水投加硫酸亚铁前最佳pH值为2~3,反应后期pH值应调至7~8,以促使氢氧化物沉淀的生成。

(3)通气量。通气加氧是铁氧体生成的重要条件,通常采用的通气方式有:压缩空气、鼓风通气、机械搅拌、蒸汽搅拌、自然曝气等。当采用压缩空气,空气的压力为0.2~2.0kPa时,如果废水中$Cr^{6+}$离子的质量浓度为25~50mg/L,通气时间通常为5~10min。

(4)反应时间。反应时间与废水中$Cr^{6+}$离子浓度、药物投加方式有关,硫酸亚铁、碱液配成饱和溶液的形式加入废水中,可以使药剂与废水迅速混合,提高反应效率、缩短反应时间。一般来说,药剂湿投工艺的反应时间为10~15min;沉淀时间为30~50min;处理周期为1~1.5h。

(5)反应温度。在铁氧体尖晶石结构形成过程中需要加热。通常加热温度在70±5℃

比较好,在这种条件下,生成物绒体大、沉淀分离快。但是温度太高也不利于反应的进行,而且耗能增大,产生大量蒸汽,污染环境。

b 化学还原法

化学还原法处理含铬废水工艺,分为槽内处理、连续处理、间歇处理、气浮处理4种方式:

(1)槽内处理法:通常采用亚硫酸氢钠或水合肼为还原剂,这种方法可以减少土建投资。

(2)连续式处理法:一般采用自动控制,投加药剂方式为湿投,配药浓度一般为5%~10%,反应池容积略大于完全反应所需时间的排水量,池内设有搅拌装置。

(3)间歇式处理法:反应池内设有空气搅拌或水力、机械搅拌,投药方式为干投,反应池分为两格,交替使用。反应池的容积一般按2~4h的废水量设计。

(4)气浮法:使用气浮槽,设备体积小,占地少,出水水质好。

D 含砷废水处理

砷在废水中可能以硫化砷阴离子或含氧阴离子的形式存在。亚砷酸根离子 $AsO_2^-$、砷酸根离子 $AsO_4^{3-}$ 及这些酸的盐可在不含有硫化氢和硫离子的弱酸性、中性和碱性介质中存在。有自由的硫离子时才有 $AsO_2^-$ 和 $(AsO_4)^{3-}$ 阴离子存在。

含砷废水的处理方法主要有:石灰石沉淀法、铁盐沉淀法、硫化沉淀法、软锰矿法等。

a 石灰石沉淀法

石灰石沉淀法处理成本低、工艺简单,是目前常用的一种方法。在废水的pH值约为12时,投加石灰乳,使砷酸根和亚砷酸根离子生成砷酸钙和亚砷酸钙沉淀,大多数高价金属如2价铁离子、3价铁离子、铝离子、锌离子等都能与砷酸盐、亚砷酸盐形成稳定的络合物,这些络合物被金属氢氧化物凝聚物所吸附共沉。反应方程式为:

$$4Ca^{2+} + 2AsO_4^{3-} + 2OH^- \xlongequal{} Ca_3(AsO_4)_2 \cdot Ca(OH)_2$$

$$4CaOH^+ + 2AsO_4^{3-} \xlongequal{} Ca_3(AsO_4)_2 \cdot Ca(OH)_2$$

石灰石沉淀法的不足之处是钙盐的溶解度较大,必须使钙的浓度远过量,砷浓度才能降至较低水平,这就需要消耗大量絮凝剂,也使处理后的残渣量大大增多。

b 铁盐沉淀法

铁盐除砷也是常用的方法,氯化铁常用作絮凝剂加入水体。此法在高pH值条件下,在生成砷酸铁的同时还会产生大量氢氧化铁胶体,溶液中的砷酸根与氢氧化铁还可发生吸附共沉淀,从而可以得到较高的除砷率。其反应如下:

$$2Fe^{3+} + 3Ca(OH)_2 \longrightarrow 2Fe(OH)_3\downarrow + 3CaCl_2$$

$$AsO_4^{3-} + Fe(OH)_3 \rightleftharpoons FeAsO_4 + 3OH^-$$

$$AsO_3^{3-} + Fe(OH)_3 \rightleftharpoons FeAsO_3 + 3OH^-$$

当pH大于10时,砷酸根、亚砷酸根与氢氧根置换,使一部分砷仅溶于水中,故终点pH值最好控制在10以下。

由于氢氧化铁吸附5价砷的pH值范围要较3价砷大得多,所需的铁砷比较小,故在凝聚处理前,将亚砷酸盐氧化成砷酸盐,可以提高除砷的效果。

c 硫化沉淀法

硫化沉淀法的原理为在酸性条件下向含砷废水中加入硫化钠,使砷生成硫化砷沉淀从废水中除去。处理后可以使废水中含砷量降至0.05mg/L。

硫化沉淀法工艺包括以下过程：沉淀硫化砷；过滤含砷滤渣；干燥滤饼；包装称量干燥物送外加工制造白砷。

用硫化物处理法沉淀砷，可以在 15 ~ 30min 内连续进行，溶液不需预热，所得到的滤饼含有 65% ~ 75% 的硫化砷 $As_2S_3$、20% ~ 25% 的单质硫和 1% ~ 5% 的硫化铜和硫化锌。

d　软锰矿法

向含砷废水中投加软锰矿（天然二氧化锰），在加热条件下，软锰矿将 3 价砷氧化为 5 价砷，氧化完全后向废水中投加石灰，调节 pH 值为 8 ~ 9，这时砷以砷酸钙和砷酸锰沉淀的形式从废水中除去。如果原水中砷离子的质量浓度为 4 ~ 10mg/L，经过软锰矿法处理后可使废水中砷离子浓度降为 0.5mg/L。

整个工艺流程包括以下操作：软锰矿氧化 3 价砷，温度 75 ~ 85℃，2 ~ 3h；石灰乳中和，调节 pH 值为 8 ~ 9，时间为 1h；过滤含砷滤饼；贮存砷滤饼。整个过程持续 4 ~ 6h。

E　含氰废水处理

含氰废水的处理方法主要有：逆流清洗－蒸发法、碱性氯化法、二氧化氯协同氧化剂破氰法、电解氯化法、臭氧氧化法及离子交换法等。

a　逆流清洗－蒸发法

逆流清洗－蒸发法包括减压薄膜蒸发法和常压薄膜蒸发法。

(1) 减压薄膜蒸发法：在减压条件下，废水的沸点降低，使氰化物在蒸发过程中不会挥发散失，便于氰的回收利用。同时蒸发产生的冷凝水返回中间清洗槽，最后一级清洗槽采用流动水洗，从而实现废水达标排放。工艺参数见表 6-2。

**表 6-2　逆流清洗－蒸发法处理含氰废水工艺参数**

| 工艺参数 | 减压薄膜蒸发法 | 常压薄膜蒸发法 |
|---|---|---|
| 进水浓度/$g \cdot L^{-1}$ | $[CN^-] > 1$ | $[CN^-] > 0.3$；$[Cu] > 3$ |
| 真空度/kPa | > 66.6 | |
| 蒸发温度/℃ | < 70 | 102 |
| 蒸汽压力/Pa | $(0.5 \sim 1.5) \times 10^5$ | $(1 \sim 2) \times 10^5$ |
| 蒸汽耗量 | 1.0 ~ 1.2kg/L | 1 ~ 1.2t/d |
| 冷却水耗量/$L \cdot L^{-1}$ | 10 ~ 20 | |
| 浓缩倍数 | 10 ~ 20 | 3 ~ 5 |
| 冷凝水中质量浓度/$mg \cdot L^{-1}$ | $[CN^-] < 10$ | $[CN^-] < 10$；$[Cu] < 10$ |
| 蒸发强度/$L \cdot (m^2 \cdot h)^{-1}$ | 100 | 50 ~ 70 |

(2) 常压薄膜蒸发法：贮存槽中的含氰废水被引入常压薄膜蒸发器进行蒸发浓缩，浓缩液回用，二次蒸汽和冷凝水引入贮存槽，挥发的氢氰酸在气体回收器内用氢氧化钠回收利用。主要工艺参数见表 6-2。

b　碱性氯化法

碱性氯化法工艺包括连续处理工艺、间歇处理工艺、完全氧化处理工艺等。工艺流程见图 6-5。一般使用的氧化药剂为：$Cl_2$、HClO、NaClO。反应方程式为：

$$CN^- + OCl^- + H_2O \longrightarrow CNCl + 2OH^-$$

$$CNCl + 2OH^- \longrightarrow CNO^- + Cl^- + H_2O$$

投药量不足或过量对含氰废水的处理都很不利，药剂的投加量见表 6-3。一般当水中余氯浓度为 2 ~ 5mg/L 时，可以认为氰已经基本被分解。

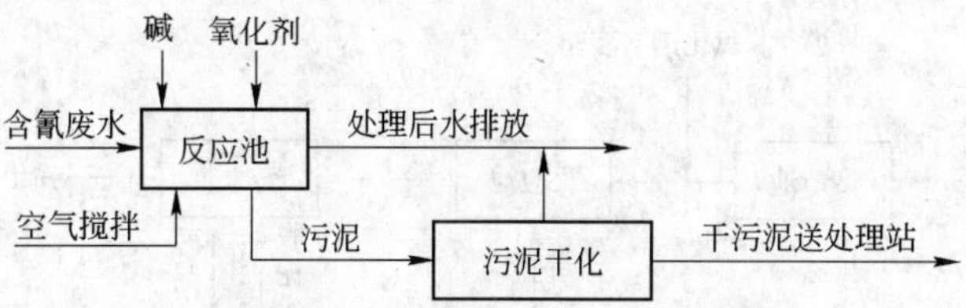


图 6-5 碱性氯化法含氰废水工艺流程

**表 6-3 碱性氯化法处理氰化物的投量(质量比)**

| 质量比 | 局部氧化反应达到 $CNO^-$ | | 完全氧化反应达到 $CO_2$ 和 $N_2$ | |
|---|---|---|---|---|
| | 理论值 | 实际值 | 理论值 | 实际值 |
| CN: $Cl_2$ | 1:2.73 | 1:(3~4) | 1:6.83 | 1:(7~8) |
| CN: HClO | 1:2 | | 1:5 | |
| CN: NaClO | 1:2.85 | | 1:7.15 | |

c 二氧化氯协同氧化剂破氰法

二氧化氯协同氧化剂破氰法是利用二氧化氯的强氧化性,在碱性条件下氧化分解氰,生成 $N_2$ 和 $CO_2$ 气体,反应同时有 $H_2O_2$、$Cl_2$、$O_3$ 产生,这些氧化剂也具有氧化分解氰的作用。同时这些氧化剂还可以氧化除去部分阳离子和阴离子,如 $S^{2-}$、$SO_3^{2-}$、$NO^{2-}$、$Fe^{2+}$、$Mn^{2+}$、$Ni^+$ 等。

二氧化氯协同发生器包括电解槽、直流电源、吸收管路。见图 6-6。电解槽分为阳极室和阴极室,阳极室内有阳极和中性电极,阴极室有阴极。用二氧化氯协同氧化法处理含氰废水,药剂投加量是碱性氯化法药剂投加量的 1/5。

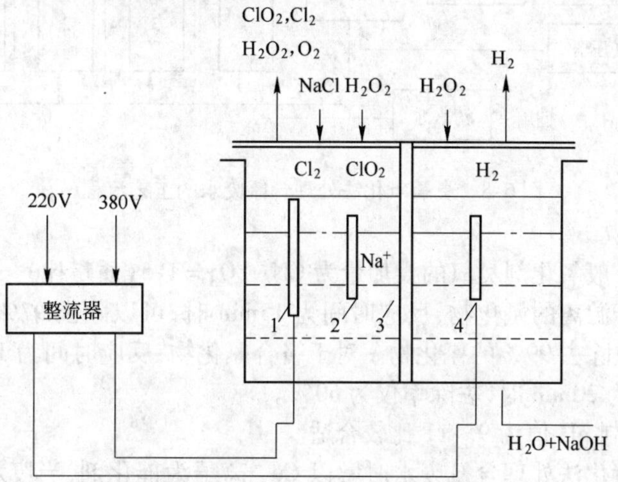


图 6-6 二氧化氯协同氧化剂发生器

d 电解氯化法

电解氯化法是通过电解的方法将废水中的氰化物电解氧化为二氧化碳和氮气,从而有效地除去氰的污染。电解法处理含氰废水的工艺流程如图 6-7 所示。

电解法处理含氰废水的工艺参数见表 6-4。处理方式有连续式和间歇式两种。间歇式处理采用石墨阳极,阴极采用钢板,阴极、阳极间距为 15~30min,槽电压为 6~8.5V。

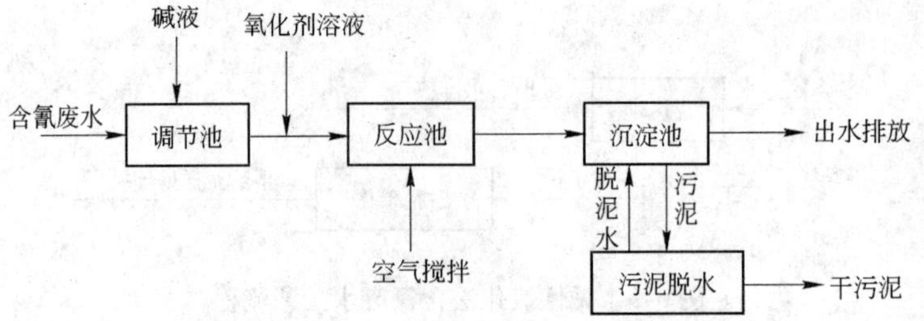


图 6-7　电解法处理含氰废水的工艺流程

**表 6-4　电解法处理含氰废水的工艺参数**

| 工艺参数 | | | | | |
|---|---|---|---|---|---|
| 氰浓度/$mg \cdot L^{-1}$ | 槽电压/V | 电流浓度/$A \cdot L^{-1}$ | 电流密度/$A \cdot m^{-2}$ | 电解时间/min | 食盐量/$g \cdot L^{-1}$ |
| 50 | 6 ~ 8.5 | 0.75 ~ 1.0 | 0.25 ~ 0.3 | 25 ~ 20 | 1.0 ~ 1.5 |
| 100 | 6 ~ 8.5 | 0.75 ~ 1.0 ~ 1.25 | 0.25 ~ 0.3 ~ 0.4 | 45 ~ 35 ~ 30 | |
| 150 | 6 ~ 8.5 | 1.0 ~ 1.25 ~ 1.5 | 0.3 ~ 0.4 ~ 0.45 | 50 ~ 45 ~ 35 | 1.5 ~ 2.0 |
| 200 | 6 ~ 8.5 | 1.25 ~ 1.5 ~ 1.75 | 0.4 ~ 0.45 ~ 0.5 | 60 ~ 50 ~ 45 | |

e　臭氧氧化法

臭氧氧化法就是在处理含氰废水时以臭氧作为氧化剂。工艺流程如图 6-8 所示。

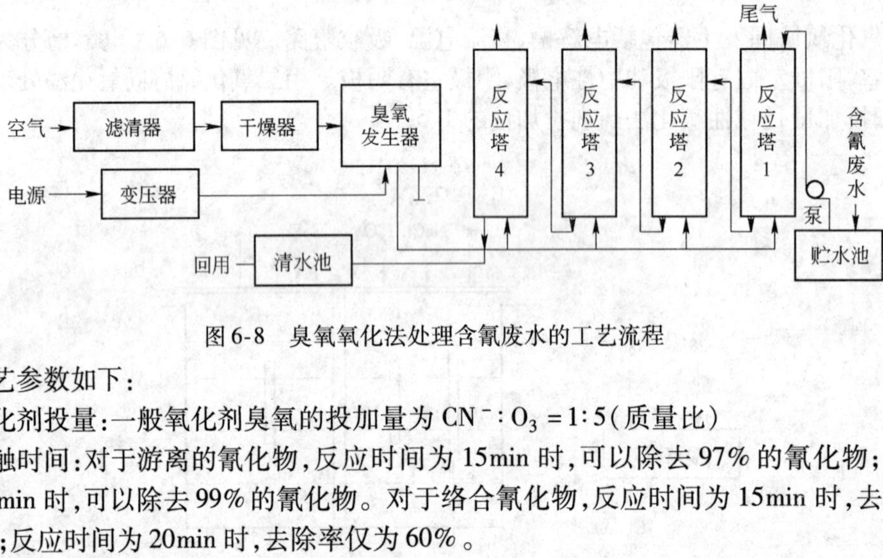


图 6-8　臭氧氧化法处理含氰废水的工艺流程

工艺参数如下：

氧化剂投量：一般氧化剂臭氧的投加量为 $CN^- : O_3 = 1:5$（质量比）

接触时间：对于游离的氰化物，反应时间为 15min 时，可以除去 97% 的氰化物；反应时间为 20min 时，可以除去 99% 的氰化物。对于络合氰化物，反应时间为 15min 时，去除率仅为 40%；反应时间为 20min 时，去除率仅为 60%。

pH 值：一般控制 pH 值为 9 ~ 11 比较合适。

催化剂：臭氧氧化法处理含氰废水时常以 $Cu^+$ 离子为催化剂，当废水中 $Cu^+$ 离子的含量为 1mg/L 时，反应时间可以缩短 1/4 ~ 1/5。

f　离子交换法

离子交换法处理含氰废水的工艺流程见图 6-9。

工艺条件：

阴离子交换柱填装强碱性阴离子交换树脂，逆向交换，采用移动床体外再生方式，再生剂为 6mol/L 的 HCl，用量为树脂体积的 1/2，再生时间为 2h；氧离子交换柱填装丙烯酸型弱酸性阳离子树脂，正向交换，采用固定床体内再生方式。再生剂采用 NaCN 溶液。阴离子树

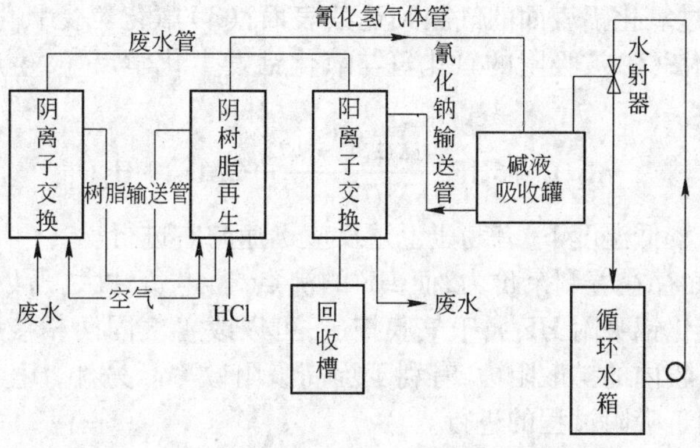


图6-9 离子交换法处理含氰废水的工艺流程

脂与阳离子树脂体积比为2∶1，泄漏终点控制为[$CN^-$]=0.5mg/L，[Cu]=1mg/L。

阴离子柱再生反应为：

$$R_2Cu(CN)_3 + 3HCl \xlongequal{\quad} R_2CuCl_3 + 3HCN\uparrow + 3NaOH$$

$$HCN + NaOH \xlongequal{\quad} NaCN + H_2O$$

以12%~15%的NaOH吸收HCN，用量为再生树脂体积的1.5倍，再生时间为2h。

阳离子柱再生反应为：

$$RCu + 3NaCN \xlongequal{\quad} RNa + Na_2Cu(CN)_3$$

## 6.2 碱介质湿法冶金的废气处理

在碱介质湿法冶金过程中，主要的空气污染物有含氟废气、硫化氢、含重金属烟气及粉尘等，以下分别介绍其处理方法。

### 6.2.1 含氟废气的净化与利用

在电解铝的生产中，一般采用含氟54%的冰晶石($Na_3AlF_6$)作为铝土矿的溶剂，在电解过程中，放出含HF的气体。

含氟废气的治理，目前主要有三种方法，即稀释法，湿式吸附法和干式吸附法。其中稀释法是向含氟气体的厂房送新鲜空气或将含氟废气向高空排放进行自然稀释；这种方法虽然投资和运行费用低廉、管理方便，但在不利的气象条件下往往会把含氟废气从一处转向另一处，不能根治，在此不做详细介绍。

#### 6.2.1.1 干式吸附法

干式吸附法是采用氧化铝作吸附剂吸附净化铝电解烟气中HF的方法。该法不仅净化效率高，可以回收氟，而且所用的氧化铝吸附剂是铝电解生产的原料，不需要专门制备和处理吸附剂，此外，由于是干法净化，不存在废水二次污染和设备腐蚀问题，目前国外采用的干法净化流程有美国的A-398法，加拿大的阿尔肯法，法国的彼施涅系统等。

干法净化是基于固体物质颗粒间的吸附原理。

工业氧化铝颗粒细，微孔多，比表面积大，又具有两性化合物的特性，是较好的吸附剂。而氟化氢是酸性气体，沸点高，电负性又大，因此氟化氢很容易被氧化铝所吸附。

氧化铝对HF的吸附主要是化学吸附，同时伴有物理吸附，吸附的结果是在氧化铝表面上生成表面化合物—氟化铝。其吸收过程可以分为以下几个步骤：(1)氟化氢在气相中的扩散;(2)氟化氢通过氧化铝表面的气膜到达其表面;(3)氟化氢受氧化铝表面原子的剩余价力的作用而被吸附;(4)被吸附的氟化氢与氧化铝发生化学反应,生成表面化合物,其反应式为:

$$Al_2O_3 + 6HF \xrightarrow[\lg K977℃ = 1.64]{\lg K127℃ = 3.72} 2AlF_3 + H_2O \tag{6-1}$$

由上式可见,在较低温度下,有利于上述反应迅速向右进行。

由于氧化铝表面存在着剩余价力,而 HF 的沸点高,电负性大,所以化学反应的速度十分迅速。因此,用氧化铝吸附 HF 属于气膜控制,可以改善气固两相接触状况,使氧化铝表面不断更新,减小气膜内的扩散阻力,有利于提高吸附效率。另外,HF 浓度越高,气相传质推动力越大,越有利于吸附过程的进行。

为了使吸附过程顺利进行,要加强铝电解槽的密闭性,防止漏泄,使烟气中 HF 浓度尽量提高,同时也使车间内操作环境得到改善。

根据所用设备不同,可将干法吸附净化含氟烟气的方法分为两种:输送床吸附法、沸腾床吸附法。

#### 6.2.1.2 湿式吸附法

湿式吸附法是采用水、碱性溶液或某些盐类溶液来吸收含氟废气中的氟化物,从而达到净化回收的目的,同时还可以得到副产品氟硅酸、冰晶石、氟硅酸钠及氟硅脲等。该法的优点在于净化设备体积小,易实现,净化工艺过程可连续操作和回收各种氟化物,净化效率高,效果好;缺点在于会造成二次污染,在寒冷地区需采取保温措施。

常用的湿式吸附法有水吸收法和碱吸收法两种,在此简要叙述它们的吸附原理。

A 水吸收法

采用水吸收净化含氟废气,主要是基于氟化氢和四氟化硅都极易溶于水的特性。氟化氢溶于水生成氢氟酸;四氟化硅溶于水则生成氟硅酸,此反应过程可以认为是分两步进行的,首先四氟化硅和水反应生成氟化氢:

$$SiF_4 + 2H_2O = 4HF + SiO_2 \tag{6-2}$$

生成的氟化氢继续和四氟化硅反应生成氟硅酸:

$$2HF + SiF_4 = H_2SiF_6 \tag{6-3}$$

总反应式为:

$$3SiF_4 + 2H_2O = 2H_2SiF_6 + SiO_2 \tag{6-4}$$

用水洗涤吸收净化含氟废气所用的吸收设备有:文氏管洗涤器、喷射式洗涤器、拨水轮吸收室、湍流塔、喷淋塔等。

由于氢氟酸与氟硅酸都具有很强的腐蚀性,所以吸收设备的材质必须是耐腐蚀的,一般可采用塑料、玻璃钢及耐腐蚀的合金钢等。另外在 $SiF_4$ 的吸收操作中,有硅胶析出会造成设备、管道的堵塞和腐蚀。必须注意,在水洗净化含氟废气时,为了提高净化效率,一般都采用多级吸收流程。

用水吸收 HF 和 $SiF_4$ 后得到的氢氟酸和氟硅酸溶液,可用来制取冰晶石、氟硅脲、氟硅酸钠等产品。

B 碱吸收法

碱吸收法即采用碱性溶液来吸收并中和废气中的氟化物,主要原理一是基于氟化氢和四氟化硅极易溶于水的特性,二是基于酸碱中和的原理。碱吸收法吸收净化效果较好,可用来净化铝厂含 HF 烟气,也可以用来净化磷肥厂含 $SiF_4$ 的废气,同时又可以副产冰晶石等氟化盐。

a $Na_2CO_3$ 吸收制取冰晶石

用 $Na_2CO_3$ 溶液洗涤电解铝厂烟气时,则烟气中的 HF 与碱液反应,生成 NaF:

$$HF + Na_2CO_3 \longrightarrow NaF + NaHCO_3 \quad (6\text{-}5)$$

$$2HF + Na_2CO_3 \longrightarrow 2NaF + CO_2\uparrow + H_2O \quad (6\text{-}6)$$

由于烟气中还含有 $SO_2$、$CO_2$、$O_2$ 等,所以还会发生如下副反应:

$$CO_2 + Na_2CO_3 + H_2O \longrightarrow 2NaHCO_3 \quad (6\text{-}7)$$

$$SO_2 + Na_2CO_3 \longrightarrow Na_2SO_3 + CO_2 \quad (6\text{-}8)$$

$$Na_2SO_3 + \frac{1}{2}O_2 \longrightarrow Na_2SO_4 \quad (6\text{-}9)$$

在循环吸收过程中,当吸收溶液中 NaF 达到一定浓度时,再加入定量的偏铝酸钠($NaAlO_2$)溶液即可制得冰晶石。其过程可分为两步进行,首先 $NaAlO_2$ 被 $NaHCO_3$ 或酸性气体分解,析出表面活性很强的 $Al(OH)_3$,然后 $Al(OH)_3$ 再与 NaF 反应生成冰晶石。总反应式为:

$$6NaF + 4NaHCO_3 + NaAlO_2 \longrightarrow Na_3AlF_6 + 4Na_2CO_3 + 2H_2O \quad (6\text{-}10)$$

或

$$6NaF + 2CO_2 + NaAlO_2 \longrightarrow Na_3AlF_6 + 2Na_2CO_3 \quad (6\text{-}11)$$

b $NH_3$ 吸收制取冰晶石

用氨水作吸收剂,洗涤吸收钙镁磷肥生产中排出的含氟废气,则发生如下反应,生成 $NH_4F$,并析出硅胶:

$$HF + NH_3 \longrightarrow NH_4F \quad (6\text{-}12)$$

$$3SiF_4 + 4NH_3 + (n+2)H_2O \longrightarrow 2(NH_4)_2SiF_6 + SiO_2 \cdot nH_2O\downarrow \quad (6\text{-}13)$$

$$(NH_4)_2SiF_6 + 4NH_3 + (n+2)H_2O \longrightarrow 6NH_4F + SiO_2 \cdot nH_2O\downarrow \quad (6\text{-}14)$$

在生成的 $NH_4F$ 溶液中,先后加入 $Al_2(SO_4)_3$ 和 $Na_2SO_4$,则 $Al_2(SO_4)_3$ 先与 $NH_4F$ 反应生成 $(NH_4)_3AlF_6$ 和 $(NH_4)_2SO_4$,$(NH_4)_3AlF_6$ 再与 $Na_2SO_4$ 作用,生成冰晶石和 $(NH_4)_2SO_4$,其反应式为:

$$12NH_4F + Al_2(SO_4)_3 \longrightarrow 2(NH_4)_3AlF_6 + 3(NH_4)_2SO_4 \quad (6\text{-}15)$$

$$2(NH_4)_3AlF_6 + 3Na_2SO_4 \longrightarrow 2Na_3AlF_6 + 3(NH_4)_2SO_4 \quad (6\text{-}16)$$

将冰晶石分离之后的母液中含有 $(NH_4)_2SO_4$,可以直接作为液体肥料来使用。

### 6.2.2 含铅废气的治理

含铅废气大体上可分成铅尘与含铅废气两种。铅尘是在铅及铅矿物的破碎、分级和研磨等机械过程中形成的,其形态不规则,粒径相对较大,一般为 1 ~ 200μm。而含铅的烟气或废气是在冶炼的工业生产加工过程中形成的固体粒子的气溶胶,它多是由熔融物质蒸发后生成的气态物质的冷凝物,在生成过程中常伴有氧化反应。铅烟的粒子很小,粒径一般在 0.01 ~ 1μm 范围内。

由于含铅废气的来源不同,性质不同,污染程度不同,因此采用的净化手段也不同。由于铅法粒径较大,目前对铅尘的净化技术也较成熟,如采用袋式滤尘器净化,均能达到较满意的效果;由于铅烟的粒径很小,采用化学吸收法较多。净化的具体方法基本上可以归纳为物理除尘法、化学吸收法及掩盖法三类。

#### 6.2.2.1 物理除尘法

物理除尘法是针对含铅自然矿物及铅物品的粉碎、研磨等工艺过程及其他工艺过程中产生大量的铅尘的净化。该类方法中常用的有布袋过滤、静电除尘、气动脉冲除尘等工艺。该类工艺对细小粒子有较高的净化效率,常用于净化浓度高、气量大的含铅粉尘和烟气。此外,文丘里管、湿式洗涤器(如泡沫吸收塔、喷淋塔)都有较好的效果,但设备的体积较大,费用较高。

#### 6.2.2.2　化学吸收法

化学吸收法对铅烟中微细颗粒的铅蒸气具有较好的净化效果,基于铅的颗粒可溶于硝酸、醋酸和碱液,在化学吸收法中,常用的吸收剂有稀醋酸和氢氧化钠溶液,有的采用有机溶剂加水,作吸收剂。该方法装置简单、操作方便、净化效率高。

#### 6.2.2.3　掩盖法

掩盖法主要是针对铅的二次熔化工艺中铅大量向空气中蒸发污染环境而采取的一种物理隔挡方法。具体做法是在熔融的铅液面上撒上一层覆盖粉末来防止铅的蒸发。所用的覆盖剂有碳酸钙粉、氯盐、石墨粉及 SRQF 覆盖剂等。

对覆盖剂的要求是,覆盖剂的密度要比铅小,而熔点应比铅高,而且这种物性之间的差别越大越好。同时要求覆盖剂不与铅或坩埚发生化学反应。在这些覆盖剂中以石墨粉效果最好。如以石墨粉覆盖 5cm 厚时,覆盖效率可达 100%,此法无需庞大的设备,不消耗能源与动力,既能减少铅的污染还可减少铅原料的损失。

### 6.2.3　粉尘的控制技术

在冶金工业生产过程中,矿石的焙烧及干燥过程中会产生大量的粉尘,这些粉尘以液态、固态或粘附在其他悬浮颗粒上等形式进入大气环境,其中大多数悬浮粉尘危害人体健康。

#### 6.2.3.1　除尘装置的分类

从气体介质中将固体粒子分离捕集的设备称为除尘装置或除尘器,根据所利用的除尘机理不同,可将除尘器分为机械除尘器和电除尘器两大类。根据在除尘过程中是否采用液体进行除尘或清灰,又可分为干式除尘器、湿式除尘器。图 6-10 表示除尘器分类的一种方法。

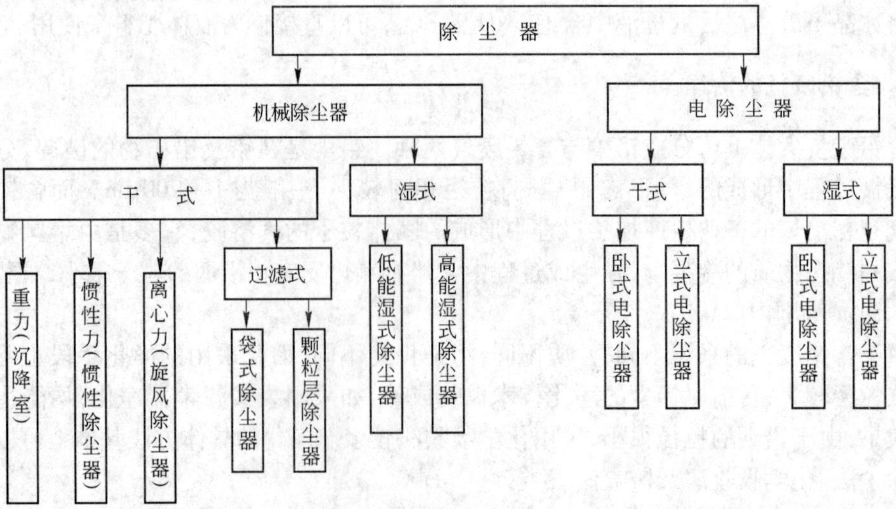


图 6-10　除尘器的分类

除上述方法外，习惯上还将除尘器分为如下4类：

(1)机械式除尘器：包括重力沉降室、惯性除尘器、旋风除尘器等；

(2)湿式洗涤器：包括旋风水膜洗涤器、自激喷雾洗涤器、文丘里洗涤器等；

(3)过滤式除尘器：包括袋氏除尘器、颗粒层除尘器等；

(4)电除尘器：包括干式电除尘器、湿式电除尘器等。

在实际使用的一种除尘器中，往往同时利用几种除尘机制，一般是按其中的主要作用机制而分类命名的，例如卧式旋风除尘器中，有离心力的作用，同时还有冲击和洗涤作用。近年来，为了提高除尘效率，陆续出现了几种综合多种除尘机制的各种新型除尘器，如声凝聚器、热凝聚器、流通力/冷凝洗涤器、高梯度磁分离器、电液滴洗涤器及电管等。

#### 6.2.3.2 除尘器的性能

全面地评价除尘装置的性能应该包括技术指标和经济指标两项内容，而二者之间又是互相联系的。表示除尘器性能的主要技术指标有除尘器的处理气体量、净化效率、压力损失及负荷适应性等，表示除尘器性能的主要经济指标主要包括设备费、运行费、占地面积以及操作和维护管理的难易等，从大气环境质量控制的角度来看，在这些性能中最重要的是除尘系统排出口的含尘浓度或排放量。

除尘器的处理气体量是代表其处理气体能力大小的指标，一般用体积流量来表示。

除尘器的压力损失是代表其能耗大小的技术经济指标，一般用除尘器进、出口断面上气流平均全压之差$\Delta p$(Pa)表示。

除尘器的除尘效率是代表其捕集粉尘效果的重要技术指标。一般总是希望选用除尘效率高的除尘器，但要兼顾经济指标。除尘效率有两种表示方法：(1)除尘器的总效率($\eta$)，指由除尘器除下的粉尘量与未经除尘前含尘气体中所含粉尘量的百分比；(2)除尘器的分级效率($\eta_d$)，指除尘装置对除去某一特定粒径范围的粉尘的去除效果。

#### 6.2.3.3 除尘器的选择

除尘器的选择要兼顾净化效率、处理能力和动力消耗等各方面的因素。在全面衡量装置的技术指标和经济指标的基础上进行选择。

通常情况下，选择除尘器应考虑以下因素：

(1)处理气体量；

(2)粉尘性质、种类、成分、粒径分布、浓度、密度、黏度、比电阻粉尘、含水率、润湿性及自燃爆炸性等；

(3)效果好：性能符合要求，除尘效率高。废气排放满足国家标准；

(4)成本低：装置占地面积在内的设备费和运行费，以及安装费、设备使用寿命和回收综合利用情况等。

表6-5列出了用标准粉尘对不同除尘器进行试验后得出的5级效率，表6-6是各种除尘器的综合性能，供设计选用除尘器时参考。

四种类型的除尘器主要应用场合如下：

(1) 旋风除尘器适用于尘粒较粗，含尘浓度较高、希望分级、不要求十分高的效率条件下净化。

(2) 湿式除尘器适用于细尘粒而除尘效率要求也高，含尘气流可以冷却，含湿量大也无关系，含尘气体会燃烧，既要除尘又要除去气态污染物的场合下净化。

表 6-5　除尘器的分级效率

| 除尘器名称 | 全效率/% | 不同粒径下的分级效率/% | | | | |
|---|---|---|---|---|---|---|
| | | 0～5 | 5～10 | 10～20 | 20～44 | 大于44μm |
| 带挡板的沉降室 | 58.6 | 7.5 | 22 | 43 | 80 | 90 |
| 简单的旋风除尘器 | 65.3 | 12 | 33 | 57 | 82 | 91 |
| 长锥体旋风除尘器 | 84.2 | 40 | 79 | 92 | 99.5 | 100 |
| 喷淋塔 | 94.5 | 72 | 96 | 98 | 100 | 100 |
| 电除尘器 | 97 | 90 | 94.5 | 97 | 99.5 | 100 |
| 文丘里除尘器($\Delta P = 7.5$kPa) | 99.5 | 99 | 99.5 | 100 | 100 | 100 |
| 袋式除尘器 | 99.7 | 99.5 | 100 | 100 | 100 | 100 |

表 6-6　除尘器的性能

| 除尘器名称 | 适用粒径范围/μm | 效率/% | 阻力/Pa | 设备费 | 运转费 |
|---|---|---|---|---|---|
| 重力沉降室 | >50 | <50 | 50～130 | 少 | 少 |
| (惯)性除尘器 | 20～50 | 50～90 | 300～800 | 少 | 少 |
| 旋风除尘器 | 5～15 | 60～90 | 800～1500 | 少 | 中 |
| 水浴除尘器 | 1～10 | 80～95 | 600～1200 | 少 | 中下 |
| 卧式旋风小膜除尘 | 不小于5 | 95～98 | 800～1200 | 中 | 中 |
| 脉冲式除尘器 | 不小于5 | 95 | 1000～1600 | 中 | 中上 |
| 电除尘器 | 0.5～1.0 | 90～98 | 50～130 | 大 | 中上 |
| 袋式除尘器 | 0.5～1.0 | 95～99 | 1000～1500 | 中上 | 大 |
| 文丘里除尘器 | 0.5～1.0 | 90～98 | 4000～10000 | 少 | 大 |

(3) 布袋除尘器适用于除尘效率要求高,干法收集有价值的粉尘(如面粉、水泥、药品等)含尘气流温度高于露点,处理气体量不是很大、气流温度不高的情况下净化。

(4) 静电除尘器适用于细尘粒除尘要求很高、废气处理量很大,需要回收有价值的物质、气流温度较高、粉尘比电阻适中($10^4 \sim 10^{11}\Omega \cdot cm$)的情况下净化。

## 6.3　碱介质湿法冶金固体废物处理

### 6.3.1　固体废物

#### 6.3.1.1　固体废物的处理

为了解决我国目前较为严重的固体废物污染现状,为固体废物提供安全、妥善的处理技术和途径是一个非常紧迫的问题。工业固体废物的处理主要是无害化和资源化。由于工业固体废物具有双重性,即在一个时间、空间、特定环境下是废物,而在另一条件下可能就变成资源。因此,治理工业固体废物,除在实施源头削减量的产生外,对产生的废弃物进行综合利用是实现废弃物资源化的最有效也是最根本的措施。

#### 6.3.1.2　碱介质湿法冶金典型固体废物组成

由表6-7 和表6-8 可以看出,有关冶金废渣的主要化学组成为原生矿石的伴生组分以及不同冶炼方法需要所加入的溶剂组分。这些废渣中普遍含有有用的金属组分或者富含某

表 6-7 典型砷碱渣的化学成分(质量分数) (%)

| 成 分 | Sb | As | $Na_2CO_3$ | $Na_2SO_4$ | $Na_2S$ | $H_2O$ | 其他 |
|---|---|---|---|---|---|---|---|
| 砷碱渣 | 40.72 | 24.9 | 27.95 | 6.01 | 2.57 | 2.44 | <0.5 |

表 6-8 典型赤泥的化学成分(质量分数) (%)

| 成 分 | $Al_2O_3$ | $SiO_2$ | CaO | $Fe_2O_3$ | $Na_2O$ | $TiO_2$ | $K_2O$ | $P_2O_5$ | B |
|---|---|---|---|---|---|---|---|---|---|
| 烧结法赤泥(1) | 5~7 | 19~22 | 44~48 | 8~12 | 2~2.5 | 2~2.5 | — | — | — |
| 联合法赤泥(2) | 5.4~7.5 | 20~20.5 | 44~47 | 6.1~7.5 | 2.8~3.0 | 6.0~7.7 | 0.5~0.7 | — | — |
| 拜耳法赤泥(3) | 21.6 | 14.0 | 31.0 | 3.1 | 4.5 | — | — | — | — |
| 赤泥(4) | 7.0 | 28.0 | 48.0 | 8~10 | 2.5 | 2.5 | 0.5 | 0.5 | 0.03 |

些非金属组分。废渣中主要组分的含量变化,随着生产厂家的不同而有所不同。可以认为,冶金废渣大多具有一定的资源化价值。关键是看是否有合适的技术可以进行再生利用。一些废渣中的金属元素含量甚至比该种金属的矿石品位还高,很有利用价值。例如,一些铅锌废渣中银的含量可达每吨数十克,一些铜渣中金的含量远远超过矿石的品位。

这些废渣的主要矿物成分除了与原生矿物中的矿物组成有关外,更主要的是在冶金过程中存在复杂的物理化学反应可能使之生成新的矿物。在高温条件下,成分复杂的原生矿石和材料彼此化合可以生成新的物质。

## 6.3.2 废物的收集、运输、贮存、预处理

### 6.3.2.1 废物的收集、运输、贮存

工业固体废物的管理原则是"谁污染,谁治理"。所以,通常情况下,产生废物量比较大的单位都建有单独的废物堆场。废物的收集、运输都由单位内部负责。所以,湿法冶金行业的固体废物通常都是采取厂内收集运输管理的办法。

有些大型工厂建有回收公司,定期到厂内收集废料、废物。中型工厂则定人定期回收,小型工厂划片包干巡回收集,并配备管理人员,设置废物仓库。建立各类废物堆存资料卡,开展经常性的收集分类活动。

运输通常也由工厂内部完成。比较先进的收集运输方法是采用管道运输。对于泥状的废物通常根据处理工艺需有脱水等处理工序。

### 6.3.2.2 废物的预处理

有些冶金行业固体废物由于含有可浸出的重金属等污染物质,不能直接排放环境,在最终环境无害化处置前通常进行预处理。预处理方法主要包括:水泥固化,石灰固化,塑料固化,沥青固化,放射性废物的固化等方法。

水泥固化法是以水泥为固化剂将有害废物进行固化的一种处理。此种方法非常适用于处理各种含有重金属的污泥。在固化过程中,污泥中的重金属离子会由于水泥的高 pH 值作用而生成难溶的氢氧化物或碳酸盐等。某些重金属离子也可以固定在水泥基体的晶格中,从而有效地防止重金属浸出。

水泥固化法的最早利用是在核工业系统处理离子交换再生废液,报废的离子交换树脂以及废液在蒸发浓缩时产生的污泥等方面,而后发展到工业有害废物包括各种含重金属污泥的处理上。

水泥固化法对含高毒重金属废物的处理特别有效,固化工艺和设备比较简单,设备和运行费用低,水泥原料和添加剂便宜易得,对含水量较高的废物可以直接固化,固化产品经过沥青涂覆能有效地降低污染物的浸出,固化体的强度、耐热性、耐久性均好,产品适于投海处置,有的产品可作路基或建筑基础材料。

水泥固化产品一般都比最终废物原体积增大1.5~2.0倍,固化体中污染物的浸出率比较高,须作涂覆处理;废物有的需作预处理或需要加入添加剂,因而可能影响水泥浆的凝固,并会使成本增加,废物体积增大,水泥的碱性能使铵离子变成氨气释出。

石灰固化是用石灰做基材,以粉煤灰、水泥窑灰作添加剂,专用于处理含有硫酸盐或亚硫酸盐类泥渣的一种方法。此法是基于水泥窑灰和粉煤灰含有活性氧化铝和二氧化硅,因而能同石灰在有水存在的条件下发生反应生成对硫酸盐、亚硫酸盐起凝结硬化作用的物质,最终形成具有一定强度的固化体。

石灰固化法适用于处理钢轨、机械工业酸洗钢铁部件时排出的废水和废渣、电镀工艺产生的含重金属污泥以及由于采用石灰吸收烟道气或石油精炼气而产生的泥渣等。固化产品可以运送到处置场养护,也可以先养护,然后再运送到处置场处置。

石灰固化法使用的添加剂本身是废物,来源广,成本低,操作简单,不需要特殊设备,被处理的废物不要求完全脱水,在常温下操作,没有尾气处理的问题。

石灰固化产品比原废物的体积和质量增加得比较大,易被酸性介质浸蚀,通常要求表面进行涂覆。

塑料固化和沥青固化均属于热塑性材料固化法,即用热塑性物质做固化剂,在一定温度下将废物进行包覆处理。热塑性物质在常温下是固态,高温时变成黏液,故可用来包覆废物。

沥青固化法开始用于处理放射性废物,而后发展到处理其他工业排出的含有重金属的污泥方面。此种方法一般要求先将废物脱水,再同沥青在高温下混合;也可以将废物与沥青同时加热脱水,再冷却、固化。

热塑性材料固化法所得的产品的空隙降低,污染物浸出率低于水泥固化法和石灰固化法,干废物对固化基材的掺和量从(1∶1)~(2∶1),可以减少容器费和运输费以及最终处置费,固化基材对溶液或微生物具有强抗侵蚀性,固化体不需作长时间的养护。

热塑性固化材料是热的不良导体,蒸发过程的热效率低,当废物中含有大量的水分时,蒸发过程会有起泡现象。气泡破碎易污染空气。含量大的废物需先冷冻、溶解或离心脱水处理。由于基材具有可燃性,故产品应有适宜的包装,固化基材受大剂量辐射时,其软化点提高,故不宜处理高放射性废物;热塑性材料价格高,操作复杂,设备费用高,对于在高温下易分解的废物、有机溶剂以及强氧化性废物不宜使用。

### 6.3.3　碱介质湿法冶金固体废物的资源化利用

#### 6.3.3.1　固体废物资源化利用的基本方法

大多数有色金属冶炼厂的生产工艺,除了提取主要目的金属外,还对矿石中伴生的多种金属组分进行回收。大部分废渣也设法在厂内转移到后续工艺中利用,或者生产副产品。最后,只剩下少量的最终废渣被堆放或者填埋处理。废渣中的有价金属是丰富的资源,回收其中金属除了具有直接的经济效益外,还能减轻它们对环境的污染。常用的方法主要有:

A 浸出法

通过借助于各种无机酸或氨水等溶剂从固体炉渣中提取其可溶成分加以回收利用。我国某矿务局在锑冶炼过程中产生的砷碱渣采用浸出法处理,回收的二次锑精矿含锑为63%,每年可回收锑约500t,增加产值170余万元,同时还副产砷酸钠混合盐,可代替白砒用作玻璃生产的澄清剂。

B 还原制粒铁法

在一定温度和碳还原剂的作用下,冶金渣中的铅、锌、锡等挥发性金属在回转窑中挥发为烟尘而被回收;冶金渣中的氧化铁被还原成铁粒,随窑渣一起排除,通过磁选分离,获得粒铁,可用来炼制低碳钢。

C 烟化法

为了回收湿法炼锌浸出残渣中的有用组分、铅鼓风炉和锡反射炉渣中的挥发性金属,将这些废渣送入回转窑或烟化炉中加热熔炼,使其中挥发性金属铅、锌、锡等挥发进入烟气,然后捕集烟气中的金属和金属氧化物进行回收。此法在我国一些冶炼厂已用于生产,但二次渣中仍有一定量的铁、铜和贵金属等,还需进一步研究改进,提高回收率。

#### 6.3.3.2 废渣的深度综合利用和最终处理

对有色冶金企业产生的固废,在回收了其中的有价金属以后,还可以用来制造各种建筑材料、铺路和生产肥料,使之充分综合利用。目前,国内有以下利用的途径。

A 用作水泥原料

如氧化铝生产中产生的赤泥、炼锂渣都可用来生产水泥,国内均已有工业应用。例如新疆有色锂盐厂生产的锂渣水泥,标号已经超过425号,并通过了建设部组织的技术鉴定。

B 用于生产铸石

铸石是一种石料,一般以玄武岩、辉绿岩等岩石做原料。原岩经高温熔化后浇铸成型,再经结晶退火等工序即可制成板材、管材及其他形状的铸石制品。有色金属冶炼炉渣除去铁后,其成分基本与铸石相同,只要适当配料就可以作为生产铸石的原料。

C 用于生产矿渣棉

矿渣棉是由热熔矿渣用喷吹法或离心法制成的玻璃质纤维,其组织松软、富有弹性,具有耐腐蚀、不燃烧、不霉变、隔声隔热等性能,是良好的隔热隔声材料。我国用铜渣生产的矿渣棉板质量很好。

D 用于生产砖瓦

我国一些生产厂采用铅烟化炉水淬渣作为骨料做灰渣瓦,用镍渣做砖,都收到很好的效果。用冶炼渣生产的砖,一般多具有质量轻、隔声效果好等优点。

E 做铁路道渣和公路路基

我国从1960年就开始用铜鼓风炉水淬渣做铁路道渣,铺设混渣道床,克服了一般道床下沉的缺点,还具有渗水快、不腐蚀枕木、道床不长草、成本低等优点。用铜水淬渣做公路路基效果也很好。

F 制造硅钙肥

我国某厂利用赤泥制造硅钙肥料,该肥料为以硅钙为主,并含有多种微量元素的碱性复合肥料,对增强植物根系生长、抗倒伏性能很有好处。该厂所生产的硅钙肥料用于小麦、水稻、玉米、花生、苹果、棉花栽培均能使作物增产。

此外，有些废渣还可以用来代替河沙用于建筑业做混凝土的粗、细骨料或矿渣砂浆，对于降低建筑成本，减少堆渣用地都有好处。

## 6.3.4　典型废物的处理和利用

### 6.3.4.1　赤泥的处理和利用

赤泥是氧化铝在生产过程中产生的废渣，因含有大量氧化铁而呈红色，故被称为赤泥。赤泥的产出量，因矿石品位、生产方法、技术水平而异。大多数生产厂每生产1t氧化铝同时产出1.0～1.8t赤泥。据估计，全世界氧化铝工业每年产生的赤泥超过60Mt。我国氧化铝生产过程中每年产生的赤泥量超过600万t，全部露天堆存，并且大部分堆场坝体用赤泥构筑。目前，人们日益关注赤泥堆放给环境带来的危害。赤泥的堆放不仅占用大量土地，耗费较多的堆场建设和维护费用，而且存在于赤泥中的碱向地下渗透，造成地下水体和土壤污染。裸露赤泥形成的粉尘随风飞扬，污染大气，对人类和动植物的生存造成负面影响，恶化生态环境。

氧化铝厂赤泥综合利用问题是一个世界性的难题。近年来，许多国家致力于赤泥中有用物质回收技术的开发，有用物质得以回收利用，同时也去除了大量有害物质，因此赤泥的综合利用具有广阔前景。

A　从赤泥中综合回收有价金属

由于赤泥中含有一定的有价金属和非金属元素如Fe、Si、Al、Ca、Ti、V、Sc、稀土元素、Ta等，是一种宝贵而丰富的二次资源，因此从赤泥中回收有价金属和非金属具有重要意义。

a　从赤泥中回收铁的工艺

广西冶金研究院开展赤泥炼海绵－磁选分离铁的研究，使铁的回收率从30%上升到85.86%。另外有报道采用焙烧还原－磁选－浸出工艺、直接浸出－提取工艺回收Fe等，回收率达到90%以上。

b　从赤泥中回收稀有稀土金属的工艺

目前，从赤泥中回收稀土金属的主要工艺是采用酸浸出工艺，其中包括盐酸浸出、硫酸浸出、硝酸浸出等。

希腊科学家M. Orhsenkuhnu Petropulu等人研究了不同浓度的盐酸、硫酸、硝酸及二氧化硫气体压力等浸出条件（如浸出时间、温度、液固比）对浸出回收率的影响。结果表明，在浸出剂浓度均为0.5mol/L、温度为25℃、浸出时间为24h、固液比为1∶50条件下，其浸出率依次为硝酸＞盐酸＞硫酸，但相差不是太大，其中硝酸浸出时，钪的浸出回收率为80%，钇的浸出回收率达90%，重稀土（镝、铒、镱）浸出回收率超过70%，中稀土（钕、钐、铕、钆）浸出回收率超过50%，轻稀土（镧、铈、镨）浸出回收率超过30%。由于硝酸具有较强的腐蚀性，且不能与随后提取工艺的介质相衔接。因此，大多采用盐酸或硫酸浸出。此工艺侧重回收钪、钇，而其他稀土的回收率不高，特别是轻稀土的回收率较低。他同时还研究了赤泥用盐酸浸出－离子交换和溶剂萃取分离提取钪及钇与镧系元素（REE）。该工艺是将干燥赤泥与一定量的碳酸钠、硼酸钠混合，在1100℃熔烧20分钟，用浓度每升为1.5mol的盐酸浸出后，采用Dowex 50W离子交换机和X8离子交换树脂吸附，用浓度每升为1.75mol的盐酸解吸，铁、铝、钙、硅、钛、钠等首先被解吸，钪、钇、REE则留在树脂中，再经浓度每升为6mol的盐酸解吸后，在pH值为0、液固比为5～10的条件下用每升0.05mol DEHPA进行萃取分离，有机相中的钪用每升2mol氢氧化钠反萃，经进一步提纯可制得纯度较高的三氧化二钪。

Orhsenkuhnu Petropulu 等人研究了用稀硝酸酸浸赤泥，采用离子交换法从浸出液中分离钪、镧系元素的方法。工艺过程：赤泥稀硝酸（每升0.6mol）混合（液固比为200∶1），搅拌1h，在常温常压下浸出。在这个过程中赤泥中碱被酸中和溶解，酸的浓度应控制在每升0.5mol左右，钪、钇、镧系等稀土金属能从赤泥中溶解出50%～75%。然后，取出溶解液体，通过离子交换柱，进行离子交换。采用耐强酸阳离子型树脂，然后用每升0.5mol的硝酸淋洗。在此研究中，作者确定了酸浸过程中的固液比、硝酸的浓度、浸出液酸度控制等参数。而且进行溶剂萃取富集提纯钪及其他稀土的半工业化试验取得了成功。

俄罗斯的D. I. Smirnov 等人研究了一种树脂在赤泥矿浆中吸附－溶解新工艺，回收富集钪、铀、钍。该工艺在硫酸介质中将赤泥矿浆与树脂搅拌混合，钪、铀、钍等被选择性吸附于树脂中，经筛网过滤。10级逆流吸附，进入树脂相中的钪为50%、铀为96%、钍为17%、钛为8%、铝为0.3%、铁为0.1%，提纯后可得98%～99%的钪。

我国学者尹中林对从平果铝矿的拜耳法赤泥中提取氧化钪进行了初步试验研究。步骤是首先用盐酸浸赤泥，接着用P204＋仲辛醇＋煤油从酸浸液中萃取钪，盐酸反萃除杂后，用氢氧化钠溶液反萃取，得氢氧化物沉淀。再用盐酸溶解，用TBP＋仲辛醇＋煤油萃取钪，经水反萃后，加酒石酸＋氨水进行沉淀，将沉淀物灼烧得到二氧化钪产品，纯度可达95.25%。

我国学者徐刚研究和总结了一些国内外专家在这方面的研究成果。指出了目前从赤泥中提取钪的主要方法有：(1)还原熔炼法，赤泥＋碳粉＋石灰→生铁＋含铝硅炉渣→苏打浸出→钪进入浸出渣（白泥）；(2)硫酸化焙烧，赤泥＋浓硫酸（200℃焙烧1h）→每升2.5mol硫酸浸出（固液比为1∶10）→浸出液（含钪）；酸洗液浸出，赤泥→灼烧→废酸浸出→铝铁复盐（净水剂）＋浸出渣（高硅，保温材料）＋浸出液（钪每升10mol）；(3)硼酸盐或碳酸盐熔融，赤泥熔融→盐酸浸出→离子交换 NON－RE－Sc/RE 分离。

B 利用赤泥生产水泥

国内外实践表明，用赤泥可生产出多种型号的水泥。任冬梅综合评述了利用赤泥生产水泥的研究进展。俄罗斯第聂伯铝厂利用拜耳法赤泥生产水泥，生料中赤泥配比可达14%。日本三井氧化铝公司与水泥厂合作，以赤泥为铁质原料配入水泥生料，水泥熟料可利用赤泥5～20kg/t。俄罗斯沃尔霍夫、阿钦和卡列夫氧化铝厂以霞石为原料，利用产生的赤泥生产水泥，进行石灰石、赤泥两组分配料试验，可利用赤泥629～795kg/t水泥，为烧结法赤泥的综合利用开辟了有效途径。我国山东铝厂早在建厂初期就对赤泥综合利用进行了研究，在20世纪60年代初建成了综合利用赤泥的大型水泥厂，利用烧结法赤泥生产普通硅酸盐水泥，水泥生料中赤泥配比年平均为20%～38.5%，水泥的赤泥利用量为200～420kg/t，产出赤泥的综合利用率30%～55%。由于赤泥含碱量高，赤泥配比受水泥含碱指标制约。为更加有效地利用赤泥生产水泥，山东铝业公司已完成国家"八五"科技攻关项目"常压氧化钙脱碱与低碱赤泥生产高标号水泥的研究"和"低浓度碱液膜法分离回收碱技术"，使以烧结法、联合法赤泥为原料生产水泥的技术向前迈进了一大步，提高了赤泥配比，使赤泥配料提高到45%，并提高了水泥质量，由以生产425号普通水泥为主，提高到以生产525号水泥为主。

C 利用赤泥生产砖

利用赤泥为主要原料可以生产多种砖。邢国等人分别报道了利用赤泥生产免蒸烧砖、

粉煤灰砖、黑色颗粒料装饰砖和陶瓷釉面砖。以烧结法赤泥制备釉面砖为例,其主要工艺过程为:

原料→预加工→配料→料浆制备(加稀释剂)→喷雾干燥→压型→干燥→施釉→煅烧→成品。

该法生产的陶瓷釉面砖,以赤泥为主要原料,取代了传统的陶瓷原料,不但可以降低原材料费用,而且具有极大的环保意义。

赤泥在建材工业中还可以生产玻璃、塑料填料等。但是在赤泥的应用中,必须注意赤泥本身含有碱液,有的赤泥中还含有放射性元素,这些都直接危害人体健康。

D 赤泥在废水净化中的作用

由于工业排污量的急剧上升,水体中污染物严重超标,已成为当前严峻的环境污染问题。赤泥颗粒对水体中的 $Cu^{2+}$、$Pb^{2+}$、$Zn^{2+}$、$Ni^{2+}$、$Cr^{6+}$、$Cd^{2+}$ 等重金属离子具有较好的吸附作用。Lopez 用赤泥与硬石膏的混合物加水制成在水溶液中稳定性好的集料,这种集料对重金属离子吸附性能较强,48h 的最大吸附为: $Cu^{2+}$ 19.72mg/g ; $Zn^{2+}$ 12.59mg/g; $Ni^{2+}$ 10.95mg/g ; $Cd^{2+}$ 10.57mg/g。对城市污水中重金属离子的连续吸附实验表明,赤泥对 $Cu^{2+}$、$Zn^{2+}$、$Ni^{2+}$ 的去除效率分别是 100%、68% 和 56%。赤泥对这些重金属离子的高吸附能力归结为赤泥中氧化物矿物的表面反应活性。吸附柱实验研究表明,赤泥吸附剂具有工业应用价值,可直接用 1mol/L $HNO_3$ 处理吸附柱,使被吸附的金属脱附,吸附剂可以重复使用,废水中盐类物质的存在也不会影响吸附效果。

Cengeloglu 用赤泥吸附水体中的氟化物,经 HCl 活化处理的赤泥对水体中氟的清除效率为 82%,而褐煤、高岭石黏土、膨润土的脱氟效率分别为 8%、18.2% 和 46%。Ahundogan 用热处理(200~800℃)和酸处理(HCl)技术活化赤泥,酸活化赤泥对水体中的 As 有较好的吸附作用,当水体中 As 质量浓度为 10mg/L,赤泥为 20g/L 时,25℃ 1h 吸附反应对 As(Ⅴ)的除去率为 96.52%,对 As(Ⅲ)的除去率为 87.54%。

Akay 以赤泥作为交叉流微滤过程的载体,清除水体中的磷酸盐。研究表明,在吸附反应过程中,磷酸盐作为胶体赤泥颗粒的凝结剂,赤泥集料对磷酸盐的过滤形成可压缩的过滤饼,磷酸盐的滤除效果与 pH 值、磷酸盐/赤泥比例、共存离子(如硫酸离子)浓度有关。当 pH 值为 5.2 时,滤除率可达 100%。

Namasivayarn 用赤泥吸附纺织染料废水中的刚果红(Congo red),吸附能力主要受 pH 值和吸附剂含量的影响,吸附等温线为朗格缪尔和弗伦德利希,朗格缪尔吸附容量为 4.05mg/g,吸附效果较好,处理成本较低。

E 三种氧化铝冶炼方法所产生的赤泥的综合利用

氧化铝冶炼方法主要有三种,即:拜耳法、烧结法和联合法,三种不同的方法产生的赤泥成分、性质、物相各异。

烧结法冶炼氧化铝时,首先必须在原料铝矾土中配合一定量的碳酸钠,然后在回转窑内经高温煅烧制成以铝酸钠为主要矿物的中间产品,即铝酸钠熟料,再经溶解、结晶、焙烧等工序制取氧化铝,溶解后分离出的浆状废渣便是烧结法赤泥。采用烧结法冶炼氧化铝,赤泥外排量每吨氧化铝平均为 0.7~0.8t。

拜耳法冶炼氧化铝采用的是强碱 NaOH 溶出高铝、高铁、一水软铝石型和三水铝石型铝土矿,这个过程中,作为主要原料的铝矾土越过高温煅烧环节被直接用来溶解、分离、结晶、焙烧等工序得到氧化铝,溶解后分离出的浆状废渣是拜耳法赤泥。采用拜耳法冶炼氧化铝,赤泥外排量每吨氧化铝平均为 1 ~1.1t。

联合法是拜耳法和烧结法的联合使用,联合法所用的原料是拜耳法排出的赤泥,然后采用烧结法再制取氧化铝,最后排出的赤泥为烧结法赤泥。

赤泥的化学成分和矿物组成主要取决于铝土矿的成分、生产氧化铝的方法和生产过程中添加剂的物质成分等。一般说来,联合法和烧结法所产赤泥的成分大致相同,而与这两种赤泥相比,拜耳法赤泥氧化铁及氧化铝含量高,碱含量及氧化钙含量低。

a 烧结法赤泥的综合利用

烧结法赤泥氧化钙含量高,适合制造建筑材料。中国在 1963 年开始用它作为普通水泥的生料。赤泥浆刚从氧化铝厂排出时液固比一般为 3 ~4,先通过真空过滤机过滤,使赤泥浆含水率降至 60% 以下。一般采用三元组分(石灰石、赤泥、砂岩)配料,有时还配入铁粉,赤泥在生料中占 25% ~35%。生料浆的烧结工艺与一般的普通水泥生产基本相同。用赤泥烧制的水泥熟料各率值为:石灰饱和系数 *KH* 为 0.88 ~0.92,硅酸率为 2.0% ~2.2%,铝率 *P* 为 0.7% ~1.2%。用赤泥生产的 425 号普通硅酸盐水泥,符合中国国家标准 GB175—1977 中规定的技术要求。此外,烧结法赤泥还可用以生产油井水泥、赤泥硅酸盐水泥、赤泥硅钙肥料等。联合法赤泥的利用同烧结法赤泥相似。

b 拜耳法赤泥的综合利用

20 世纪 40 年代以来,许多国家就拜耳法赤泥的综合利用提出了几十种方法,但绝大多数没有达到工业生产的要求,主要由于这种赤泥浆不易干燥,脱水能耗大。另外,这种赤泥中铁和碱的含量高,也不利于制造水泥。如用以炼铁,其中的碱会腐蚀炉衬的耐火材料,赤泥中的氧化钛还会使炉渣黏度增加,造成高炉操作困难等。

当前,我国每年在生产氧化铝过程中采用拜耳法产生的赤泥量大约是 600 万 t,随着氧化铝产能的增加,这个量将进一步增多。赤泥中含有铝、铁、碱及其他有价金属。为了回收拜耳法工艺所产生赤泥中的碱和氧化铝,我们将低品位铝土矿经拜耳法处理后的赤泥作为烧结法配料的原料之一,进行再次处理,大大提高了氧化铝和碱的综合回收率。

c 混联法赤泥的综合利用

混联法在吸收我国传统烧结法氧化铝生产技术及经验的基础上,探索总结出了一系列适合中国铝土矿资源特点的氧化铝生产技术及经验。

(1)拜耳法生产方面。采取铝矿石配石灰溶出法,既降低了溶出温度,改善了溶出效果,又减少了苛性碱的流程损耗。用适当多配矿,少配循环母液,改平衡溶出为不平衡溶出工艺,提高了拜耳法循环效率,达到了增产、节能、降耗的目的。以分解初温低、中间降温、高种子比、活性晶种的方法,提高了种分分解率。用适当降低蒸发母液碱浓度,提高精液浓度的方法。降低系统蒸发量,从而使蒸发汽耗降低。

(2)烧结法生产方面,利用烧结法厂碱比、钙比不饱和配方经验,又结合混联法中物料 $TiO_2$ 高的特点,增加钙的配入量,使 $TiO_2$ 生成 $CaO \cdot TiO_2$,提高了熟料的溶出性能。在生料中利用生料加煤技术抑制生产系统 $Na_2SO_4$ 过多积累对蒸发造成的困难。在熟料溶出方面,利用中等浓度 $Na_2CO_3$,采用低苛性化系数溶出的方法,防止赤泥膨胀变性,提高熟料净溶出率,以此达到较好的氧化铝回收率、碱耗低的目的。应用絮凝沉降技术,改沉降过滤器为沉降槽分离赤泥,极大地减轻了工人的劳动强度和作业环境,同时降低了电耗。在烧结法粗液脱硅中利用拜耳法赤泥作种子，提高了精液的硅量指数，对提高产品质量，提高熟料产出率起到较大作用。在分解中，碳分氢氧化铝全部用作拜耳法种子分解的种子，对于降低产品中$SiO_2$的值，改善产品质量，起到一定作用。

赤泥的综合利用多局限于烧结法赤泥，拜耳法赤泥综合利用正处于研究与开发阶段。电解槽大量产生的废渣(炉渣) 采用堆存，其渣场外围构筑导流截流洪沟，减少雨水对炉渣的淋溶和浸泡；对渣场底部进行整平，用黏土铺垫多层夯实，采用人工防渗材料铺垫，达到防渗要求，达到服务年限后用土覆盖，同时设防渗层，覆盖后进行植被绿化。赤泥还可用来生产炼钢脱硫剂、塑料阻燃剂、玻璃钢阻燃剂、PVC 和沥青填料等。

#### 6.3.4.2　含铬废物处理

我国每年产生 10 万 ~ 12 万 t 的铬渣，大多数均未加以妥善处理处置，对环境构成极大威胁。虽然我国对铬渣的治理和综合利用早在 20 世纪 60 年代就已经开始，曾探索出铬渣制砖、制矿渣棉制品和铸石制品，以及还原铬渣作彩色水泥等许多治理途径。但是由于这些方法处理量小、投资大、成本高，以及产品解毒不彻底和销售困难，在推广应用中尚有许多问题要解决。国家在"八五"环保科技攻关中，对吃渣量大、解毒彻底的含铬废渣制作自熔性烧结矿及冶炼含铬生铁，含铬废渣烧制拓器铺路砖，铬渣解离回收综合利用及综合旋风炉焚烧处理铬渣等技术进行了重点研究，建设示范工程，推动了铬渣的资源化和治理。

A　铬渣的主要来源

铬酸钠是制造各种铬盐和金属铬的中间制品。制造铬酸钠的主要工业方法为铬铁矿碱性条件下氧化焙烧。铬浸出渣就是浸滤工序滤出的不溶于水的固体废物。除部分返回焙烧料中循环使用外，其余堆存待处理。

B　铬浸出渣的产生量和组成

铬浸出渣为浅黄绿色粉状固体，呈碱性。随所用原料和配方不同，每生产 1t 重铬酸钠产生的铬渣量为 1.8 ~ 3.0t 不等。而每生产 1t 金属铬约产生 12.0 ~ 13.0t 铬渣。铬渣基本组成见表 6-9。

**表 6-9　铬渣基本组成**

| 组　成 | $Cr_2O_3$ | $Cr^{6+}$ | $SiO_2$ | CaO | MgO | $Al_2O_3$ | $Fe_2O_3$ |
|---|---|---|---|---|---|---|---|
| 含量(质量分数)/% | 3 ~ 7 | 0.3 ~ 1.5 | 8 ~ 11 | 23 ~ 36 | 20 ~ 33 | 5 ~ 8 | 7 ~ 11 |

国外对于铬渣的处理普遍采取将 6 价铬解毒处理后堆存或填埋的方法，多数情况下认为没有太大利用价值，所以不强调资源化利用。

C　铬浸出渣制作自熔性烧结矿并冶炼含铬生铁的工艺技术

该项技术是一套完整的系统工艺技术，它包含着以下几个相互关联的工艺过程。以铬浸出渣为碱性熔剂及含铬原料，配入含铁原料铁精矿粉、富矿粉等以及燃料，经烧结(机烧或者固定床式烧结)制成含铬的自熔性烧结矿；以该烧结矿为主要原料，经高炉冶炼，制成含铬合金生铁(2.5% ~ 4.0%)。将该种含铬合金生铁进一步深加工，铸造成各种耐磨铸体，如球磨机的磨球、衬板，等等。

应用该项工艺技术，铬浸出渣中的 $Cr^{6+}$ 在烧结过程中即已被 C、CO 等半程还原为 $Cr^{3+}$，还原率达 99.99%，成品烧结矿中的残留量小于 5mg/kg，达到了国家允许的排放标准；

而经高炉冶炼后，$Cr^{3+}$ 及残余的微量 $Cr^{6+}$ 均被更深度地还原为元素 Cr 进入合金，元素收得率达到 85% 以上，余下的 $Cr^{3+}$ 以 $Cr_2O_3$ 的形式进入高炉渣，液态高炉渣经水淬激冷粒化处理后可作为制水泥的原料。

铬浸出渣制作自熔性烧结矿并冶炼含铬生铁工艺由烧结、高炉炼铁和制造耐磨铸件 3 个工艺过程组成。如图 6-11 所示。

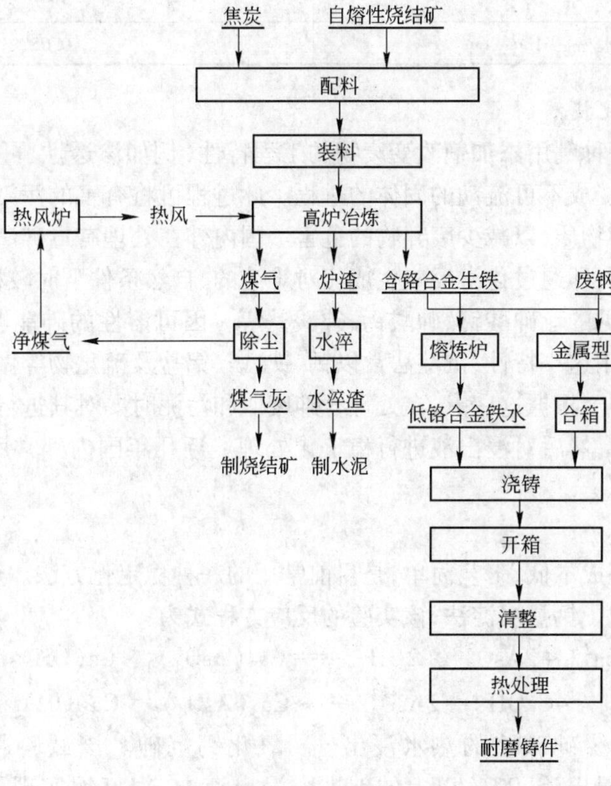


图 6-11　自熔性烧结矿冶炼含铬生铁工艺流程

生铁中铬的回收率大于 85%。其余铬以 $Cr_2O_3$ 形式存在于高炉水淬渣中，可供制水泥用。目前国内已大规模工业化实施该项目技术。

锦州铁合金（集团）股份有限公司年排放铬渣量 3 万 t，现全部采用该工艺技术处理。该公司 1994 年末建成 $18m^2$ 带式烧结机，1995 年投入生产，年处理铬渣 3 万 t 以上，烧结矿产量 12 万 t 以上。为利用所生产的含铬自熔性烧结矿，鞍钢矿山公司与锦州铁合金（集团）股份有限公司联合专门成立了鞍锦新型耐磨材料开发有限股份公司，生产高强度、高耐磨性的球磨机用铸球，供鞍钢矿业用（该公司磨球年消耗量 5 万 ~6 万 t）。12 万 t 含铬自熔性烧结矿经高炉冶炼生产出含铬 1.5% ~2.5% 合金生铁近 6 万 t。

### 6.3.5　含砷废物处理

砷对环境的影响令人关注。表 6-10 列出了我国对砷化物在环境中的最高允许量，如果超标，应及时治理，否则会污染环境，危及人类的健康。

含砷废物的处理技术主要有以下几种。

**表 6-10　砷化物在环境中的最高允许量**

| | |
|---|---|
| 大气(日平均)/$mg \cdot m^{-3}$ | 0.003 |
| 地面水/$mg \cdot L^{-1}$ | 0.05 |
| 饮用水/$mg \cdot L^{-1}$ | 0.04 |
| 土壤/$mg \cdot kg^{-1}$ | 15.0 |
| 排放废水/$mg \cdot L^{-1}$ | 0.5 |
| 灌溉水/$mg \cdot L^{-1}$ | 0.05 |

#### 6.3.5.1　稳定化技术

稳定化过程是一种利用添加剂改变废物的工程特性(例如渗透性、可压缩性和强度等)的过程,即使废物转变成不可流动的固体的过程。此过程可将有害的污染物变成低溶解性、低毒性和低移动性的物质,以减少废弃物的危害。国内外在处理有毒砷渣和污泥时,大都采用化学方法将其稳定,即通过化学反应生成相对难溶的、自然条件下时较稳定的金属砷酸盐和亚砷酸盐,包括常见的亚砷酸钙、砷酸钙、砷酸铁等。因可溶性的砷能够与许多金属离子形成此类化合物,利用这一特性,沉淀法常以钙、铁、镁、铝盐及硫化物等做沉淀剂,再经过滤即可除去液相中的砷。根据这一点,在处理含砷废渣和污泥时要对其进行预处理,用热水或酸碱等溶液将砷浸出,然后对浸出液进行稳定化处理。近几年国内外常用的方法是钙盐和铁盐沉淀法。

A　钙盐沉淀法

钙盐沉淀法处理成本低、工艺简单,是目前常用的一种稳定化方法。金哲男等人在处理炼锑砷碱渣时就采用了钙盐沉淀法,该实验的反应方程式为:

$$4Ca^{2+} + 2AsO_4^{3-} + 2OH^- = Ca_3(AsO_4)_2 \cdot Ca(OH)_2$$

$$4CaOH^+ + 2AsO_4^{3-} \longrightarrow Ca_3(AsO_4)_2 \cdot Ca(OH)_2$$

工艺流程为:炼锑砷碱渣的热水浸出——氧化钙沉砷。该试验通过热水浸出,使96%以上的锑进入浸出渣,97%以上的砷进入浸出液中,很好地实现了砷和锑的分离,然后采用石灰乳沉砷法对浸出液沉砷,当钙砷摩尔比超过1.85、试验温度为85℃时,沉砷率达到95%以上。经过沉砷试验,得到含砷较高的砷钙渣。李明华在含砷废渣的沉砷处置技术研究中对含砷废渣的处理也采用了钙盐沉淀法,处理的结果与金哲男的结果一样。

王蓉颜在处理黑钨精矿制取钨酸铵和氧化钨时产生的大量磷砷渣时也采用钙盐沉淀法。她试验采用的工艺是在碱性条件下压煮磷砷渣,使磷砷渣中的钨酸镁与氢氧化钠反应生成氢氧化镁,氢氧化镁又与溶液中的砷酸钠反应生成砷酸镁,反应方程式如下:

$$MgWO_4 + 2NaOH = Na_2WO_4 + Mg(OH)_2 \downarrow$$

$$3Mg(OH)_{2(s)} + 2Na_3AsO_{4(aq)} = Mg_3(AsO_4)_{2(s)} + 6NaOH_{(aq)}$$

实验证明此反应须在高碱的条件下进行。在高碱条件下,$Mg_3(AsO_4)_2$ 部分反溶成 $Na_3AsO_4$,而 $Na_3AsO_4$ 在碱压煮条件下与精矿中白钨碱分解产物 $Ca(OH)_2$ 发生反应,形成更难溶的砷酸钙和 $NaCaAsO_4$ 等复合盐。这就使污染因子砷在钨渣中固化下来,实现有害磷砷渣向无害钨渣的转化。

另外,近几年国外研究出一种新方法——矿物沉淀,这种方法是在 pH 值为 12 时,向含

砷浸出液中加入 $H_3PO_4$ 和 CaO 生成稳定的 $Ca_{10}(As_xP_yO_4)_6(OH)_2$ 沉淀。

B 铁盐沉淀法

铁盐除砷也是常用的方法，氯化铁常用作絮凝剂加入水体。此法在高 pH 值条件下，在生成砷酸铁的同时还会产生大量氢氧化铁胶体，溶液中的砷酸根与氢氧化铁还可发生吸附共沉淀，从而可以得到较高的除砷率。

方兆珩等人用 NaOH 溶液中和高砷难浸金矿的硝酸催化氧化浸出液，使浸出液中的砷与其中的 3 价铁离子结合，生成稳定态的砷酸铁。研究发现 NaOH 中和沉淀的终 pH 值以 5 ~7 为宜，因为在高 pH 值条件下部分砷酸铁沉淀会转化为氢氧化铁或针铁矿，从而释放出砷酸根导致溶液中砷含量增加。

孙凤芹等人在处理氰化渣浮选产出的含砷钴镍精矿时采用的是铁盐沉淀法。在实验中他们先用细菌浸出含砷钴镍精矿，然后通过细菌的氧化作用氧化含砷矿物，反应方程式如下：

$$FeAs_2 + 2O_2 + H_2SO_4 + 2H_2O \longrightarrow FeSO_4 + 3H_3AsO_3$$

$$CoAs_2 + 2O_2 + H_2SO_4 + 2H_2O \longrightarrow CoSO_4 + 2H_3AsO_3$$

$$2FeAs_2 + 13/2O_2 + Fe_2(SO_4)_3 + 2H_2O \longrightarrow 4FeAsO_4 + 3H_2SO_4$$

$$CoSO_4 + 2Fe_2(SO_4)_3 + 2H_2O \longrightarrow CoSO_4 + 2FeAsO_4 + 2H_2SO_4$$

从以上反应可见，细菌浸出能够不断产生硫酸高铁和硫酸，对环境有污染的砷以臭葱石（$FeAsO_4$）形式沉淀。

#### 6.3.5.2 固化技术

A 水泥及有机聚合物固化

赵萌等人在处理含砷污泥时就采用的是水泥固化，并且在制成球状固化块以后，还对固化块进行了浸出实验：固化块硬化 7d 后，放入浸出剂（自来水）中浸泡 7d，然后测浸出液中砷的浓度，得出的结果是砷的浸出浓度远低于 GB5085.1—1996《危险废物鉴别标准——浸出毒性鉴别》浸出浓度 1.5mg/L 的要求，且随着水泥比例的增加，浸出浓度进一步降低。澳大利亚 Golder 协会对含砷焙砂废弃物也用了水泥固化的方法，后面也做了浸出实验，结果与赵萌的一样。

目前国外还有一种火山灰水泥固化，即用一种以硅铝酸盐为主要成分的固化材料——火山灰来对含砷废渣进行固化处理。有文献报道，用火山灰和石灰混合处理含砷污泥，虽然处理后的产物仍然呈现类似土壤的外形，但浸出试验证实，稳定过程明显降低了砷的浸出率。

Tri T. Hoang 对含砷混合废物进行了 CSA（硫代铝酸钙）水泥固化、MP（磷酸镁）水泥固化和 OPE（聚酯树脂）固化、EVE（环氧乙烯酯树脂）固化的实验。实验中还对固化后的固化体用"固体废弃物浸出毒性试验"方法进行检测，检测的结果是，除 MP 固化以外，CSA、OPE、EVE 固化稳定效果都很好，而固化体的耐性、硬度则是 OPE、EVE 固化体的更好，这说明 OPE、EVE 固化将有很好的前景。日本一家冶炼厂用硫化沉淀法处理含砷废水得到的硫化砷沉淀物经过有机物聚合固化处理后就地堆放。

水泥固化以其固化工艺简单、设备和运行费用低，固化体的强度、耐热性、耐久性好而在工业上广泛应用。但水泥固化也有一定的缺点：水泥固化体的浸出率较高，需作涂层处理；水泥固化体的增容比较高；有的废物需进行预处理和投加添加剂，使处理费用增高。

有机聚合固化的优点是可以在常温下操作；添加的催化剂数量很少，最终产品体积比其他固化法小，既能处理干渣，也能处理湿泥浆。缺点是不够安全，有时使用的强酸性催化剂在聚合过程中会使重金属溶出，并要求使用耐腐蚀设备；固化体耐老化性能差；且固化体松散，需装入容器处置，增加了处置费用。

B　塑性材料固化

沥青属于憎水性物质，完整的沥青固化体具有优良的防水性能，以及良好的黏结性和化学稳定性，而且对于大多数酸和碱有较高的耐腐蚀性，所以沥青固化具有较好的稳定性。Q. Wang 等人对含砷渣的稳定化处理就采用沥青固化，他还提出对含砷废渣也可采用冷冻化处理。

热塑性材料固化的优点是固化体的浸出率低于其他固化法，增容比小；固化对溶液有良好的阻隔性，对微生物具有强抗侵蚀性。其缺点就是固化基材具有可燃性，产品就有适宜的包装；热塑材料价格昂贵，操作复杂，设备费用高。

C　熔融固化

熔融固化技术也称之为玻璃固化技术。此法是将待处理的废物与细小的玻璃质，如玻璃屑、玻璃粉混合，经混合造粒成型后，在高温下熔融形成玻璃固化体，借助玻璃体的致密结晶结构确保固化体的永久稳定。L. G. Twidwell 等人就对含砷渣进行玻璃固化，并且通过实验证明可使其长期稳定保存。

玻璃固化的优点是所形成的玻璃态物质具有比水泥固化物的耐久性更高、抗渗出性更好、耐酸性腐蚀更强，因为废物的成分已成为玻璃的一个组分，玻璃固化体的浸出率最低，废物的增容比不大。此法的缺点是工艺复杂，设备材质要求高，处理成本高。

此外，近几年国内外对含砷废渣的处理还有火法固化法——对含砷渣，如钙砷渣、铁砷渣等进行高温煅烧。有实验结果表示，煅烧的温度越高，煅烧后的砷渣溶解度就越低。近几年智利的几个铜冶炼厂在处理砷钙渣时就采用火法固化法，并且取得了较好的效果。刘政等人在处理高砷钴矿火法富集过程中产生的含砷废渣则采用高温火法固化，也取得了不错的效果。

经固化、稳定化处理的含砷废渣和污泥，还必须要考虑其最终处置，使固体废物最大限度地与生物圈隔离。

#### 6.3.5.3　含砷废渣湿法提砷工艺

数十年来，国内外的科学家进行了大量研究。实验证明，湿法提砷方法是消除生产过程中砷对环境污染的根本途径。研究人员提出了湿法提砷新方法，具有最短的提砷技术途径。将硫化沉淀获得的含砷废渣，在密闭反应器中用浓硫酸（$H_2SO_4 \geqslant 80\%$）处理，在 140 ~ 210℃ 下反应 2 ~ 3h，废渣中 $As_2S_3$ 分解、氧化、转化，形成单质硫黄和 $As_2O_3$。在一定温度下，$As_2O_3$ 溶解在硫酸溶液中形成母液，固液分离出硫黄渣后，将母液冷却结晶出 $As_2O_3$ 固体、结晶出的 $As_2O_3$ 用少量水洗涤、获得高纯度 $As_2O_3$ 产品、提砷过程的主要化学反应如下，工艺流程如图 6-12所示。

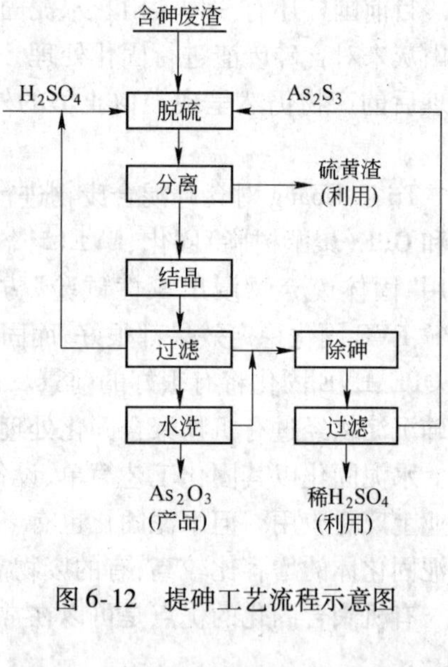


图 6-12　提砷工艺流程示意图

$$As_2S_3 + 4H_2SO_4(浓) = As_2O_3 \cdot 3SO_3 + 4S + 4H_2O$$

$$As_2O_3 \cdot 3SO_3 + 3H_2O \xlongequal{冷却结晶} As_2O_3 \downarrow + 3H_2SO_4$$

实验结果表明较好的工艺条件为:液固比6:1,温度180℃,反应时间2~3h。脱硫处理后,经冷却、结晶、水洗,获得产品$As_2O_3$,经化学分析测定,$As_2O_3$固体纯度达99.4%,$SO_4^{2-}$未检出,其中元素含量(质量分数)(%):Si 0.005,Bi 0.0005,Al 0.001,Mg 0.001,Fe 0.005,Ca 0.001,Cu 0.001。硫黄渣经洗涤后,作为副产物回收,可用作鞭炮原料。在较好的脱硫条件下获得的硫黄渣经化学分析测定,S含量(质量分数)96.93%,As含量(质量分数)2.20%。光谱分析测出(%):As 2.20,Si 0.01,Sb 0.001,Bi 0.001,Al 0.0005,Mg 0.005,Fe 0.0005,Cu 0.25。也可将硫黄渣用二甲苯加热溶解—冷却重结晶提纯,经测定硫黄纯度达99.3%可作化工原料。经计算,含砷废渣经处理后,砷的总回收率达95.3%。

## 6.4 碱介质湿法冶金的清洁生产

清洁生产(Cleaner Production)是在回顾和总结工业化实践的基础上,提出的关于产品和生产过程预防污染的一种全新战略。它综合考虑了生产和消费过程的环境风险(资源和环境容量)、成本和经济效益,是社会经济发展和环境保护对策演变到一定阶段的必然结果。与以往不同的是,清洁生产突破了过去以末端治理为主的环境保护对策的局限,将污染预防纳入到产品设计、生产过程和所提供的服务之中,是实现经济与环境协调发展的重要手段。

实施清洁生产的主要途径和方法包括合理布局、产品设计、原料选择、工艺改革、节约能源与原材料、资源综合利用、技术进步、加强管理、实施生命周期评估等许多方面,可以归纳如下:

(1)合理布局,调整和优化经济结构和产业产品结构,以解决影响环境的"结构型"污染和资源能源的浪费。同时,在科学区划和地区合理布局方面,进行生产力的科学配置,组织合理的工业生态链,建立优化的产业结构体系,以实现资源、能源和物料的闭合循环,并在区域内削减和消除废物;

(2)在产品设计和原料选择时,优先选择无毒、低毒、少污染的原辅材料替代原有毒性较大的原辅材料,以防止原料及产品对人类和环境的危害;

(3)改革生产工艺,开发新的工艺技术,采用和更新生产设备,淘汰陈旧设备。采用能够使资源和能源利用率高、原材料转化率高、污染物产生量少的新工艺和设备,代替那些资源浪费大、污染严重的落后工艺设备。优化生产程序,减少生产过程中资源浪费和污染物的产生,尽最大努力实现少废或无废生产;

(4)节约能源和原材料,提高资源利用水平,做到物尽其用。通过资源、原材料的节约和合理利用,使原材料中的所有组分通过生产过程尽可能地转化为产品,消除废物的产生,实现清洁生产;

(5)开展资源综合利用,尽可能多地采用物料循环利用系统,如水的循环利用及重复利用,以达到节约资源,减少排污的目的。使废弃物资源化、减量化和无害化,减少污染物排放;

(6)依靠科技进步,提高企业技术创新能力,开发、示范和推广无废、少废的清洁生产技术装备。加快企业技术改造步伐，提高工艺技术装备和水平，通过重点技术进步项目（工程），实施清洁生产方案；

(7)强化科学管理，改进操作。国内外的实践表明，工业污染有相当一部分是由于生产过程管理不善造成的，只要改进操作，改善管理，不需花费很大的经济代价，便可获得明显的削减废物和减少污染的效果。主要方法是：落实岗位和目标责任制，杜绝跑冒滴漏，防止生产事故，使人为的资源浪费和污染排放减至最小；加强设备管理，提高设备完好率和运行率；开展物料、能量流程审核；科学安排生产进度，改进操作程序；组织安全文明生产，把绿色文明渗透到企业文化之中等等。推行清洁生产的过程也是加强生产管理的过程，它在很大程度上丰富和完善了工业生产管理的内涵；

(8)开发、生产对环境无害、低害的清洁产品。从产品抓起，将环保因素预防性地注入到产品设计之中，并考虑其整个生命周期对环境的影响。

这些途径可单独实施，也可互相组合起来加以综合实施。应采用系统工程的思想和方法，以资源利用率高、污染物产生量小为目标，综合推进这些工作，并使推行清洁生产与企业开展的其他工作相互促进，相得益彰。

下面简单介绍铝电解及钨湿法冶金的清洁工艺实例。

### 6.4.1　铝电解清洁工艺

铝的工业生产普遍采用冰晶石－氧化铝熔融盐电解法。电解过程在电解槽内进行，直流电经过电解质使氧化铝分解。依靠电流的焦耳热维持电解温度950～970℃。电解产物，在阴极上是液体铝，在阳极上是氧，它使炭阳极氧化而析出气体 $CO_2$ 和 CO。铝液用真空抬包抽出，经净化澄清后，浇注成铝锭，其铝质量分数一般达到99.5%～99.7%。

目前研究的铝电解清洁新工艺主要有以下一些。

#### 6.4.1.1　低温铝电解

低温铝电解由于具有提高电流效率、节省电能、延长电解槽寿命、利于使用惰性材料电极和绝缘内衬等优点，成为今后铝电解工业发展的方向。低温铝电解中选用 $Al_2O_3$ 为原料，而不是其他的铝盐，将更具有实际意义，因为 $Al_2O_3$ 价格较低、吸水性较小、便于运输和储存、电解时产生 $CO_2$（用炭阳极时）和 $O_2$ 气体（用惰性阳极时），符合清洁生产工艺的要求。对以 $Al_2O_3$ 为原料的低温铝电解，按 $Al_2O_3$ 和 Al 在电解质中的不同状态，将所使用的电解质分为三类：轻电解质、重电解质和含有悬浮氧化铝的电解质。

A　轻电解质

轻电解质中有钠冰晶石体系和钠钾冰晶石混合体系，这些体系的共同之处是组成为 $Na_3AlF_6-(K_3AlF_6)-AlF_3-CaF_2-MgF_2-LiF-(KF)-Al_2O_3$，氧化铝溶解在其中，铝液下沉，阴极在槽底。电解质中 $NaF/AlF_3$ 摩尔比为1.0～2.0，电解温度为800～900℃，电流效率可达到85%～90%。

B　重电解质

重电解质有组成为 $Na_3AlF_6-AlF_3-BaF_2-CaF_2-Al_2O_3$ 和 $Na_3AlF_6-AlF_3-BaCl_2-CaCl_2-Al_2O_3$ 混合体系，氧化铝溶解在电解质中，铝液上浮，阴极和阳极垂直平行排放在槽中。电解质 $NaF/AlF_3$ 摩尔比为1.0～2.0，电解温度700～800℃，电流效率可达到90%。将来宜建造类似于镁电解用的电解槽，能够大幅度地提高生产率。

C　含有悬浮氧化铝的电解质

Beck研究了在NaF－$AlF_3$－LiF体系中的低温悬浮氧化铝电解工艺。卢惠民研究了NaF－KCl和NaF－(KCl＋LiCl)体系的物理化学性质，并在该体系中进行了低温悬浮氧化铝电解工艺的研究。在这些低温电解质中，氧化铝仅能少量溶解，大部分悬浮在支持电解液中，能在700～800℃下电解，不发生阳极效应，电解过程稳定，电流效率较高，但是槽电压较高。

D　各类电解质的比较

从现实性来看，轻电解质体系具有现实的应用意义，因为它不需要改变现在通用的工业电解槽的结构，只需要改变电解质的组成以及氧化铝的品种(即采用低温煅烧的氧化铝，以增进其溶解性能)和相应的生产操作技术，便能够实现850～900℃的低温电解。当然这还需要更加严密而精确的氧化铝加料技术。从长远来看，重电解质体系电解质的液相线温度较低，能在700～800℃范围内电解，并且有利于电解槽的结构设计，使之像镁电解槽那样，电解槽成为多室的，生产能力大为提高，该电解质应用前景良好。含有悬浮氧化铝的电解质，尽管能实现700～800℃的低温电解，但存在着如何使氧化铝悬浮起来和微细氧化铝的制备问题。与轻电解质和重电解质相比，该电解质工业化应用的难度要大。

#### 6.4.1.2　硼化钛－胶体氧化铝涂层阴极

硼化钛是一种新的工程陶瓷材料，它的熔点高、电导率高、致密性能好、硬度大，耐熔融铝液和冰晶石熔体的侵蚀，能被铝良好地润湿。研究表明，$TiB_2$也是唯一在铝中溶解度很小、电导率高，并且能为铝润湿的材料。用硼化钛涂层阴极的电解槽进行生产显示了节能降耗、提高电流效率和延长槽寿命的良好效果。国内外公布的资料表明，有硼化钛涂层阴极的电解槽寿命可达2000d。目前工业上主要应用碳热还原法生产硼化钛。常用的比较成熟的是电弧炉、碳管炉和电感应加热炉，用氢气保护或让系统置于真空条件下。显然，此类生产方法需要专用的高温设备，设备投资大、能耗高、生产效率低、生产成本高，限制了硼化钛的应用。因此，降低硼化钛的生产成本，是其能够在铝电解槽上工业化推广应用的关键。我国有大小石墨化炉几十座，在石墨化炉上副产硼化钛，能够提高硼化钛的生产率，降低生产成本。因此，在石墨化炉上副产硼化钛一直是该学科领域科技人员关注的课题。在不影响石墨化炉工艺操作和生产的情况下，合理地利用石墨化炉空间和余热搭载副产$TiB_2$，既省设备投资，又节约能源，生产成本只是原材料费，其售价只有国外同类产品的1/3(国外售价90美元/kg)。

综合新近国内外已报道的硼化钛阴极材料，共有4种：(1)$TiB_2$-碳胶涂层；(2)$TiB_2$等离子喷涂层；(3)$TiB_2$电镀层；(4)$TiB_2$烧结体。前三者的基体为石墨或碳。目前看来，造价低廉而又比较简便的为$TiB_2$－碳胶涂层材料，现已在工业上应用。然而，由于$TiB_2$－碳胶涂层材料内含有70%的沥青、焦炭和树脂胶，在实际使用中易被钠和铝侵蚀而过早损坏，使得这项很有意义的技术在工业化过程中受到阻碍。近来，美国声称研究出了一种新型的$TiB_2$涂层材料，其中的黏结剂用胶体氧化铝和少量的有机物，工业试验结果证明，这种1mm $TiB_2$-氧化铝涂层阴极材料在使用500d后仍然有0.6mm，效果显著。

#### 6.4.1.3　氮化硅结合的碳化硅耐火材料用作铝电解槽侧壁内衬

随着大型预焙槽的广泛采用，侧部炭块破损的问题日益严重，影响正常电解制度，降低了槽寿命。因此，国内外均在研究新型侧壁材料，部分或全部地代替炭素侧壁材料。研究表明，$Si_3N_4-SiC$ 耐火材料具有良好的抗蚀能力和较大的高温电阻率，比炭素材料优越，可以代替炭素侧部炭块，具有推广价值，前景可观。

### 6.4.2 钨湿法冶金清洁生产工艺

APT（仲钨酸铵）是生产金属钨和碳化钨的重要中间产物。溶剂萃取工艺是 APT 生产的重要方法之一。现行的溶剂萃取工艺一个重要缺点是钨的溶剂萃取是在酸性介质（pH 值为 2～3）中进行的，而钨矿又是采用碱分解，碱分解液中通常含有大量的游离碱，在处理低品位矿时更加如此。因此，该工艺需要消耗大量的无机酸去中和钨矿碱分解液，这样就使得有价的化工原材料—酸及存在于浸出液中的游离碱变成了萃余液中无用的无机盐。随着环保要求的日益严格，处理这种含盐量很高的萃余液就成为一个严重的问题。另外，在传统溶剂萃取工艺中，溶剂萃取仅起转型作用而没有除 P、As、Si、F、Mo 等杂质的功能，故需设专门的沉淀除杂工序，流程长且随沉淀渣损失的钨也相当多。

为克服现行溶剂萃取工艺中的以上问题，人们提出了从碱性介质中直接萃取钨的方法。该新工艺的流程如图 6-13 所示。该新工艺包括 3 个主要工序，即苛性钠浸出、季铵盐直接萃取钨和蒸发结晶 APT。其中季铵盐碱性直接萃取钨是一种新技术，而苛性钠浸出和蒸发结晶 APT 则是成熟技术。从图 6-13 可以看出，在新工艺中存在两个闭路循环，一个是水相的闭路循环，另一个是有机相的闭路循环，水相溶液和有机相均可循环使用。萃余液经石灰苛化处理后可返回浸出使用，浸出液中的游离碱得到了回收，过程没有酸的消耗且几乎没有废液排出。阴离子杂质 P、As、Si、F 等的去除和钨酸钠向钨酸铵的转型在一个溶剂萃取工序中可同时完成。阴离子杂质 P、As、Si、F 等在溶剂萃取过程中留在萃余液中而与钨分离，然后在苛化过程中以沉淀渣的形式排出水相系统。

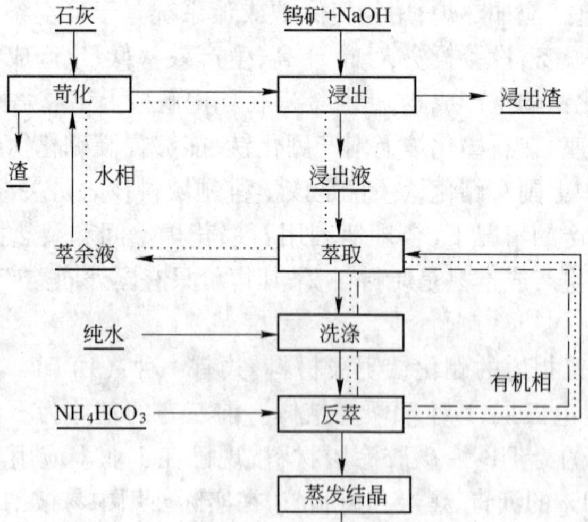


图 6-13　钨湿法冶金清洁生产工艺流程

# 7 碱介质湿法冶金工艺设计

## ——以碱法生产金属锌粉工艺设计为例

目前,全世界年消耗锌近百万吨,在这些所消耗的锌中,80% ~90% 来自一次资源(即锌矿资源)。金属锌已经成为工业和农业重要的原材料。在这些一次资源中,又以含锌30% 以上的闪锌矿(即硫化锌矿)为主。就我国来讲,这种高品位的闪锌矿储量已经越来越少,属于匮乏矿产。

传统的金属锌冶炼包括闪锌矿焙烧 - 酸浸 - 除杂 - 酸电解。这个工艺存在许多问题。首先是焙烧过程中产生大量二氧化硫,即使采用制酸法部分回收二氧化硫,在焙烧过程中造成的环境污染也是相当严重的。第二是酸浸液除杂阶段。焙烧矿用浓硫酸浸取后,矿里的杂质:包括铅、铜、铁、钙等基本上与锌一起进入溶液中,从浸取液中分离这些杂质,流程极其复杂,过程难于控制,同时需要消耗大量的锌粉和其他化合物。在中和除铁时,由于氢氧化铁的夹带,锌的损失也是相当大。第三是电解阶段。在这阶段,必须严格控制电流密度,绝对不允许断电,否则,已经电解出来的金属锌又会溶解到电解液中。另外,电解液不能含氯离子,否则极板易被烧坏,使之报废。

除了闪锌矿外,另一个锌矿资源是氧化锌矿或氧化锌泥(尘、渣)。据初步调查,在云南,氧化锌矿储存量至少以百万吨金属锌计,开发应用氧化锌矿(特别是贫杂矿)的冶炼方法,是今后我国锌冶炼工业的重要任务。然而,无论是国内还是国外,氧化锌矿(包括红锌矿、菱锌矿、硅锌矿、酸法电解锌铸锭过程中产生的含氯氧化锌浮渣)、含锌污泥/尘/渣等的利用却长期未能实施。主要原因是酸法很难应用于这些锌资源的冶炼。自然界中较纯的高品位氧化锌矿(ZnO)比较少,一般含硅较高,酸溶解时产生胶体硅酸,使浸取液与浸取渣无法有效分离;另外,氧化锌矿的主要矿种是菱锌矿,这种矿一遇到酸,立即产生大量的二氧化碳气体,使浸取无法进行下去。同时,氧化锌矿含锌较低杂质偏高,一般在 20% 以下,绝大部分在 4% ~10% 之间,采用酸法浸取,耗酸量太大杂质净化困难,生产成本极高。可以认为,酸法不宜应用于贫杂氧化锌矿的冶炼。

对于氧化锌泥(尘)来讲,与上述氧化锌矿一样,采用传统的酸法冶炼是困难的,成本偏高,流程十分复杂,过程极难控制。目前,国内外尚无直接利用氧化锌矿或氧化锌泥(尘)作为原料生产金属锌的厂家出现。

酸洗液、电镀废液等含锌废液的处理方法是加入石灰等把锌沉淀出来。然而形成的锌渣长期废弃或堆放,不仅对环境造成污染,同时也是对资源的极大浪费。

锌粉尘是转炉和电炉炼钢过程中所产生的含锌、铁、铅和碳的有毒固体废弃物,锌的含量一般为 5% ~20% 。生产 1t 钢会产生 20 ~40kg 的锌粉尘。目前,对钢铁厂锌粉尘的处理方法主要有湿法、火法和安全填埋。湿法处理锌粉尘主要是硫化焙烧、氯化焙烧和酸浸取工艺。焙烧方法比酸浸有更大的选择性,锌铅去除比较彻底,但硫化焙烧对原料要求较苛刻(不含大量碳),硫污染严重,烧渣硫含量过高,不宜作为钢铁厂原料。氯化焙烧对设备的腐蚀过于严重,有些厂已为此而倒闭。酸浸法工艺虽较成熟,但在常温常压下锌铅浸出率较低,且单元操作过多,浸出剂消耗较多,成本较高。火法工艺按锌含量可分高、中、低三类,分别有等离子法、Inred、Wala Kiln、烟化工艺等。火法工艺具有生产效率较高、单元操作较少等优点,但其设备投资大,能耗高。由于锌粉尘属于危险固体废弃物,在填埋前需要进行固化或稳定化处理,处理成本高,且填埋法没有对锌粉尘中的有用成分进行回收利用,是一种资源的浪费。目前还没有一种比较合适的方法来处理钢铁行业的锌粉尘,致使很多钢厂的锌粉尘堆积如山,既造成了严重的环境污染,也使占地和二次资源浪费问题日益严重。因此,有效地处理和利用锌粉尘是钢铁行业清洁生产和可持续发展必须要解决的难题。

锌浮渣是湿法炼锌工厂中阴极锌片熔铸的主要副产物,其中的锌主要以氯化物、氯氧化物、氧化物和金属等状态构成。每生产电锌1万t,大约产出锌浮渣450t。由于锌浮渣中含有0.5%~2%的氯,若直接回炼锌主流程,杂质氯将腐蚀阳极板,使阳极寿命缩短和析出的锌质量降低,而且由于脱氯困难,使得锌浮渣一直未能得到很好的处理,造成了资源浪费。目前对锌浮渣的处理有以下几个方式:(1)大多数企业将锌浮渣作为副产品低价出售;(2)一些企业用盐酸处理锌浮渣,生产氯化锌出售;(3)火法处理锌浮渣,但由于富集的氯气对设备的腐蚀而未得到推广;(4)不少学者进行了锌浮渣脱氯、锌浮渣制备氧化锌等的研究,但都只是实验室规模,未应用于生产实际。

金属锌粉是一种重要的工业原料,主要用于冶金、化工、制药、电池等行业,其中用量最大的是涂料行业。在冷镀锌行业,富锌涂料中的含锌量为该涂料总质量的40%~70%,广泛应用于海水、淡水以及大气介质中的金属材料的表面防腐,如船舶、集装箱、化工、水利工程中的金属构件、汽车、摩托车、自行车、石油管道、露天钢结构件塔架、桥梁钢结构及高速公路护栏等金属表面均用富锌涂料做防腐处理。在金属冶炼行业中,锌粉可用于脱除原料中所含的重金属杂质,其中以锌冶炼为主。在湿法炼锌过程中,用锌粉置换锌溶液中所含的铜、钴、镍、镉等杂质,每吨电锌需用20~40kg锌粉。锌粉一直供不应求,仅全球涂料行业对锌粉的年需求量就超过16万t,2005年至今锌粉的价格一直在攀升。由于数十年来世界炼锌能力的快速提升,造成锌原料消耗巨大,锌金属行业面临无矿可采与原料供应短缺的危机。尤其是我国,作为世界第二大产锌国,近几年来,每年都要进口一部分原料来满足国内需求,且进口量呈逐年增长之势。因此,对含锌废料的回收利用和资源化开始备受关注。

当前,国内有许多锌冶炼厂采用工艺十分落后、国家明令禁止的竖罐炼锌法冶炼氧化锌矿。即使这样,所采用的氧化锌矿的含锌量至少在30%以上,否则生产成本太高。竖罐炼锌的原理是把氧化锌矿与焦炭一起混合,在高温下使锌化合物还原成金属锌,锌就以沸点较低的金属锌形式蒸发出来。金属锌在冷却、收集过程中,又被氧化为氧化锌烟尘。与金属锌一起蒸发出来的还有铁等。因此,在收集到的氧化锌烟尘中,含锌约为60%~80%。然后,这种烟尘作为酸法炼锌的原料生产金属锌。在这个生产过程中,锌的总回收率低于70%,资源浪费、环境污染相当严重。而后产生的回转窑加工次氧化锌工艺,由于煤炭的涨价和锌价的大幅度降低,目前维持生产的已经非常的少,此工艺在环保方面也满足不了国家要求。

显然,寻找氧化锌矿的简易、高效、低成本、无污染的冶炼方法是十分必要的。此项目根据锌在强碱溶液中具有很高溶解度这一现象，提出采用在碱溶液中浸取－除杂－电解法从氧化锌矿（泥、尘、渣）中提取金属锌的新工艺。各种氧化锌矿、废弃物（包括红锌矿、菱锌矿、硅锌矿、酸法电解锌铸锭过程中产生的含氯氧化锌浮渣、炼钢厂烟尘、锌渣），均可定量地溶解于碱溶液中（但矿中的闪锌矿无法溶解），碱溶液中的锌也极易通过电解而提取出来，电解液循环使用。碱溶液中电解金属锌的耗电量比酸法低20%，总生产成本低30%，生产流程远比酸法简单，而且可以使用酸法根本无法应用的贫杂氧化锌矿、渣、泥、烟尘作为原料。因此，这个工艺在技术、经济上均有重大突破，以全新的工艺生产金属锌，是锌生产的一场革命，有十分广阔的应用前景和极其明显的经济效益。

这项技术发明人同济大学的赵由才早在1997年赴新加坡国立大学化工系进行为期两年的合作研究，其工作就是研究碱法从氧化锌矿、锌浮渣、锌渣、锌泥、炼钢厂烟尘等生产高纯度锌粉的技术，取得了成功。1999年回国后即与同事易天晟、朱清渭等人进行技术完善、设备选型改进创新工作，取得多项发明专利并推广应用，同样取得了极大成功。

2002年在云南临沧成功地采用含锌10%的废矿为原料进行了经济规模试生产。通过该厂的生产建设，完全确定了这项技术的可行性，积累了一些十分重要的工艺参数；2003年8月，作为示范工程，在云南采用此技术中的碱浸取－分离剂除杂工艺建设从贫杂氧化锌矿（含锌8%～10%的废矿）中年产2500t锌规模的高品位锌原料富集厂；2005年9月，在昆明建设年产2000t金属锌粉的含氯氧化锌浮渣、锌灰（含锌20%～60%）冶炼厂；2005年10月在江西南昌建设年产1000t金属锌粉的用锌灰渣（含锌20%～45%）为原料的冶炼厂；2006年8月在新疆喀什建设年产5000t金属锌粉的用贫杂氧化锌矿（含锌4%～7%）为原料的冶炼厂，新疆维吾尔自治区政府认为到目前为止是比较能适应南疆贫杂氧化锌矿的冶炼技术，得到了政府的大力支持；2006年10月在浙江杭州建设年产1000t金属锌粉的用锌灰渣（含锌40%～55%）为原料的冶炼厂；2007年3月在云南曲靖建设年产1500t（一期）金属锌粉的用锌灰（含锌30%～55%）为原料的冶炼厂；2007年12月在福建三明建设年产3000t金属锌粉的用锌灰渣（含锌20%～55%）为原料的冶炼厂。

在国外，20世纪80年代，法国和比利时曾采用碱溶液浸取－除杂－电解法从炼钢厂烟尘中提取金属锌。该工艺采用金属锌粉去除杂质，除杂效果非常差。该工艺在实验室研究、工厂中试后，完全显示出了碱法炼锌工艺的优越性。但由于未能解决除杂问题，使金属产品质量无法达到有关标准。

此技术的突破和创新在于：(1)完全解决了强碱介质中锌与铅、铜、铁、镉、氯、氟、砷和其他杂质的定量分离，所发明的分离剂配方成本低，分离出的铅纯度高，可以出售，其收益超过分离剂的成本；(2)完全解决了矿物预处理、浸取、二次浸取、浓密、锌液的净化、过滤、电解、金属锌粉洗涤、真空干燥、电解贫液苛化再生与循环使用等一系列关键技术，优化了工艺参数，最大程度地降低生产成本。

本章以氢氧化钠浸取－净化－电解制备金属锌粉工艺为实例介绍碱浸湿法冶金工艺的设计及生产管理技术。

## 7.1 锌粉冶炼厂设计及设备选型

以年产金属锌粉2000t为设计规模，原料为贫杂氧化锌矿和含锌废料，锌品位在15%～25%左右。

### 7.1.1　生产流程及设备连接图

锌粉冶炼厂生产的流程为：锌原料在料场简单破碎后，用履带送入球磨机，同时在球磨机内通入废电解液、洗渣水等，进行湿磨，磨到达到粒径要求后，将矿浆用矿浆泵送入浸取釜。根据浸取技术条件加 NaOH、废电解液及洗渣水进行浸取。浸取釜用蒸汽加热，加热到90℃，恒温搅拌浸取2h，停止加热，浸取液用泵输入压滤机固液分离。压滤后得到的浸取渣用锌粉洗水按比例清洗。压滤后的浸取液进入净化釜，分别加入1号、2号、3号、4号分离剂进行净化。净化后的溶液经压滤机压滤后，送入陈化池陈化48h。净化渣直接出售给铅冶炼厂。陈化后的净化液送入电解槽进行电解。电解结束后，锌粉和废电解液由泵送入离心机进行固液分离。离心后的废电解液进入废电解液池，以备下次浸取用。而湿锌粉送入干燥器中真空烘干，再经过粉碎分级，按不同粒径大小包装，得到最终的金属锌粉产品。废电解液循环一定次数后进行苛化处理。整个流程见图7-1。图7-2为设备连接图。

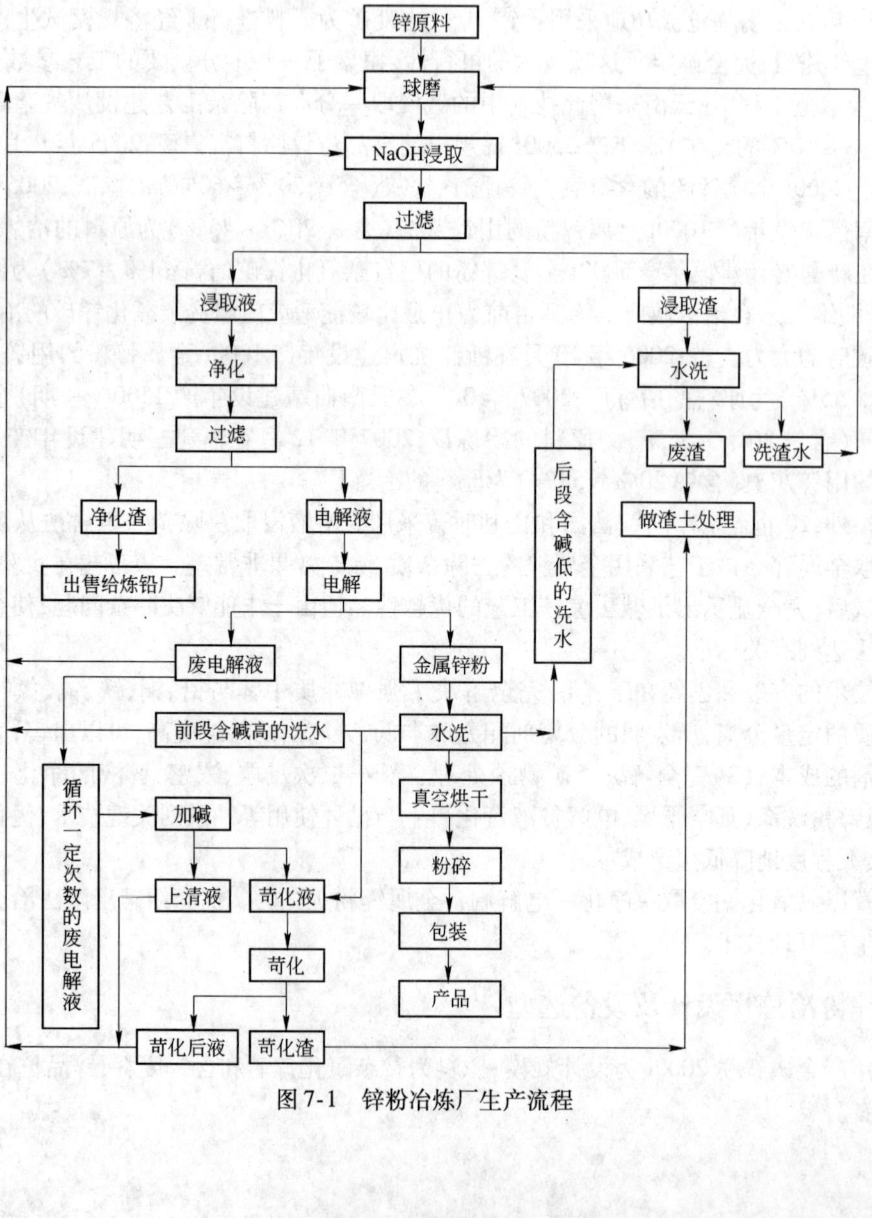


图7-1　锌粉冶炼厂生产流程

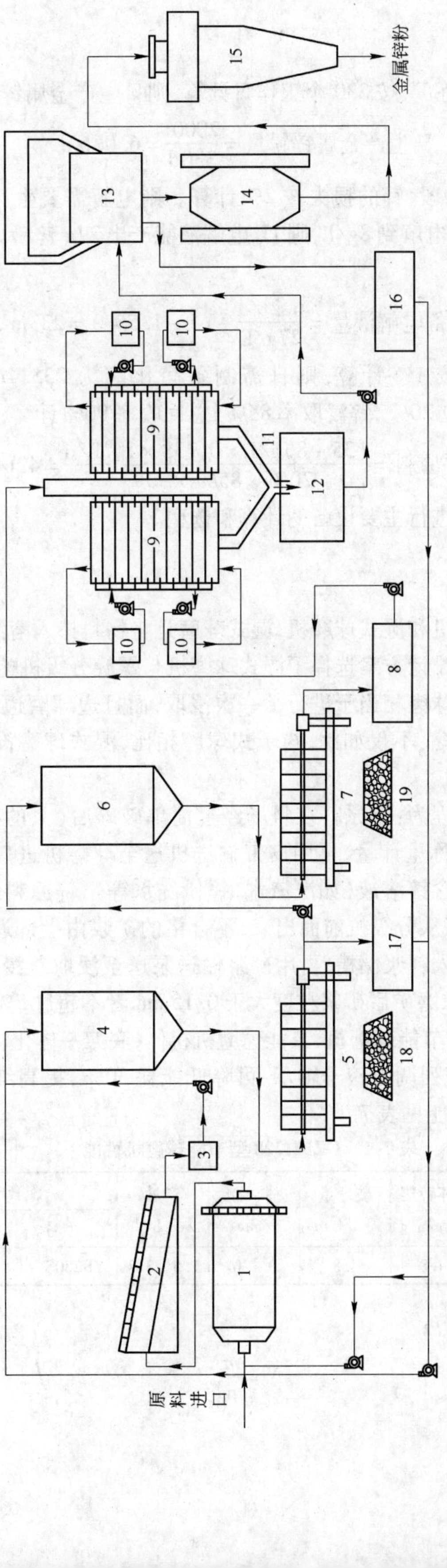


图 7-2 锌粉冶炼厂设备连接图

1—球磨机;2—分级机;3—料浆储槽;4—浸取釜;5—浸取压滤机;6—净化釜;7—净化压滤机;8—陈化池;9—电解槽;10—电解液循环池;11—锌粉及废电解液溜槽;12—锌粉清洗过滤池;13—离心机;14—干燥机;15—气磨机;16—废电解液池;17—洗渣水池;18—浸取渣;19—净化渣

### 7.1.2　冶金计算

年产2000t的锌粉冶炼厂,按330个工作日计算,则日生产金属锌粉量为:

$$日生产金属锌粉量 = \frac{2000t}{330d} = 6.06t/d \tag{7-1}$$

锌粉清洗、烘干和磨粉段,锌的损失按2%计算。则电解需要生产的锌粉量为6.2t/d。电解液中锌含量为35g/L,电解到8g/L,则1L电解液能产出27g锌粉。电解锌损失按1.5%计算:

$$日需制备电解液量 = \frac{6.2t/d}{27g/L} \div (1 - 1.5\%) = 233m^3/d \tag{7-2}$$

净化和浸取锌损失按1%计算,则日需制备净化液为235.4$m^3$/d,日需浸取液为238$m^3$/d。按锌原料锌品位20%,锌浸取率85%,总回收率90%计算,日需要原料为:

$$日需要原料 = \frac{(35-8)g/L \times 0.238 \times 10^6 L/d}{20\% \times 85\% \times 90\%} = 42t/d \tag{7-3}$$

根据上述的冶金计算进行主要设备的计算和选型。

### 7.1.3　磨矿工艺段设计

球磨机分为干式球磨机和湿式球磨机,湿式球磨是将物料掺入溶液进行湿磨,而干式球磨则不加水进行干磨。此设计方案选择了湿式球磨机与螺旋分级机配套使用的方式进行磨矿。锌原料混合废电解液球磨相当于进行了一次浸取,而且边球磨边浸取具有机械活化的效果,能有效提高锌浸取率。不仅如此,与干式球磨相比,湿式球磨没有粉尘,生产环境较好。

磨矿段的操作工艺流程为:锌原料在料场经过简单破碎后(大的石块用颚式破碎机或人工敲碎)用车运到地秤,称重计量,再用皮带输送机送至球磨机进口,同时向球磨机加入废电解液或其他工段含碱含锌溶液(如洗渣水、锌粉洗水等),锌原料经湿磨后进入螺旋分级机,达到要求粒度的矿浆从分级机前面出来,不合格的矿浆由上部返回球磨机继续球磨,分级机前面出来的矿浆进入料浆储槽,再用矿浆输送泵送至浸取釜浸取。制浆时控制矿浆液固比(2.5~3.5):1,要求磨矿后矿浆粒度大于0.15mm者不超过5%。

选用GZM1228型号的节能球磨机,节能球磨机机体,底架一体化,安装时可一次并放在基础平面上,主轴承采用双列调心碳子轴承,可降低能耗30%,提高细粒粒度、处理能量增加15%~20%。其基本性能见表7-1。

**表7-1　GZM1228型节能球磨机性能**

| 型　号 | 规格/mm×mm | 筒体转速 /r·min$^{-1}$ | 装球量 /t | 进料粒度 /mm | 产量 /t·h$^{-1}$ | 配套电机 | | 质量/t |
|---|---|---|---|---|---|---|---|---|
| | | | | | | 型号 | 功率/kW | |
| GZM1228 | $\phi$1200×2800 | 34.8 | 4.8 | 0~20 | 1.5~3.7 | YR280S-8 | 37 | 8.35 |

球磨机台数按下式计算:

$$N = \frac{m}{a} \tag{7-4}$$

式中　$N$——球磨机台数;

$m$——日处理锌原料量，t/d，$m=41.6$t/d；

$a$——球磨机生产能力，t/(h·台)，按平均生产能力2.6t/h，每天生产20h计算。

所需球磨机台数$N$为：

$$N=\frac{m}{a}=\frac{41.6}{2.6\times 20}=0.8\text{ 台} \tag{7-5}$$

选用1台GZM1228型号的节能球磨机，并与之配套1台FG12高堰式螺旋分级机，其基本性能见表7-2。

**表7-2 FG12型螺旋分级机**

| 型号 | 螺旋直径/mm | 水槽长度/mm | 螺旋转速/$r\cdot min^{-1}$ | 生产能力/$t\cdot d^{-1}$ | | 电机功率/kW | | 外形尺寸/mm×mm×mm | 质量/kg |
|---|---|---|---|---|---|---|---|---|---|
| | | | | 返砂 | 溢流 | 传动电机 | 手提电机 | | |
| FG12 | 750 | 6500 | 5~8 | 1170~1870 | 155 | 5.5 | 1.5 | 9600×1572×3300 | 8700 |

### 7.1.4 浸取工艺段设计

浸取工艺可分为间歇浸取和连续浸取。连续浸出是将浸出剂、水和矿浆（精矿）连续加入反应器中，并连续卸料。间歇浸取是将浸出剂、水、矿浆加入带搅拌装置的反应器中，在特定温度和浸出剂浓度下接触一定时间，然后物料从反应器中卸出，再重新加料，重复上述操作。

此浸取工艺选择间断浸取工艺，浸取工艺操作流程为：用矿浆泵将球磨好的矿浆从矿浆储槽输入到浸取釜。根据浸取要求的初始碱浓度、浸出液锌浓度、废电解液等加入溶液的锌浓度和碱浓度计算废电解液及其他工段含碱含锌溶液的加入体积和工业碱的加入量。利用蒸汽加热，使浸取釜温度达到80℃以上，恒温搅拌浸取2h。浸取后将浸取液送入压滤机中过滤。过滤后的溶液送入净化釜净化。浸取技术操作条件见表7-3。

**表7-3 浸取技术操作条件**

| 项　目 | 技术条件 |
|---|---|
| 初始碱质量浓度/$g\cdot L^{-1}$ | 220~250 |
| 浸出液锌质量浓度/$g\cdot L^{-1}$ | 30~40 |
| 温度/℃ | 80~90 |
| 浸出时间/h | 2 |
| 操作周期/h | 8（加料1，加温4，浸取2，出料1） |

浸出釜数量按下式计算：

$$N=\frac{Qt}{24V_0\eta} \tag{7-6}$$

式中 $N$——浸出槽数，个；

$Q$——日浸出矿浆量，$m^3$，$Q$按$240m^3$计算；

$t$——作业周期时间，h，$t=8$ h；

$V_0$——浸出槽体积，$m^3$，$V_0=40m^3$；

$\eta$——槽体容积利用系数，取0.85。

所需浸取釜数:

$$N = \frac{Qt}{24V_0\eta} = \frac{240 \times 8}{24 \times 50 \times 0.85} = 1.88 \text{ 个} \tag{7-7}$$

构建 $\phi$4000mm × 4000mm 容积 50m$^3$ 的机械搅拌釜 4 个,2 台工作,2 台协作使用。浸取釜体用钢筋混凝土结构,锥形底,内衬碳钢防腐,配置碳钢螺旋蒸汽加热管。设液面观测孔、长温度计、温度计套管及液位刻度线。采用推进式搅拌器,配以防腐搅拌机和电动机、减速机带动搅拌。底流从浸出釜底部导出,进入浸取压滤机过滤。浸取釜上部设矿浆进料管、废电解液进料管、洗水进料管及碱进料口,顶部加可移动盖。

过滤机台数按下式计算:

$$N = \frac{Q}{Aq} \tag{7-8}$$

式中　$N$ ——过滤机台数,台;

$Q$ ——需处理的干渣量,kg/d,$Q = 42 \times 10^3 \times (1 - 20\% \times 85\%) \approx 35 \times 10^3$kg/d;

$A$ ——每台过滤机的过滤面积,m$^2$,$A = 100$m$^2$;

$q$ ——过滤机单位面积过滤的干渣量,kg/(m$^2$ · d),$q$ 取 300kg/(m$^2$ · d)。

所需浸取压滤机台数:

$$N = \frac{Q}{Aq} = \frac{35 \times 10^3}{100 \times 300} = 1.2 \text{ 台} \tag{7-9}$$

选用 $X_M^A100 - 1000U_K^B$ 型厢式压滤机 3 台,2 台工作,1 台备用。压滤机增强聚丙烯板采用专利技术模压而成,强度高,质量轻,耐腐蚀,耐酸碱;自动拉板,用电气系统控制自动拉板,实现推拉滤板的动作,拉板机构为下置式,占用空间少,结构合理;机架全部采用高强度的钢焊合件,用以支承滤板质量及压滤引起的强大压力;采用液压装置作为压紧、松开滤板的动力机构,最大压紧压力为 25MPa,并用电接点压力表来实现自动保压功能;采用最大压力为 1.2MPa 的过滤压力,确保形成滤饼的最佳条件,进行加压过滤;操作简单、安全、省力,通过控制板上的按钮,实现所需的动作,其中配有多种安全装置,确保操作人员安全。浸取液在浸取完后不降温即进入压滤机,对压滤机耐热要求较高,在购买设备时需要跟厂家特别提出。压滤机基本性能见表 7-4。

**表 7-4　X100 - 1000 型厢式压滤机**

| 型　号 | 过滤面积 /m$^2$ | 滤板数 /块 | 滤室容积 /m$^3$ | 滤饼厚度 /mm | 地基尺寸 /mm | 整机长度 /mm | 整机质量 /kg |
|---|---|---|---|---|---|---|---|
| $X_M^A100 - 1000U_K^B$ | 100 | 61 | 1.507 | 30 | 5195 | 7275 | 7350 |

### 7.1.5　净化工艺段

净化工艺段的操作流程为:压滤后的浸取液用泵送入净化釜,测定浸取液的杂质含量,加热搅拌到 70℃以上(如刚浸取完则不需要加热),加入 1 号分离剂,恒温搅拌 1h,再依次加入 2 号、3 号和 4 号分离剂。然后静置 4h,净化液经压滤机过滤后送入陈化池,陈化 48h 后电解。净化渣包装后出售给铅冶炼厂。净化技术操作条件见表 7-5。

净化工段的净化釜与浸取釜配套,为 $\phi$4000mm × 4000mm 容积 50m$^3$ 的机械搅拌釜 3 个,2 台工作,1 台备用。净化釜体同样用钢筋混凝土结构,锥形底,内衬碳钢防腐,配置碳钢

表 7-5 净化技术操作条件

| 项　　目 | 技术条件 |
|---|---|
| 净化温度/℃ | 70~90 |
| 1 号分离剂加入量(质量比) | 浸取液中铅含量的 0.8 倍 |
| 2 号分离剂加入量/$g \cdot L^{-1}$ | 1.5 |
| 3 号分离剂加入量/$g \cdot L^{-1}$ | 1 |
| 4 号分离剂加入量 | 1 号分离剂加入量的 0.8 倍 |
| 操作周期/h | 1 号分离剂净化 1.5,2 号分离剂 1,3 号分离剂 1,4 号分离剂 1,静置 4 |

螺旋蒸汽加热管。设液面观测孔、长温度计、温度计套管及液位刻度线。采用推进式搅拌器,配以防腐搅拌机和电动机、减速机带动搅拌。净化釜上部设浸取液进料管和进料口,顶部加可移动盖,底流从净化釜底部导出,进入净化压滤机过滤。

净化过程主要是除去浸取液中的铅,因此净化渣量远小于浸取渣量。按锌原料中铅含量 5% 计算,则日需要处理的净化渣量为:

$$Q = 41.6 \times 10^3 \times 5\% = 2.1 \times 10^3 \text{kg/d} \tag{7-10}$$

所需净化压滤机台数:

$$N = \frac{Q}{Aq} = \frac{2.1 \times 10^3}{50 \times 150} = 0.28 \text{ 台} \tag{7-11}$$

选用 $X_M^A50-800U_K^B$ 型厢式压滤机 1 台,压滤机耐腐蚀、耐酸碱,采用液压装置作为压紧、松开滤板的动力机构,最大压紧压力为 27MPa,并用电接点压力表自动保压;采用最大过滤压力为 1.2MPa,确保形成滤饼的最佳条件,进行加压过滤;操作简单,维修方便,并配有多种安全装置,确保操作人员安全。

### 7.1.6 电解工艺段设计

电解工艺流程为:电解液由陈化池分批进入电解槽,电解槽分电解系列自循环。单组电解完成可独立断电,依次放槽,电解锌粉及废电解液由溜槽进入锌粉清洗工段。电解工艺段技术条件见表 7-6。

表 7-6 锌电解技术操作条件

| 项　　目 | 技术条件 |
|---|---|
| 电解液锌质量浓度/$g \cdot L^{-1}$ | 35~40 |
| 电解液碱含量(质量浓度)/$g \cdot L^{-1}$ | 180~210 |
| 废电解液锌质量浓度/$g \cdot L^{-1}$ | 8~10 |
| 废电解液碱含量(质量浓度)/$g \cdot L^{-1}$ | 240~260 |
| 电解温度/℃ | 控制在 50 以下 |
| 同极中心距/mm | 70 |
| 电解析出时间/h | 6 |
| 电流密度/$A \cdot m^{-2}$ | 1000 |
| 槽电压/V | 2.7~3.2 |
| 电流效率/% | 85~90 |
| 直流电耗/kW · h | 2700~3200 |

电解槽的设计按下列计算程序进行：

(1)每班需产出锌粉量。

$$Q_1 = \frac{Q}{a} = \frac{6.2}{2} = 3.1\text{t} \tag{7-12}$$

式中　$Q_1$——每班需产出锌粉数量，t；

$Q$——每天需产出锌粉数量，t，$Q = 6.2$t；

$a$——每天电解次数，$a = 2$。

(2)阴极有效总面积及片数。

阴极有效总面积按下式计算：

$$F = \frac{Q_1 \times 10^6}{D_i \eta_i \times 1.2195 \times t} \tag{7-13}$$

式中　$F$——阴极有效总面积，m²；

1.2195——锌的电化当量，g/(A·h)；

$D_i$——阴极电流密度，A/m²，$D_i = 1000$A/m²；

$\eta_i$——电流效率，%，$\eta_i = 90\%$；

$t$——电解析出时间，h，$t = 6$h。

阴极总片数按下式计算：

$$n_{总} = \frac{F}{f_{阴}} \tag{7-14}$$

式中　$n_{总}$——阴极总片数，片；

$f_{阴}$——每片阴极有效面积，m²。

阴极有效总面积为：

$$F = \frac{Q_1 \times 10^6}{D_i \eta_i \times 1.2195 \times t} = \frac{3.1 \times 10^6}{1000 \times 90\% \times 1.2195 \times 6} = 471\text{m}^2 \tag{7-15}$$

设计阴极板为800mm×500mm，浸没于电解液的深度为650mm，则每片阴极的有效面积(按两面计)为：$f_{阴} = 0.65 \times 0.5 \times 2 = 0.65\text{m}^2$。阳极板为不锈钢板，阴极板为钛合金板。阴阳极板上部分别镶840mm、1000mm长、40mm宽、12mm厚的导电铜排。

阴极总片数为：

$$n_{总} = \frac{F}{f_{阴}} = \frac{471}{0.65} = 724.6\text{片} \approx 725\text{片} \tag{7-16}$$

(3)每槽阴极有效面积及片数。

每槽阴极有效面积计算公式：

$$f = \frac{I}{D_i} \tag{7-17}$$

式中　$f$——每槽阴极板有效面积，m²；

$I$——电流强度，A，根据所选整流器规格 $I = 12000$A。

每槽阴极片数计算公式：

$$n_{阴} = \frac{f}{f_{阴}} + 0.5 \tag{7-18}$$

每槽阴极有效面积：

$$f=\frac{I}{D_i}=\frac{12000}{1000}=12\text{m}^2 \tag{7-19}$$

每槽阴极板片数：

$$n_{\text{阴}}=\frac{f}{f_{\text{阴}}}+0.5=\frac{12}{0.65}+0.5=18.96\approx 19\text{ 片} \tag{7-20}$$

(4)电解槽数量计算。

$$N=\frac{n_{\text{总}}}{n_{\text{阴}}}=\frac{725}{19}=38.2\text{ 个} \tag{7-21}$$

电解车间设置4组系列电解，每组电解槽数设为10个，总设计电解槽数为40个。整个电解车间的电流强度为12000A，总电压为3×10×4=120V。锌电解电流密度大，而槽电压小，导致电解时电流强度很高，而电压很低，两者比例差别很大。虽然整流器经过调试也能保证这样的电流电压调整，但在电解过程中需要约1~2h才能达到生产电流强度，影响了锌粉质量，对整流器本身设备也有一定影响。在电解车间设计时要尽可能地增加总电压，减少总电流强度。此设计选用ZHS12000A/(100~200)V的整流器，整流器的电流强度和电压要求需要与生产厂家具体协商，特别定做。

(5)电解槽内部尺寸及容积计算。

电解槽长度按下式计算：

$$L=(n_{\text{阴}}-1)d+l_1+l_2 \tag{7-22}$$

式中 $L$——电解槽长度，mm；

$d$——同极中心距，mm；

$l_1$——进液端极板至槽端壁距离，mm；

$l_2$——出液端极板至槽端壁距离，mm。

电解槽宽度计算公式：

$$B=b_{\text{阴}}+2b_1 \tag{7-23}$$

式中 $B$——电解槽宽度，mm；

$b_{\text{阴}}$——阴极的宽度，mm；

$b_1$——阴极边缘至槽侧壁的距离，mm。

电解槽的深度计算公式：

$$H=h+h_1+h_2 \tag{7-24}$$

式中 $H$——电解槽的深度，mm；

$h$——槽内液面至槽面的距离，mm；

$h_1$——阴极板浸入电解液的深度，mm；

$h_2$——阴极板下端至槽底距离，mm。

电解槽容积计算公式：

$$V_{\text{槽}}=LBH \tag{7-25}$$

式中 $V_{\text{槽}}$——电解槽容积，$\text{m}^3$。

分别取$l_1$、$l_2$为300mm，$b_1$为100mm，$h_2$为500mm，则电解槽的设计如下：

$$L=(n_{阴}-1)d+l_1+l_2=(19-1)\times70+300+300=1860\text{mm} \tag{7-26}$$

$$B=b_{阴}+2b_1=500+2\times100=700\text{mm} \tag{7-27}$$

$$H=h+h_1+h_2=110+650+500=1260\text{mm} \tag{7-28}$$

$$V_{槽}=LBH=1860\times700\times1260=1.64\text{m}^3 \tag{7-29}$$

$$V_{槽有效容积}=LBH=1860\times700\times1150=1.50\text{m}^3 \tag{7-30}$$

电解槽底部为锥形体,并设锌粉出料口。电解槽槽体用钢筋混凝土,内衬10mm的硬质PVC板材。电解槽内衬的选择经过几个冶炼厂生产实践最终确定为采用PVC板材。前期的电解槽内衬采用的是抗碱环氧树脂,但生产一段时间,树脂有部分脱落,落入电解槽,随锌粉进入锌粉洗涤过程,影响了锌粉的质量。而PVC板材化学性能稳定,耐腐蚀性强,硬度大,强度高,防紫外线(耐老化),耐火阻燃(具有自熄性),绝缘性能可靠,表面光洁,平整,不吸水,不变形,易于加工。电解槽车间的电解槽和铜排上都铺设PVC板,杜绝了电解内衬进入电解液的现象。

每组电解系列设4个电解液循环池,并分别配置循环泵。电解槽的总有效容积为$V_{总}=4\times10\times1.50=60.0\text{m}^3$,每次电解的电解液总量为$\frac{233}{2}=116.5\text{m}^3$,则4个电解液循环池的容积$V_{循环槽}$设计为:

$$V_{循环槽}=\frac{116.5-60.0}{4\times0.85}=16.62\text{m}^3 \tag{7-31}$$

电解液循环池的尺寸设计为4000mm×2000mm×2200mm。

在电解生产过程中,特别需要控制电解时的温度,温度升高,析出的锌粉与电解液中的碱反应,又反溶回去,严重影响了电解效率。为达到降温的效果,电解车间要求通风效果好,电解液循环槽与电解槽底部要空出一定的空间,需要时还要配上冷却塔。

### 7.1.7　锌粉清洗烘干粉碎工艺段

电解出来的金属锌粉活性好,非常容易被氧化,锌粉清洗不干净,则能跟残留的碱反应生成氢气,发生自燃现象,而烘干阶段密封效果不好、真空度不能保证的话,金属锌氧化,严重降低锌粉品质。要保证电解出的金属锌不在清洗和烘干过程中氧化,一定要选择合适此工艺的设备和设备型号,再者减少锌粉清洗和烘干这两段的时间间隔,同时,减少锌粉裸露在空气中的时间也很重要。

#### 7.1.7.1　锌粉清洗设备的选择及设计

开始金属锌粉洗涤设备选用的是板框压滤机,先将电解液和锌粉混合液通入压滤机,金属锌粉以滤饼的形式压缩在压滤机里,废电解液则进入废电解液池。然后将锌粉洗水直接通入压滤机进行清洗,直到洗水呈中性,再将锌粉放入烘干器中烘干。压滤机清洗锌粉的缺点是:压滤机两头的锌粉和压在滤饼中间的锌粉清洗不干净,而且耗水量大。

后选用了SD型三足式吊袋卸料离心机,这种离心机是用电动机带动转鼓高速旋转,电解液和锌粉混合液由进料管引入均匀分布到转鼓壁。在离心力作用下,废电解液穿过滤布和转鼓壁滤孔排出转鼓,经排液管排出机外,锌粉截留在转鼓内,停机后启开机盖,松开拦液板锁紧块,将拦液板连同装有锌粉的滤袋一并吊往卸料处,使滤袋底端落下张开，锌粉自动排出。用离心机洗锌粉用水量减少，但却出现一个严重的问题，因为这种型号的离心机底座轻，在离心的过程中，很容易因为进料的不均匀而振动剧烈，带来了不安全因素。

总结前两种设备的不足，此设计中采用了 XR1200 – N 型上悬式人工卸料离心机。XR 系列离心机是一种上悬式人工卸料、间歇操作过滤离心机，可以实现中速进料、高速分离，具有结构简单、运转平稳、操作简便、劳动强度较低、产量大、能耗低等特点。

离心机用电机驱动转鼓旋转，在进料转速状态，电解液和锌粉混合液由进料管引入转鼓，进料达到预定容积后停止进料，升至高速分离，在离心力作用下，废电解液穿过滤网和转鼓壁滤孔排出转鼓，经排液管排入废电解液池，锌粉截留在转鼓内。再通入锌粉洗水，边离心边冲洗，直至洗水到中性。清洗结束后，停机抖动滤袋，使锌粉松散后，沿转鼓下锥面排出转鼓，从机壳底部排出。机壳底部正下方设置上干燥机，锌粉直接掉入干燥器，这样减少了锌粉裸露的时间，能够快速进行锌粉的烘干，有效地减少了锌粉的氧化。

电解一次将生产出 3.1t 的金属锌粉，每组电解系列生产 775kg 锌粉，选用 XR1200 – N 型上悬式人工卸料离心机 4 台，其每次离心装料限度在 400kg，每台离心机离心一组电解系列的锌粉。表 7-7 为 XR1200 – N 型上悬式人工卸料离心机的基本性能。

**表 7-7 XR1200 – N 型上悬式人工卸料离心机**

| 型 号 | 转鼓 | | | | | 电机功率 /kW | 外形尺寸 /mm | 质量 /kg |
|---|---|---|---|---|---|---|---|---|
| | 直径 /mm | 高度 /mm | 最高转速 /r · min$^{-1}$ | 最大分离因数 | 装料限度 /kg | | | |
| XR1200 – N | 1200 | 1055 | 970 | 644 | 450 | 22 | 2210 × 1600 × 3414 | 4146 |

### 7.1.7.2 锌粉烘干设备的选择及设计

锌粉在清洗后，需要在真空中烘干。锌粉烘干设备最开始选用的是大型真空干燥箱。锌粉清洗后，装入瓷盘放入真空干燥箱。真空干燥箱的缺点在于锌粉在烘干时不能翻动，受热不均匀，下层的锌粉难以烘干，导致烘干时间较长，锌粉烘干跟不上锌粉清洗的速度，使后续锌粉无法及时烘干。

现确定选用 SZG 双锥回转真空干燥机。双锥回转真空干燥机是集混合—干燥于一体的新型干燥机。将冷凝器、真空泵与干燥机配套，组成真空干燥装置。内部结构简单，清扫容易，物料能够全部排出，操作简便，能降低劳动强度，改善工作环境。同时因容器本身回转时物料亦转动但器壁上不积料，故传热系数较高，干燥速率大，不仅节约能源，而且物料干燥均匀充分，质量好。

SZG 双锥回转真空干燥机为双锥形的回转罐体，罐内在真空状态下，向夹套内通入蒸汽或热水进行加热，热量通过罐体内壁与湿锌粉接触。湿锌粉吸热后蒸发的水汽，通过真空泵经真空排气管被抽走。由于罐体内处于真空状态，且罐体的回转使锌粉不断地上下、内外翻动，加快了物料的干燥速度，提高了干燥效率，达到了均匀干燥的目的。

根据锌粉产量，选择了 SZG – 1000 型双锥回转真空干燥机 4 台。双锥回转真空干燥机安装于上悬式人工卸料离心机的出料口正下方，并设锌粉垂直滑道，使清洗好的锌粉直接进入干燥机。表 7-8 为 SZG – 1000 型双锥回转真空干燥机的基本性能。

表 7-8　SZG－1000 型双锥回转真空干燥机

| 型　号 | 罐内容积 /L | 装料容积 /L | 质量 /kg | 回转高度 /mm | 电机功率 /kW | 外形尺寸 /mm×mm |
|---|---|---|---|---|---|---|
| SZG－1000 | 1000 | 不大于 500 | 2800 | 2800 | 3 | 2860×1300 |

| 型　号 | 罐内设计压力 /MPa | 夹套设计压力 /MPa | 真空泵型号 | 功率 /kW | 工作温度 /℃ |
|---|---|---|---|---|---|
| SZG－1000 | 0.1～0.15 | 不大于 0.09 | SK－2.7B | 4 | 罐内不大于 85,夹套不大于 140 |

#### 7.1.7.3　锌粉粉碎设备设计

锌粉粉碎机的选择对锌粉质量有很重要的影响。采用一般的粉碎机,锌粉在粉碎过程中被氧化,金属锌含量降低,有时甚至能降低一个百分点,这意味着电解出来达到一级标准的金属锌粉在粉碎后品质降到了二级标准,可见粉碎设备对保证锌粉质量的重要性。

根据锌粉的这一特点,由同济大学赵由才教授等人自行设计了一套锌粉粉碎装置,装置由喂料机、粉碎装置、电机、风机、减压仓、储料室及收尘器组成。粉碎装置的外部设机壳、主轴位于粉碎装置的轴心线上,在轮盘上有同倾度的刀具,二组以上轮盘间隔固定在主轴上,在轮盘之间有回旋板轮,进料叶轮位于粉碎装置的进料口处,排料叶轮位于粉碎装置的出料口,机壳与轮盘间有 1～15cm 的间隙,喂料机与粉碎装置的进料口连接,风机与粉碎装置的出料口连接,风机的出风口经管道连接到减压仓,减压仓有上排风口和下出料口,下出料口与储料室连接,上排风口与收尘器连接,电机与粉碎装置的主轴连接。

锌粉粉碎机的工作过程为:锌粉经粗细判断选用合适的进料速度、数量由可调试喂料器进行加料,锌粉进入壳腔内,在进料叶轮的风引下物料进入湍旋气流,在湍旋气流的作用下物料相互间和与轮盘上的刀具都会进行无规则的剪切,粉碎完成后,在变频引风机的抽引下,物料经减压仓到储料室,超细部分则进入布袋收尘器。

### 7.1.8　废电解液苛化处理工艺段设计

废电解液在循环 10～20 次需要进行一次苛化处理,进行回碱和强化净化。废电解液苛化处理工艺的流程为:用泵将废电解液打入备用的浸取釜或净化釜,测定废电解液的碱浓度,然后按量加入碱,搅拌至碱溶解,静置到溶液分层。再从釜底抽出下层的絮状物到另一个备用的釜,然后从洗水池中抽洗水加入釜体,得到苛化液。加热搅拌,升温到 70℃,加入石灰苛化,反应半小时后,压滤过滤,苛化渣排放到渣堆场,苛化后液回到废电解池准备后续浸取。废电解液苛化处理工艺段的技术操作条件见表 7-9。

表 7-9　废电解液后处理工艺段技术操作条件

| 项　　目 | 技术条件 |
|---|---|
| 加碱需要达到的碱质量浓度/$g \cdot L^{-1}$ | 350 |
| 苛化时碳酸钠质量浓度/$g \cdot L^{-1}$ | 40 以上 |
| 苛化时碱质量浓度/$g \cdot L^{-1}$ | 80～100 |
| 温度/℃ | 70～90 |
| 石灰加入量 | 理论石灰加入量的 1.5～1.8 倍 |
| 反应时间/min | 30 |

废电解液后处理工艺段需要的釜体及压滤机可与浸取及净化段的设备共用。废电解液后处理工艺是 10～15d 才处理一次,且处理周期短,浸取和净化段工艺有备用的 3 个釜体,可不再另外配备设备。

### 7.1.9 液体槽、泵和管道的设计

#### 7.1.9.1 液体槽的设计

除了上述工艺所需要的设备外,还需要构建中间液体过渡槽。液体槽用钢筋混凝土构筑,内衬抗碱环氧树脂。液体槽构筑的地平线位置(高位或低位)要视厂区地势及连接设备情况而定,尽可能利用地势高差减少泵动力。表7-10为整个冶金厂需要构筑的液体槽类型、数量及体积。

表7-10 中间液体槽构筑情况表

| 名称 | 放置液体 | 体积/$m^3$ | 连接的设备 | 备注 |
|---|---|---|---|---|
| 矿浆池 | 矿浆 | 50 | 分级机到浸取釜 | |
| 陈化池 | 电解液 | 540 | 净化压滤机到电解槽 | 成12个独立槽,每槽45$m^3$。每个浸取净化工段制备的电解液放置2个槽,1天6个槽,放置48h。电解时抽取另外已陈化好的6个槽的电解液电解 |
| 锌粉清洗过渡池 | 锌粉和废电解液混合液 | 100 | 电解槽到离心机 | |
| 废电解液池 | 废电解液 | 130 | 离心机到球磨机或浸取釜 | |
| 洗渣水池 | 浸取渣洗水 | 80 | 压滤机到球磨机或浸取釜 | |
| 锌粉洗水池 | 锌粉洗水 | 40 | 离心机到球磨机或浸取釜 | 分2个独立槽,1个放置前段锌粉洗水,另一个放置后段洗水,整个厂区用水储备 |
| 清水储备池 | 清水 | | | |

#### 7.1.9.2 泵和管道的设计

整个工艺流程的设备间靠泵和管道连接,泵和管道的设计需要根据厂房、设备及输送的溶液性质进行合理的选择。整个工艺流程中的溶液都是强碱性溶液,因此泵的选择除考虑扬程、流量、进口直径等基本参数外,还特别需要考虑其耐碱腐蚀及耐磨性能;而管道则主要是要求耐腐蚀。

输送泵主要选用了UHB－ZK系列耐腐耐磨泵,泵的型号则要根据扬程、输送介质及连接管直径等参数具体配置。UHB－ZK系列耐腐耐磨泵属单级单吸悬臂式离心泵,过流部件采用钢衬超高相对分子质量聚乙烯(UHMWPE)。聚乙烯最突出的优点是在所有的塑料中它具有优异的耐磨性、耐冲击性(尤其是耐低温冲击)、抗蠕变性(耐环境应力开裂)和极好的耐腐蚀性。该类型的泵简单可靠,维修方便,通用性强,适合输送含固体物料的腐蚀性清液或料浆。

泵密封主要由副叶轮(或副叶片)与停车密封(橡胶油封)组成。工作时由于副叶轮(或副叶片)旋转产生的离心力使密封腔处于负压状态,从而阻止液体向外泄漏,此时,停车密封不起作用。橡胶油封的唇口因负压而松开,与轴套产生一定间隙,减小其之间的磨损,延长了使用寿命;停机时,由于副叶轮(或副叶片)停止旋转,密封腔由负压转为正压,停车密封开始工作,橡胶油封的唇口在压力作用下紧紧包住轴套,从而达到密封目的。该密封的油封采用氟橡胶制成。

UHB－ZK系列耐腐耐磨泵的主要技术参数为:使用温度－20～80℃、进口直径32～350mm、流量5～2600$m^3/h$,扬程80m以内。

管道选用聚丙烯紧衬复合管道(PP管)。PP管适用于使用压力1MPa以内、100℃以内的各类腐蚀性、磨蚀性介质。管道的配置和安装要做到管道安全可靠,操作方便、易于维修,力求节约原材料,并且尽可能地布置整齐、美观,以创造良好的工作环境;管道的配置和安装要根据具体生产的特点、设备配置、建筑物与构筑物等情况进行综合考虑。为便于安装、检修、操作和管理,工厂的管道一般采用架空明设。在无人行走的墙边、墙角,可沿地面或楼板面铺设;管道敷设应尽量做到成列、平行、走直线、少拐弯、少交叉、力求整齐。加热浸取釜和净化釜的蒸汽管道要保持一定坡度以排出冷凝水,蒸汽管道上的减压阀前要设排水管及疏水装置,减压阀前后还要装压力表,以观察压力大小。

## 7.2　锌粉冶炼厂管理技术

### 7.2.1　生产控制流程

按照NaOH浸取-净化-电解-清洗烘干的工艺流程来安排锌粉冶炼厂的生产,整个冶炼厂的生产控制流程见图7-3。

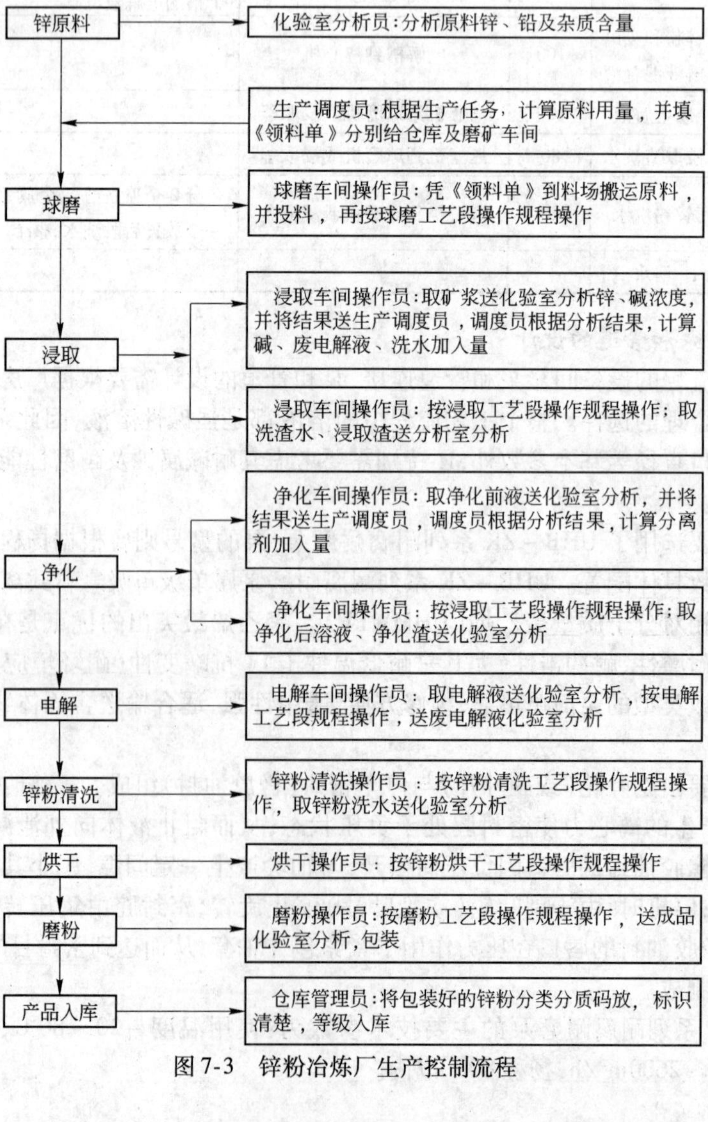


图7-3　锌粉冶炼厂生产控制流程

## 7.2.2 企业组织结构及人员配置

### 7.2.2.1 企业组织结构

根据锌粉冶炼厂的生产工艺、生产规模等情况，采用直线式组织。直接式组织结构是从最高级层到最低级层按纵向垂直责权系统建立的一种组织形式，各级层领导人对所属单位的一切问题负责。这种组织形式，其优点是结构简权、责权分明、指挥统一，工作效率高；其缺点是无专业管理分工，各级领导者必须具备各种管理业务知识和技能、亲自处理各种业务。它适用于规模较小、产品单一、工艺过程简单、管理变量少和没有必要按职能实行专业化管理的企业。锌粉冶炼厂的具体组织形式见图 7-4。

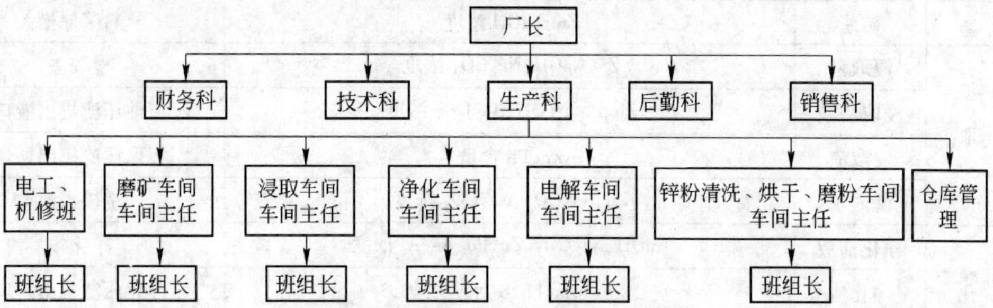


图 7-4 锌粉冶炼厂的组织形式

### 7.2.2.2 人员配置

根据上述的企业组织结构及各工段的劳动量，进行各部门人员的配置。生产的服务部门，如财务科、后勤科、销售科及技术科的部分人员按白班制，生产部门，如技术科中的化验室、生产科的电工班、磨矿车间、浸取车间、净化车间、电解车间和锌粉清洗、烘干粉碎车间人员需要按 24h 3 班制上班。锌粉冶炼厂的各部门人员配备见表 7-11。

**表 7-11 锌粉冶炼厂各部门人员配备**

| 部门 | | 人数/人 | 备注 |
|---|---|---|---|
| 厂部 | | 2 | |
| 财务科 | | 3 | 出纳、会计等 |
| 后勤科 | | 1 | |
| 销售科 | | 4 | |
| 技术科 | 科长及技术人员 | 2 | |
| | 化验室分析人员 | 9 | 分 3 班，每班 3 人，每班需要选定 1 人为班组长 |
| 生产科 | 科长 | 1 | |
| | 生产调度人员 | 3 | 分 3 班，每班 1 人 |
| | 生产数据统计人员 | 1 | |
| 磨矿车间 | | 15 | 球磨机和分级机 |
| 浸取车间 | | 12 | 浸取釜和浸取压滤机、浸取渣清洗、废电解液后处理 |
| 净化车间 | | 6 | 净化釜和净化压滤机 |
| 电解车间 | | 10 | 电解槽、整流器 |
| 锌粉清洗、烘干、磨粉车间 | | 15 | 离心机、干燥机、气磨机及锌粉包装 |
| 电工、机修班 | | 6 | 设置主管班长 1 人 |
| 总计 | | 90 | |

### 7.2.3　生产质量控制

锌粉冶炼厂生产质量的控制对保证产品质量有着至关重要的作用。冶炼厂日常生产中的质量控制主要依靠化验室的分析检测完成。化验室需要对生产流程进行跟踪分析以确定下一步工序投加的物料,同时还需要对锌粉产品进行抽样调查,保证产品质量。表7-12为化验室生产过程需要分析的项目及取样点。表7-13为实验室样品分析方法总汇。

表7-12　碱法炼锌分析物料及取样点

<table>
<tr><th colspan="2">需分析的物料</th><th>分析项目</th><th>取样点</th></tr>
<tr><td colspan="2">入库原料</td><td>Zn、Pb、As含量</td><td>跟车取样</td></tr>
<tr><td>球　磨</td><td>矿浆</td><td>Zn、NaOH浓度</td><td>料浆储槽</td></tr>
<tr><td rowspan="4">浸　取</td><td>浸取液</td><td>Zn、NaOH、$Na_2CO_3$浓度</td><td>浸取釜</td></tr>
<tr><td>浸取后液</td><td>Zn、Pb、NaOH、$Na_2CO_3$浓度</td><td>浸取压滤机出液口</td></tr>
<tr><td>浸取渣</td><td>Zn、Pb含量</td><td>浸取压滤机出料口</td></tr>
<tr><td>洗渣水</td><td>Zn、$Na_2CO_3$、$Na_2CO_3$浓度</td><td>洗渣水池</td></tr>
<tr><td rowspan="3">净　化</td><td>净化前液</td><td>NaOH、$Na_2CO_3$、Zn、Pb、As、Al浓度</td><td>净化釜</td></tr>
<tr><td>净化渣</td><td>Zn、Pb、S、水分</td><td>净化压滤机出料口</td></tr>
<tr><td>净化后液</td><td>NaOH、$Na_2CO_3$、Zn、Pb、As、Al浓度</td><td>净化压滤机出液口</td></tr>
<tr><td rowspan="2">电　解</td><td>电解前液</td><td>NaOH、$Na_2CO_3$、Zn</td><td>电解槽</td></tr>
<tr><td>电解中控</td><td>Zn</td><td>电解槽</td></tr>
<tr><td rowspan="2">清　洗</td><td>电解废液</td><td>NaOH、$Na_2CO_3$、Zn</td><td>电解废液槽</td></tr>
<tr><td>锌粉洗水</td><td>NaOH、$Na_2CO_3$、Zn</td><td>洗水池</td></tr>
<tr><td>磨　粉</td><td>锌粉</td><td>全锌、金属锌</td><td>气磨机出料口</td></tr>
</table>

表7-13　样品分析方法

<table>
<tr><th>样　品</th><th>分析项目</th><th>分析方法</th></tr>
<tr><td rowspan="4">浸取渣、原料、净化渣</td><td>Zn</td><td>沉淀分离EDTA滴定法测定矿石中的锌量</td></tr>
<tr><td>Pb</td><td>EDTA容量法测定矿石中的铅量</td></tr>
<tr><td>As</td><td>砷钼蓝光度法</td></tr>
<tr><td>水分</td><td>105℃烘干法</td></tr>
<tr><td rowspan="6">矿浆、浸取液、净化液、电解液、洗渣水、电解废液</td><td>Zn、$Na_2CO_3$</td><td>EDTA络合滴定与酸碱滴定联合测定含锌碱性</td></tr>
<tr><td>NaOH</td><td>溶液中的游离碱、锌和碳酸钠</td></tr>
<tr><td>Pb</td><td>EDTA滴定法测铅量</td></tr>
<tr><td>As</td><td>砷钼蓝光度法</td></tr>
<tr><td>Al</td><td>EDTA滴定法测定三氧化二铝</td></tr>
<tr><td>S</td><td>燃烧中和滴定法测硫</td></tr>
<tr><td rowspan="2">锌　粉</td><td>全锌</td><td>EDTA滴定法测定全锌量</td></tr>
<tr><td>金属锌</td><td>高锰酸钾滴定测金属锌</td></tr>
</table>

实验室如果配备原子吸收光谱则可以检测净化液、电解液中的Fe、Cu、Cr、Cd等金属离

子含量。

## 7.3 锌粉冶炼厂生产运营情况

某烧碱法生产锌粉冶炼厂采用的原料为炼铜锌粉尘，锌、铅、铁、氯的含量分别为59.47%、12.4%、0.56%和8.8%。表7-14为该厂运行情况。表7-15为7月生产的产品质量。由表7-14和表7-15可见，该厂原料的浸取率很高，达到92%以上；生产的金属锌粉全锌含量在98%以上，金属锌含量在94%以上，达到了锌粉的国家二级标准，生产运营状况良好。

表7-14 烧碱法生产锌粉冶炼厂运行情况

| 序号 | 溶液 | 体积 /$m^3$ | NaOH /$g \cdot L^{-1}$ | $Na_2CO_3$ /$g \cdot L^{-1}$ | Zn /$g \cdot L^{-1}$ | Pb /$g \cdot L^{-1}$ | 浸取率 /% | 全锌 /% | 金属锌 /% |
|---|---|---|---|---|---|---|---|---|---|
| 1 | 浸取液 | 29 | 187.9 | 0.05 | 38.28 | 4.05 | 99.5 | | |
| | 净化液 | 28 | 189.9 | 0.64 | 35.33 | | | | |
| | 电解液 | 36 | 173.03 | 4.88 | 31 | | | 99.3 | 97.26 |
| 2 | 浸取液 | 32 | 192.6 | 3.3 | 33.84 | 5.7 | 92.3 | | |
| | 净化液 | 32 | 192.8 | 5.86 | 31.33 | | | | |
| | 电解液 | 36 | 195.5 | 8.43 | 30.9 | | | 98.98 | 95.9 |
| 3 | 浸取液 | 32 | 180.3 | 1.64 | 37.2 | 10.94 | 99.37 | | |
| | 净化液 | 32 | 185 | 8.29 | 32.5 | | | | |
| | 电解液 | 36 | 168.3 | 4.55 | 31.73 | | | 99 | 95 |
| 4 | 浸取液 | 30 | 187.9 | 0.05 | 37.9 | 4.7 | 94.64 | | |
| | 净化液 | 29 | 192.6 | 1.45 | 33.4 | | | | |
| | 电解液 | 32 | 183 | 2.13 | 35 | | | 98.7 | 94.45 |

表7-15 烧碱法生产锌粉冶炼厂金属锌粉质量

| 生产批次 | 全锌/% | 金属锌/% | 质量/kg | 生产批次 | 全锌/% | 金属锌/% | 质量/kg |
|---|---|---|---|---|---|---|---|
| 1 | 99.4 | 95.71 | 193 | 7 | 99.73 | 96.29 | 120 |
| | 99.71 | 93.66 | 193.8 | | 99.73 | 97.12 | 157 |
| 2 | 99.48 | 95.09 | 350 | 8 | 99.63 | 97.85 | 380 |
| 3 | 98.93 | 89.22 | 289 | | 99.78 | 95.43 | 330 |
| | 99.85 | 94.02 | 401 | 9 | 99.55 | 95.66 | 458 |
| 4 | 98.92 | 89.43 | 332.6 | | 99.66 | 96.09 | 396.5 |
| | 98.11 | 86.23 | 394 | 10 | 99.92 | 94.16 | 385 |
| 5 | 98.58 | 91.43 | 381.8 | | 99.85 | 96.89 | 230 |
| | 99.71 | 97.36 | 216 | 11 | 99.73 | 94.68 | 440 |
| 6 | 97.82 | 89.03 | 450 | | 99.98 | 97.87 | 105 |

## 参考文献

[1]《重有色金属冶炼设计手册》编委会. 重有色金属冶炼设计手册. 铅锌锡卷. 北京:冶金工业出版社, 1996.

[2] 梅光贵,王德润等. 湿法炼锌学. 长沙:中南大学出版社,2001.

[3] J L Limpo, J M Figueiredo, S Amer, et al. The CENIM – LNETI process: a new process for the hydrometallurgical treatment of complex sulphides in ammonium chloride solutions. Hydrometallurgy, 1992, 28(2): 149 ~ 161.

[4] Jean ST – Pierre, Dominique L Piron. Electrowinning of zinc from alkaline solutions, Journal of Applied Electrochemistry, 1986, 16:447 ~ 456.

[5] S Gurmen, M Emre. A laboratory – scale investigation of alkaline zinc electrowinning. Minerals Engineering, 2003, 16:559 ~ 562.

[6] 陈家镛,杨守志,等. 湿法冶金的研究与发展. 北京:冶金工业出版社,1998.

[7] 唐谟堂,张鹏,何静,等. Zn(Ⅱ) – $(NH_4)_2SO_4$ – $H_2O$ 体系浸出锌烟尘. 中南大学学报(自然科学版), 2007, 38(5):867 ~ 872.

[8] C T Baroch, R V Hilliard, R S Lang. The caustic electrolytic – zinc process. Journal of the Electrochemical Society, 1953, (4):165 ~ 172.

[9] Hissel J, Frenay J, Herman J. Pilot study of a caustic soda treatment process for reducing the zinc and lead content of waste products of waste products from iron – and steel steel – making process[A]. Proceedings of the 1st Process Technology Conference[C], Washington, D. C., 1980. Vol. 1:178 ~ 183.

[10] Youcai Zhao, Robert Stanforth. Production of Zn powder by alkaline treatment of smithsonite Zn – Pb ores. Hydromtallurgy, 2000, 56(2):237 ~ 249.

[11] Youcai Zhao, R Stanforth. Extraction of zinc from zinc ferrites by fusion with Caustic Soda. Minerals Engineering, 2000, 13(13):1417 ~ 1421.

[12] Youcai Zhao, Robert Stanforth. Intergrated hydrometallurgical process for production of zinc from electric arc furnace dust in alkaline medium. Journal of Hazardous Materials, 2000, 80:223 ~ 240.

[13] Youcai Zhao, Robert Stanforth. Selective Separation of lead from alkaline zinc solution by sulfide precipitation. Separation Science and Technology, 2001, 36(11), 2561 ~ 2570.

[14] 钟竹前,梅光贵编著. 湿法冶金过程. 长沙:中南工业大学出版社,1988.

[15] 李洪桂等编著. 湿法冶金学. 长沙:中南大学出版社,2004.

[16] 莫鼎成. 冶金动力学. 长沙:中南工业大学出版社, 1987.

[17] 杨显万, 邱定蕃. 湿法冶金. 北京:冶金工业出版社, 1998.

[18] Y Sohn, M E Wadsworth 等著,郑蒂基译. 提取冶金速率过程. 北京:冶金工业出版社, 1984.

[19] 华一新编著. 冶金过程动力学导论. 北京:冶金工业出版社, 2004.

[20] Lee Hi Sun, Piron Dominique L. Kinetics of alkaline leaching of roasted zinc concentrate. Chemical Engineering Communications, 1998, 164:1 ~ 12.

[21] Sarveswara Rao K, Ray H S. A new look at characterisation and oxidative ammonia leaching behaviour of multimetal sulphides. Minerals Engineering, 1998, 11(11):1011 ~ 1024.

[22] Babu M N, Sahu K K, Pandey B D. Zinc recovery from sphalerite concentrate by direct oxidative leaching with ammonium, sodium and potassium persulphates. Hydrometallurgy, 2002, 64:119 ~ 129.

[23] Jean St – Pierre, Dominique L Piron. Electrowinning of zinc from alkaline solutions at high current densities, Journal of Applied Electrochemistry, 1990, 20:163 ~ 165.

[24] 王淀佐,邱冠周主编. 资源加工学. 北京:科学出版社,2005.

[25] 姜志新主编. 湿法冶金分离工程. 北京:原子能出版社,1993.
[26] 云南锡业公司,昆明工学院. 锡冶金[M]. 北京:冶金工业出版社,1977.
[27] 维特金(苏). 马口铁的镀锡工艺[M]. 北京:冶金工业出版社,1957.
[28] 乐颂光,鲁君乐,何静. 再生有色金属生产(修订版)[M]. 长沙:中南工业大学出版社,2006.
[29] 彭容秋. 再生有色金属冶金. 沈阳:东北大学出版社,1994.
[30] 赵天从. 锑. 北京:冶金工业出版社,1987.
[31] 何启贤. 铅锑冶金生产技术. 北京:冶金工业出版社,2005.
[32] 沈华生. 稀散金属冶金学. 上海:上海人民出版社,1976.
[33] 周令治. 稀散金属冶金. 北京:冶金工业出版社,1988.
[34] 刘建国,王永奉. 锑矿石分析. 北京:地质出版社,1997.
[35] 邱竹贤. 铝电解原理与应用. 徐州:中国矿业大学出版社,1998.
[36] 杨重愚. 氧化铝生产工艺学. 北京:冶金工业出版社,1993.
[37] 毕诗文. 铝土矿的拜耳法溶出. 北京:冶金工业出版社,1997.
[38] Д М 尤赫达诺夫. 硒与碲的生产. 北京:冶金工业出版社,1957.
[39]《冶金常识》编写组. 钨与钼. 北京:冶金工业出版社,1972.
[40] 白万全,李晓萍,武国宝,等. 高浓度铝酸钠溶液种分晶体长大速度研究. 有色金属(冶炼部分),2005,4:24~27.
[41] 刘吉波,李旺兴,李晓萍,等. 过饱和铝酸钠溶液种分生长过程的粒度分布理论模型. 稀有金属,2006,30:60~64.
[42] 陈国辉,陈启元,尹周澜,等. 铝酸钠溶液种分过程分解机理研究进展. 矿冶工程,2003,23(6):65~68.
[43] 赵苏,毕诗文,杨毅宏,等. 种分过程添加剂对氢氧化铝粒度强度的影响. 东北大学学报(自然科学版),2003,24(10):939~941.
[44] 毕诗文,薛红,杨毅宏,等. 拜耳法铝酸钠溶液分解动力学. 中国有色金属学报,1998,8(1):131~134.
[45] 张承龙. 含锌危险废物及贫杂锌矿的烧碱介质湿法冶金清洁工艺研究. 上海:华东理工大学,2008.
[46] 朱华山. 铬冶炼新工艺及其理论研究. 昆明:昆明理工大学,2004.
[47] 张懿,陈家镛,刘会洲. 一代资源回收·循环集成技术与生态化产业体系. 化工进展,2000,(2):10~11.
[48] 赵秦生. 俄罗斯钨钼冶金的新进展. 稀有金属与硬质合金,2004,32(4):15.
[49] 王成彦,邱定蕃,江培海. 国内锑冶金技术现状及进展. 有色金属(冶炼部分),2002,5:6~10.
[50] 郭翠香. 碱浸-电解法从含铅废物和贫杂氧化铅矿中提取铅工艺及机理. 上海:同济大学,2008.
[51] 尚殿英. 锑在冶金、化工领域中的应用. 矿产综合利用,1991,3:9~12.
[52] 肖永福. 硫化锑精矿的湿法冶金. 有色金属,1981,1:22~26.
[53] 佘旭. 高纯镓电解精炼的研究. 稀有金属,2007,31(6):871~874.
[54] 尹书刚,陈后兴,罗仙平. 镓的资源、用途与分离提取技术研究现状. 四川有色金属,2006,2:24~27.
[55] 吴文伟,苏鹏. 从碱性铝酸钠溶液中提取镓的研究进展. 湿法冶金,2006,25(2):70~73.
[56] 王金超. 镓生产工艺及用途. 四川有色金属,2003,4:14~19.
[57] 李洪桂,赵中伟. 我国钨冶金技术的进步——纪念中国钨业100年. 中国钨业,2007,22(6):7~10.
[58] 张子岩,简椿林. 溶剂萃取法在钨湿法冶金中的应用. 湿法冶金,2006,25(1):1~9.
[59] 李洪桂,赵中伟. 我国钨冶金技术的进步——纪念中国钨业100年. 中国钨业,2007,22(6):7~10.
[60] 谭栓斌,郭让民,刘建章,殷为宏. 钨的冶金及其加工技术. 中国钨业,2007,22(1):51~53.
[61] 朱爱辉,王快社,张兵. 钼在冶金工业中的应用. 中国钼业,2006,30(5):8~12.
[62] 李洪桂. 离子交换技术在钼冶金中的应用. 中国钼业,1994,18(3):1~7.
[63] 吴萍. 辉碲铋矿湿法冶金研究. 有色金属(冶炼部分),2003,5:30~32.

[64] 张邦胜,施友富.膜技术在我国冶金工业中的应用.有色金属(冶炼部分),2003,(6):21~23.

[65] 郑领英,王雪松.膜技术.北京:化学工业出版社,2000.

[66] 何善媛,刘敏.利用膜技术回收利用碱性废水研究进展.中国资源综合利用,2005,(6):13~16.

[67] 赖兰萍,等.赤泥综合回收与利用现状及进展.四川有色金属,2008,(3):43~48.

[68] 刘清.碱浸-电解法从含锌废料和贫杂氧化锌矿中制备金属锌粉.上海:同济大学出版社,2007.

[69] 张贵清,张启修.一种钨湿法冶金清洁生产工艺.稀有金属,2003,27(2):254~257.

[70] 赵由才,牛冬杰主编.湿法冶金污染控制技术.北京:冶金工业出版社,2003.

[71] 赵由才,易天晟.一种用氧化锌矿生产高纯度金属锌的方法,中国发明专利,专利号:No.03116754.3.

[72] 赵由才,郭翠香,易天晟,刘清,张承龙.一种用含锌铅废渣或氧化铅锌矿生产金属铅和锌的方法,中国发明专利,专利号:No.200610148366.9.

[73] Zhao Youcai, A I Zouboulis, K A Matis. Removal of molybdate and arsenate from aqueous solutions by flotation, Separation Science and Technology (USA), 1996, 31(6), 769~785.

[74] Zhao Youcai, A I Zouboulis, K A Matis. Flotation of molybdate oxyanions in dilute solutions Part Ⅰ Selective separation from arsenate, Hydrometallurgy (Canada), 1996, 43, 143~154.

[75] Zhao Youcai, A I Zouboulis, K A Matis. Flotation of molybdate oxyanions in dilute solutions Part Ⅱ Selective separation from phosphates, arsenates and silicates mixtures, Hydrometallurgy (The Netherlands), 1996, 43, 155~167.

[76] A I Zouboulis, Zhao Youcai, K A Matis. Separation of tungstate from aqueous mixtures containing impurities (arsenate, phsophate and silicates anions) using ion flotation, Journal of Chemical Technology and Biotechnology (UK), 1996, 67, 204~212.

[77] Zhao Youcai, Chen Jiayong. Extraction of phosphorus, arsenic and/or silica from sodium tungstate or molybdate solutions with primary amine and tributyl phosphate as solvents I——Synergistic extraction and separation of phosphorus, arsenic and/or silica from tungstate or molybdate solutions, Hydrometallurgy (The Netherlands), 1996, 42, 313~324.

[78] ZhaoYoucai, Chen Jiayong. Extraction of phosphorus, arsenic and/or silica from sodium tungstate or molybdate solutions with primary amine and tributyl phosphate as solvents II——Mechanism of extraction of phosphorus, arsenic or silica from tungstate or molybdate solutions, Hydrometallurgy (The Netherlands), 1996, 42, 325~335.

[79] Zhao Youcai, Robert Stanforth. Extraction of zinc from electric arc furnace dust by alkaline leaching followed by fusion of the leaching residue with caustic soda, Chinese Journal of Chemical Engineering, 2004, 12 (2), 174~178.